本书为国家自然科学基金（项目号：51208264）、国家留学基金委、
江苏高校品牌专业建设工程资助项目

南京城市开放空间形态研究

（1900～2000）

徐 振 著

中国建筑工业出版社

图书在版编目（CIP）数据

南京城市开放空间形态研究（1900～2000）/ 徐振著．—北京：中国建筑工业出版社，2016.10

ISBN 978-7-112-19717-0

Ⅰ.①南… Ⅱ.①徐… Ⅲ.①城市规划—空间规划—研究—南京—1900～2000 Ⅳ.①TU984.253.1

中国版本图书馆CIP数据核字（2016）第199460号

责任编辑：程素荣
责任校对：李欣慰　关　健

南京城市开放空间形态研究
（1900～2000）
徐　振　著

*

中国建筑工业出版社出版、发行（北京海淀三里河路9号）
各地新华书店、建筑书店经销
北京京点图文设计有限公司制版
北京中科印刷有限公司印刷

*

开本：787×960毫米　1/16　印张：16¼　字数：330千字
2016年12月第一版　2016年12月第一次印刷
定价：49.00元
ISBN 978-7-112-19717-0
（29139）

序

一个城市开放空间的容量、布局和品质对城市风貌、生态环境和居民的生活质量有着重大影响，值得研究。但这一领域的研究成果还不是很多。徐振在南京学习工作多年，深爱这座山水秀美的古都新城。他花大力气去梳理南京百年来开放空间的演变历程，以此为基础，从多维视角去研究南京开放空间形态，使得研究工作具有扎实的基础，从中发现的演变规律，解释了南京开放空间布局与形态存在的合理性以及其中的不足。

近百年的南京城正处在社会的激烈变动期，大自然的山水格局和古代留下的城市框架，经历西方文明的洗礼和民国首都的短暂建设，奠定了近代南京城的基本格局。随后几十年，从受战争影响，城市建设停滞，经新中国成立，逐步恢复国民经济，到改革开放前，城市开放空间的演变进程缓慢，呈现出一些自组织的特征。改革开放后，城市化进程迅猛，思想观念跟不上城市建设的速度，使得开放空间的布局和形态在合理完善的演变过程中留下一些遗憾。这些只有通过梳理演变过程的反思，才能认识得清楚，可给今天的城市规划和建设提供借鉴。所以，我以为徐振的研究工作是有价值的。当然，由于历史资料的缺失与粗略，尤其是原始自然要素的资料收集十分不易，影响到演变过程的分析与研究不够全面准确。我们不能苛求一个博士生以个人的精力在有限时间内完成如此庞杂的工作。我想这也不影响本书的价值，所以，乐于为之写序。

东南大学建筑学院

杜顺宝于南京

2016 年 7 月 31 日

前　言

在地理信息系统平台上校正、叠加了自1900 ~ 2000年间的多期南京历史地图、规划图，在整理了大量历史文献的基础上对以公园、广场和水体为代表的开放空间进行了精确制图和空间分析，结合对时代背景、城市建设情况的追溯，清晰地再现了南京百年开放空间演变的历程。

借鉴形态学从局部到整体、突出过程的研究思路，从城市形态学、社会文化、生态环境、视觉感知、规划政策及实施五个视角梳理相关文献，提出多维视角的开放空间形态研究途径，并按照“形态——原因——结果”的逻辑思路，分析了南京开放空间的演变规律和特征、影响因素和形成的结果。研究发现：（1）形态规律方面，百年来南京老城内逐渐填充并不断蔓延的过程中，公园和广场经历了从无到有、整体不断增加的过程，城市中的自然元素和近自然场地如水体和滨水地带明显减少，空间规律体现在形态复合体、边缘带现象、类型阶段三方面。（2）形态成因方面，自然基底和物质文化遗产对老城及周边公园的延续和新增提供了基础和依托；开放空间的转型受到社会力量的持续影响并有明显的阶段性；城市规划管理与实施对开放空间有着的积极作用，不过从《首都计划》和《南京市总体规划》（1980版）的实施情况来看与规划理想差距较大。（3）形态结果方面，开放空间与建筑街区的转变使得视觉感知和城市意象结构发生了明显的变化；建成区的扩大和自然要素尤其是山体和水体的减少使得栖息地结构改变和质量受损；开放空间作为重要的通风廊道，其周边建筑的无序扩张可能导致局部的微气候变差；公园和道路增加使公园服务范围和人口增加，但是老城内长期存在公园分布不均的情况。文中最后提出了改善南京老城及周边开放空间的规划管理建议：建立综合的形态评价体系、细化形态控制的规范与导则、充分利用潜在的开放空间、对重点地段进行保护恢复重建工作。

Preface

Based on a historical literature review, the author rectified and overlaid historical maps and plans from the 1900s to the 2000s on GIS. The precise mapping of parks, plazas and water bodies, combing with the spatial analysis of specific topics and a background retrospection, the author reconstructed explicitly the trajectory of the transformation of open space in Nanjing in the 20th century.

Inspired by the morphological ideas concerning *from part to the whole* and *evolutionary processes* and relevant literature on urban morphology, social-cultural studies, urban ecology, perception and policy evaluation, the author developed a multi-perspective approach for open space morphology concerning the logic chain of form-reason consequences. The research of Nanjing used this framework finds:

(1) During the repletion and sprawl of Nanjing city, the areas of parks and plazas emerged in the early 20th century increased, while the natural and semi-natural elements like water bodies and waterfronts decreased remarkably. The changing characteristics of open space can be explained in terms of morphological complexes, fringe-belts, and typological processes. (2) The natural base and cultural heritage are the foundation and support for the shaping of open spaces. The transformation of open spaces are phased by social factors. Urban planning and management have played a positive role. Yet they always have been vulnerable in term of problematic implementation as exemplified by the uncompleted realization of the 1920s' Capital Plan and the 1980s' Urban Master Plan. (3) The changing open spaces and built areas have a substantial impact on the perception of an urban image. The sprawl of built-up area and loss of natural sites deteriorate the habitats and ecological context. The rule of open spaces as a ventilation corridor may be impacted by unreasonable augments of nearby buildings. The service areas and people in parks increase due to the improvement of roads and other amenities, yet the spatial inequities exist for long. The author also suggests four measures to enhance the open space in Nanjing, in particular, building comprehensive criteria for open space form, drafting morphological guidelines and codes, exploiting the potential open spaces, and improving preservation and restoration of key areas.

目 录

第1章　绪论

1.1　研究背景与缘起

1.1.1　开放空间的重要性

人工环境与自然环境的协同、完善的市民公共生活空间对现代城市而言至关重要。以公园、广场、滨水空间等为代表的城市开放空间具有维持生态健康、提供游憩与社交场所、延续城镇风貌、保护历史文化传承等重要功能，对解决工业化和现代化过程中日益恶化的城市问题起到了至关重要的作用。

自1980年代以来，随着人口增长和快速城市化，我国大部分城市建成区向着更高、更密和更大发展，城市中的自然遗存也因此受到全面威胁，公共游憩空间缺乏和分布不均更加突出。城市绿地的多项指标虽然逐年增加，但是开放空间系统受到了更大的威胁，城市的生态健康每况愈下，城市向更高、更密的快速转变中，缺乏合理配置的开放空间也使得市民生活质量有所下降。

“十二五”期间，我国城市化率将达到50%[1]，江苏省将达到65%。在这种趋势下，建设合理的开放空间体系将有益于市民的身心健康，对于城市空间结构的合理性及社会经济的可持续发展也具有重要的作用。

1.1.2　开放空间的复杂性

城市化过程中，人们对开放空间的多重需要也随着日益复杂的人工与自然、个体与社会关系而呈现出多样化甚至相互矛盾的关系（Cranz，1982）。回顾一个多世纪来各种规划理论就可以看出人们对城市复杂性的认识以及对开放空间寄予的希望：从霍华德的田园城市、格迪斯的生物城市、莱特的广亩城市、柯布西耶的光辉城市、沙里宁的有机疏散理论、佩里的邻里单元，到20世纪下半叶以来可持续发展、生态城市、低碳社会、步行城市、健康城市等各种理念无不包含着对开放空间的考虑（Maruaniand and Amit-Cohen，2007）。除了绿带、绿道、绿心、

[1] 根据亚洲银行报告，在2012年我国的城市人口比例已经达到51.3%，http://www.adb.org/sites/default/files/ki/2012/pdf/PRC.pdf

口袋公园等已经有实践先例外，还涌现出了更多地以开放空间为载体的规划理念和实践如绿色基础设施、社区花园、食物都市主义、棕地利用、景观都市主义等等（Tzoula set al，2007）。

多元的规划理念和决策在自然、社会经济和政治因素的多重限制下影响着开放空间的发展。并且，这些主客观因素、因果关系随着时间推移会发生转变，造成了开放空间问题的复杂性（Cranz，1982）。对开放空间多重属性和历史演变的梳理将为规划和管理实践提供基础性数据。

1.1.3 物质空间形态作为研究切入点

城市空间有其自身的发展规律，城市空间形态不仅体现了自组织、他组织的过程中各种社会、文化、经济等因素的最终结果，还是未来社会、文化、经济等运行的基础，因此空间发展规律对于理解和改善城市状况具有基础性的意义。在规划设计实践和教育体系中，空间、形式、形状、形态等是最为熟悉的词汇，它们与规划设计师的思考方式密切相关，也体现了设计师主观上对终极完美状态的描述和期盼。例如在城市绿地系统规划中，绿轴、绿环、绿带、绿心、绿楔、绿网是很常见的设计对策，是规划实践中的核心内容。当然这种概括的、理想的形态很少能完全实现，这与开放空间的效益外部性（Tang and Wong，2008）及现代城市规划的实施管理困境密切相关。

形态学（morphology）起源于古希腊对生物（特别是对人体）形态的研究，morphology 一词来源于希腊语 morphe（形）和 logos（逻辑），意指形式的构成逻辑。形态学包含两点重要的思路：一是从局部（components）到整体（wholeness）的分析过程；二是强调客观事物的演变过程（evolution）即事物的存在有其时间意义上的关系（chain of being）。从形态学的角度入手，是梳理和理解开放空间过去、现在和未来完整的时间序列关系下发展的理想途径，并且以形态为切入点客观地认识开放空间对于我们反思和改进规划实践具有方法论上的意义。

1.1.4 南京与作者的生活体验

南京具有良好的开放空间体系，这很大程度上可以归结为明代南京城与山水相依的布局（Jim and Chen，2003；权伟，2007；姚亦锋，2006）。南京城不仅有很好的自然基础，而且也是政府主导城市化且有较为完备规划的典型代表。20 世纪 20 ~ 30 年代，南京作为首都经历了近代以来首次大规模城市建设，在 1929 年国民政府《首都计划》中对开放空间系统（水系、绿地）进行了详细的现状调查和规划，并部分实施。从 1952 年至今，南京又是江苏省会、长江中下游重要的经济文化和教育中心，整体而言，南京具有较好的城市规划和管理实践。

自近代以来，南京城经历了早期工业化、日军侵占、社会主义早期工业化、大跃进、文革以及改革开放后快速发展等不同的历史时期，历史留给了南京城诸多印记，这使得南京城市开放空间形态具有更复杂的形成过程和更深刻的文化内涵。

作者已经在南京生活多年，由于工作需要以及生活爱好，对南京主城内的公园、广场和名胜古迹非常熟悉，对近年来这些空间的利用情况、风貌特征、建设情况、管理方式等也有不少切身体会。因此笔者以南京为分析对象，有一定的感性认识基础，便于收集资料和实地调研，也可以使“研究与生活相互滋养，避免错失主要的洞见、假说和效度检验的来源”（毕恒达，2007：39）。

1.2 研究范畴与范围

1.2.1 开放空间定义及分类

开放空间（Open space）一词来自西方，涉及内容广泛，不同的学者对其有着不同的定义和分类。Garrett Eckbo 将开放空间分为自然（cultural）和人为（artificial）两类，自然景观包括野生地、海洋、山川等；人为景观则包括农场、果园、公园、广场和花园（Eckbo，2002）。Peter Clark 和 Jussi S. Jauhiainen 在一部关于欧洲城市绿地历史的文集中将开放空间分为自然开放空间（natural open space）和人为规划的开发空间（artificial or planned open space）（Clark and Jussi，2006：1）。

C.Alexander 在《建筑模式语言》（A Pattern Language）中对开放空间的定义为：任何使人感到舒适、具有自然的凭靠，并可以看往更广阔空间的地方，均可以称之为开放空间（Alexander，1977）。凯文·林奇（Kevin Lynch）在《The Openness of Open Space》一文中指出：开放空间是环境中那些人们可以自由进入并且自发进行活动的区域，包括公园和公共绿地，没有围合的空地、闲置地（vacant lots）、废弃滨水区域也是开放空间的一种（Lynch，1995：396）。在《城市形态》一书中，他认为开放空间的分布形式不同造成其形状不同，与城市整体模式相对应形成了带状、V 状、网状等，开放空间可以分为郊区公园、市内公园、广场、线形公园、运动场和球场、荒地和儿童游乐园（凯文·林奇，2001：298–304）。

开放空间也是随着城市发展不断变化的空间类型，从这个角度出发，Mark Francis 认为除了城市公园、广场、邻里公园、游乐场这些传统类型之外，新出现的社区绿地和社区花园（community open space and gardens）、自然地段（nearby nature）、带状公园（linear parks）、滨水地带以及绿道和步行路等开放空间，作为公共空间的价值和对于公共生活的意义也很重要[1]（Zube，1987：10）。David A. Reeder 在追溯伦敦绿地近 150 年演变研究中，将 1850 年至 1930 年伦敦地区的开放空间分为 8 类，包括零星开放空间（miscellaneous open space）、公园（park）、公用地和林地（commons and woods）、园林和绿地（gardens，greens）、游戏场（playground）、广场（squares，squares gardens and enclosures）、娱乐场地（recreation ground）和墓地（churchy and burial grounds）。到 1980 年代，开放空间的生态功能受到普遍重视，这使得人们开始意识到废弃地（derelict land）可以转变为开放空间，而以泰晤士河为代表的伦敦水系到 1990 年代时也被看作是开放空间（Clark and Jussi，2006：1）。

上述学者提到的开放空间大都是公共性的，因为这类开放空间对于城市生活的价值最大。在城市研究中，开放空间与公共空间存在相当大的交集。Matthew Carmona 根据功能将城市公共空间分为 11 类：公园、广场、纪念地、市场、街道、游戏场、社区开放空间（community open spaces）、绿道和公园路、展览馆和市内商业街（atrium/indoor marketplaces）、日常空间（found spaces/everyday spaces）、滨水地带（waterfronts）。他在 2010 年从设计、社会文化和政治经济角度按照功能、感知、所有权将城市空间分为积极空间（positive）、消极空间（negative）、模糊空间（ambiguous）和私有空间（private）四大类 20 个小类，其中积极空间包括自然和近自然地区、市民广场以及公共开放空间（表 1-1）（Carmona，2010）。

积极空间分类 表 1-1

空间类型	特点	举例
自然、半自然的城市空间 Natural/semi-natural urban space	在城市区域中的自然或半自然要素，通常为国家所有	河流、运河、海滨等自然要素
市民空间 Civic space	传统形式的城市空间，对所有人都是开放可进入的，有多重功能	街道、广场、散步道
公共开放空间 Public open space	受管理的开放空间，通常为绿色空间，向公众开放（有时会控制）	公园、园林、公地、城市林地、公墓

来源：（Carmona，2010）

作为工业化以来城市规划的重要内容，开放空间在英美等国的相应法律和法规中有明确的界定。如英国 1906 年出台的开放空间法案（Open Space Act of 1906）中规定：不论场地是否围合，只要其中没有建筑物或被建筑物所占据土地

[1] 见 UC Davis 课程网页 http://envdes.ucdavis.edu/people/websites/francis/francisteaching.html

少于 1/20，其余部分已建成庭园供游憩使用，或任其荒芜的土地，均称为开放空间。美国 1961 年房屋法（Housing Act）规定开放空间是城市区域内任何未开发或基本未开发的土地，其具有公园和游憩价值、土地及其他自然资源保护的价值、历史或风景价值（王晓俊，2007：4）。

香港城市规划委员会对于开放空间的界定是：开放空间是指预留作动态或静态游憩功能的、具有很少建筑的场地，开放空间作为公众娱乐场所，对于一个地区或者街区非常重要，包括公园和园林、游戏场地、林荫路、户外展览、坐憩区域、步行区域以及浴场（Tang and Wong，2008）。

我国城市规划规范中与开放空间相近的概念为城市绿地，是指以自然植被和人工植被为主要存在形态的城市用地。包括两个层次的内容：一是城市建设用地范围内用于绿化的土地；二是城市建设用地之外，对城市生态、景观和居民休闲生活具有积极作用、绿化环境较好的区域。城市绿地包括公园绿地、生产绿地、防护绿地、附属绿地和其他绿地五类。根据《城市绿地分类标准》CJJ/T 85-2002 的说明，我国的城市绿地的概念是建立在充分认识绿地生态功能、使用功能和美化功能，城市发展和环境建设互动关系的基础上，是对绿地的一种广义理解，有利于建立科学的城市绿地系统。

在 2010 年 12 月 24 日新发布的《城市土地利用分类与规划建设用地标准》中，绿地与广场用地合并为一类（表 1-2）。编委会对此变化的说明如下：

1990 年版和 2012 年版公园绿地分类比较　　表 1-2

<table>
<tr><th colspan="4">1990 版绿地分类</th><th colspan="3">2012 年版绿地分类</th></tr>
<tr><th>大类</th><th>中类</th><th colspan="2">小类</th><th>大类</th><th>中类</th><th>小类</th></tr>
<tr><td rowspan="2">G
绿地</td><td>G1</td><td></td><td>公共绿地</td><td rowspan="4">G
绿地与广场用地</td><td>G1</td><td>公园绿地</td></tr>
<tr><td>G2</td><td></td><td>生产防护绿地</td><td>G2</td><td>防护绿地</td></tr>
<tr><td rowspan="2">S
广场用地</td><td rowspan="2">S2</td><td>S21</td><td>交通广场用地</td><td rowspan="2">G3</td><td rowspan="2">广场绿地</td></tr>
<tr><td>S22</td><td>游憩集会广场用地</td></tr>
</table>

由于满足市民日常公共活动需求的广场和绿地功能相近，因此将绿地与广场用地合并设立大类，公园绿地（G1）的名称、内容与《城市绿地分类标准 2002》统一，包括综合公园、社区公园、专类公园、带状公园和街旁绿地。位于城市建设用地范围内以文物古迹、风景名胜点（区）为主形成的具有城市公园功能的绿地属于公园绿地（G1），位于城市建设用地范围以外的其他风景名胜区则在城乡用地分类中分别归入非建设用地 E 的水域（E1）、农林用地（E2）以及其他非建

设用地（E3）中。以往的生产绿地（G2）和城市建设用地范围外基础设施两侧的防护绿地，归入城乡建设用地分类的农林用地（E2），新的G2名称、内容与城市绿地分类标准统一，只是限于城市建设用地范围内。广场用地（G3）不包括以交通集散为主的广场用地。

广场作为重要的市民休闲和游憩空间，近年来在我国城市建设中数量及面积都在快速增加，将其纳入与公园绿地相同的大类中无疑对于整体的规划和管理更为有利，有助于全局性地认识、改善市民的日常游憩空间。

水体对于城市生态环境、市民游憩以及视觉环境也至关重要，其功能与效益的发挥受周边地段尤其是绿地的限制。我国近年来的城市建设中，滨水地带也常常是城市开发、公园、广场建设的重点。《城市绿地分类标准》这样一个与城市开放空间密切相关的行业规范中，未将水体纳入其中，无疑是个缺憾。水体、绿地的结合对于城市公共空间和生态环境的改善具有重要的价值，20世纪90年代，伦敦的开放空间系统规划整合了绿道（parkway）、蓝道（blueway）等，极大地改善伦敦的城市环境（Turner，1995）。

1.2.2 研究对象及时空范畴

本书首先梳理不同视角的理论和研究方法，从这些研究中理解开放空间的多重属性，并形成以物质空间为切入点的形态分析框架；在此基础上对南京的开放空间演变进行实证研究。文献综述中的相关研究涉及不同领域和方向，它们对开放空间的界定或者侧重方向有所不同，如在生态与环境领域偏重地表覆盖状况为自然或近自然的环境，而在社会文化领域则注重其作为城市公共性的户外空间，作为人们的社交和游憩活动场所。因此这部分内容中的开放空间是一种泛指，这样才能尽可能包纳不同专业、文化历史背景下的开放空间研究。

在对南京的案例研究中，重点突出公园、广场和水体，原因在于：（1）公园、广场在相关志书和档案中有较明确的记录，水体的边界在历史地图中也有详细的交代。结合历史资料，这三类要素的形态变化可以在地图上较为明确地勾绘出来，从而可以进行纵向的对比。（2）按照上文中Garrett. Eckbo或Peter Clark等的分类，三者分别归属于自然和人为开放空间，在城市发展过程中，所被赋予的功能不同；在Matthew Carmona的城市空间分类中，这三者亦是积极空间的代表，对城市公共生活至关重要；在城市化过程中，三者也可以代表性地反映城市开放空间在生态环境、公共服务等方面的变化轨迹。（3）对南京这样的历史文化城市而言，这几类要素在近代时的布局状况不仅有着清晰的历史逻辑可循，而且对于今日的城市风貌、公共空间仍旧有着结构性的作用，追溯并理解其演变对于完善今日的规划实践具有基础性的参考作用。

本书对于南京开放空间的追溯、分析将以南京老城（明城墙范围内）及周边如玄武湖、莫愁湖等为研究范围，时间跨度为 20 世纪初到 21 世纪初（1900-2000 年间）。

明代京城范围达 41 平方公里，一直到 20 世纪 60 年代，南京的城市建设基本上没有超出其范围，老城一直以来就是南京城市功能最集中的区域。明朝建都南京时采用不规则的京城和外郭，京城城墙与城内的清凉山、狮子山、九华山、北极阁和城外的玄武湖、莫愁湖、紫金山等形成了有机的结合，奠定了南京山水城林的结构。南京老城和周边山水要素作为一个整体，见证了几百年来南京城市演变的过程，同时老城仍是大部分南京市民的生活境域；因此选择老城及周边作为研究范围既有历史和理论意义，对于当前如火如荼的城市更新也将有参考价值。

本书的研究时段始于 20 世纪初，出于两方面的考虑。一方面南京的近代化始于 19 世纪下半叶，早期工业化和开埠；1911 年清王朝解体，随后南京成为民国首都。南京的城市化与中国的近代化、现代化紧密相连，这一百年的时间尺度可以较为完整地反映南京从封建城市向现代城市转变的过程。在这个过程中，开放空间中最重要的一种类型——城市公园在南京出现，随着城市的发展，密集区从城南逐渐扩展到整个老城乃至更大范围，城市空间中被人为规划和建设的空间比例越来越大，不同类型、区位的开放空间经历了一次次的变化乃至转型。

另一方面，以形态为基础的研究需要有详细的历史资料尤其是精确的地形图、地籍图等。我国古代的城市地图一直以艺术化的方式粗略地描述空间信息，缺乏精确的平面信息，地籍资料也由于历史原因几乎无存（Whitehand and Gu，2006）。宣统元年（1909 年）《陆师学堂新测金陵省城地图》是目前已知最早的按照现代测绘方法制作的南京地图，辅以其他文献，可以较清楚地推断当时的城市布局情况，此后南京作为首都和区域中心城市一直拥有较为丰富的历史地图和规划档案，以这些资料为支撑，将使本研究更为可行和可信。

1.3 南京城市开放空间研究综述

1.3.1 基础资料

城市研究中最基础的就是各种志书等历史文献，关于南京的志书丰富多样，如明清时的志书《应天府志》、《上元县志》等地方志外，《洪武京城图志》、《金陵古今图考》、《板桥杂记》系列、《金陵通记》、《秣陵集》、《上元江宁乡土合志》等可以为研究提供背景资料，近代以来除了《首都志》、《南京市志》、《南京简志》等通志外，还有诸如《南京园林志》、《南京建置志》、《南京文物志》、《南京人口志》、《南京交通志》、《南京民俗志》、《南京卫生志》等可供参考。

研究城市演变除了需要尽可能详细的平面图资料，也需要不同时期的图片资料作为支撑。作为近代开埠城市、首都、省会，南京的早期历史照片浩如烟海，对于再现当时的城市风貌起到重要的参考作用。已经编辑成册或系统整理过的有朱偰《金陵古迹名胜影集》、郭锡麟《南京影集》和近期出版的《南京旧影》、《老南京记忆——故都旧影》等等，此外在哈佛大学等图书馆中也有很多关于南京的历史照片。这些志书、历史照片等将为研究南京开放空间提供一些背景知识和线索。

1.3.2 国内相关研究

笔者以“南京”和“城市开放空间”、“绿地”、“公园”、“水体”、“广场”等为关键词在中国知网和万方数据搜索结果显示有较多的期刊论文和学位论文。

期刊论文中，对于整体和演变进行研究的多出现在生态、地理学科并以采用遥感等技术手段和景观生态学方法为主，如胡勇、赵媛的《南京城市绿地景观格局之初步分析》（胡勇、赵媛，2004）、李明诗等在《基于 Landsat 图像的南京城市绿地时空动态分析》对 1986 ~ 2011 年的南京主城区地表植被覆盖情况进行了分析（李明诗、孙力、常瑞雪，2013），唐兰娣扼要介绍了 1949 年后南京园林建设的情况（唐兰娣，1996），李蕾、张成对 1990 年代南京城市绿地系统的规划进行了分析（李蕾、张成，1996），王浩、徐雁南对南京城市绿地结构进行了分析，归纳了建设绿色南京的有利因素并提出规划策略（王浩、徐雁南，2003）。在追溯开放空间演变方面，笔者本人合著的论文《南京明城墙周边开放空间形态研究：1930 ~ 2008 年》借鉴城市形态研究方法回顾了近 70 年明城墙周边水体、公园和广场的变化。

王佳成对南京老城内的点状绿地进行了实地调研，并结合国内外相关经验进行了具体分析，以此为基础，对高密度城区点状绿地的建设提出了相关建议（王佳成，2008）。刘应姿等实地调研了南京部分城市广场空间，采用空间句法解析广场空间体系与城市空间肌理的关系，并通过对南京城市广场空间结构、使用情况等的分析进一步探究影响广场使用的因素，并提出优化策略（刘英姿、宗跃光，2010）。其他涉及公园、广场的大部分论文是对具体案例的介绍和分析，此外还有一些从环境行为、植被分析等角度的案例研究。

水体方面，杨达源等在据史料记载与实地调查、测绘成果等基础上研究了南京市主城区水系的变迁和现在的水循环特征（杨达源、徐永辉、和艳，2007），指出了南京水质变差的重要原因是水循环缺乏自然河流水源的补给。姚亦锋在历史文献梳理和调研的基础上从历史地理的角度分析了南京城市河道水系与城市景观的关系（姚亦锋，2009）。此外大部分论文涉及水质、环境工程等，亦有一些论文介绍具体滨水地带的设计。

在学位论文中，姚亦峰在其博士论文《南京城市地理变迁及现代景观》（2006）中从历史地理学的角度阐述了南京城市历史发展的变迁，主要包括南京自然地理与史前人类居住布局、历史时期南京自然与城市变迁、南京城市景观现状与城市变迁研究，为了解南京城市演变尤其是其地理背景提供了详细的知识。权伟在其硕士论文《明初南京山水形势与城市建设互动关系研究》（2007）中也运用历史地理学的理论与方法，探讨明代南京城市建设与山水形势的互动关系。涉及南京城市开放空间演变或历史的还有如下几篇：程楚彬在其硕士论文《南京城市水系的历史沿革和保护开发》（2000）追溯了南京水系的变化，重点分析了南京水系保护开发和途径和可行性；朱卓峰在其硕士论文《城市景观中的山水格局及其延续与发展初探——以南京为例》（2005）以南京为例，分析了南京自然地貌、历史沿革、现状，重在提出建立不同层面城市山水格局的构建；施钧桅在硕士论文《江苏沿江城市近代园林初探》（2005）简要回顾了南京近代公园的建设情况，重点追溯了玄武湖和中山陵的变化。整体而言，对南京开放空间进行历时研究的论文很少。

邵大伟在其博士论文《城市开放空间格局的演变、机制及优化研究——以南京主城区为例》（2011）以南京主城区为典型案例，借助遥感数据、土地利用数据、社会经济数据以及文献资料，对其主城区四个时段（1979 年、1989 年、2001 年、2006 年）的格局演变进行深入解析，分析了这种格局形成、演变的机制；并结合城市绿地系统规划，提出了用地调整、布局优化、人口疏散、强化环带建设、充分利用附属绿地等优化调控的对策。采用遥感等方法进行南京开放空间、绿地研究多出现在地理学、生态学、林学等学科，如俞兵的硕士论文《基于 RS 和 GIS 南京城市绿地景观格局研究》（2006）、马琳的硕士论文《南京市主城区公园绿地景观格局与可达性研究》（2010）等。这方面的研究近年来呈现增长趋势，研究的议题也拓展至城市热岛、微气候等方面，由于此类研究对地表覆盖数据要求很高，有些还需要采样，因此研究的时段都集中在当代。

此外，沈明明在硕士论文《城市广场的可达性评价研究——以南京为例》（2009）首先建立一套城市广场可达性综合评价体系，并对南京的山西路广场、北极阁广场和明故宫遗址公园进行了实证研究。蔡晴在其硕士论文《历史胜迹环境的传承与再生——以南京与绍兴为例》（2003）对鸡鸣寺、阅江楼的设计意匠及其对原环境的超越进行了分析。刘溪在硕士论文《城市商业中心公共空间结构形态演变特征研究——以南京老城区商业中心公共空间为例》（2009）中以夫子庙和新街口为例分析了公共空间演变。比较研究相对较少，针对开放空间方面仅有汤蕾的硕士论文《城市开放空间的比较研究》（2003），论文中她对南京和香港的当代商业开放空间、滨水区开放空间、历史街区开放空间进行了案例比较研究。

张泉的《明初南京城的规划与建设》（张泉，1984）、文烨的《清代南京城市发展历程探析：1644-1911》（文烨，2007）、刘园的《国民政府首都计划及其对南京的影响》（刘园，2009）、《快速城市化过程中南京老城的保护》（周岚等，2004）等涉及南京城市建设不同年代。关于城市热岛、水体、生态系统、土地利用与地价、规划政策、市民使用与民俗的研究也比较多（顾丽华，2008；刘娟，2009；顾洁，2007；王晓俊，2007；梁雯雯，2011；罗凤琦，2006），这些研究为本次研究提供了非常有价值的背景知识。

1.3.3 国外相关研究

在 Web of Science 以 Nanjing 和 opens pace、green space、plaza、square、water 等为主题词进行搜索。检索结果中以 Nanjing、open space（18 篇）和 Nanjing、green space（11 篇）为主题词的论文大部分来自生态和环境科学，主要涉及当代南京的空气污染、城市热岛、土壤、森林、景观格局等研究，遥感影像和地段采样是主要的研究手段，研究时间均为当代。以 Nanjing 和 palza、square 为主题词检索到的论文仅 1 篇为对南京广场上植物群落的研究。以 Nanjing 和 water 为主题词的检索结果多达 700 多条，但是绝大部分都是涉及水质监测、水文地质、水生生态系统等。笔者还在以政治学、经济学、哲学、历史等人文社会学科见长的 Jstor 数据库中进行检索，该数据库中关于南京的论文一共才 41 篇（截至 2013.11），其中仅有一篇是赖德霖关于中山陵的文章涉及南京开放空间（Lai，2005）。

整体看来，对于南京城市开放空间的研究以国内为主。在研究时段上，大部分是针对当代情况的研究，仅姚亦锋的《南京城市地理变迁及现代景观》（2006）时间跨度最大，朱卓峰的硕士论文对春秋以来南京城市山水格局有简要回顾，历时性的研究非常少如邵大伟的研究为 1970 年代至 2000 年代；另外，关于南京城市开放空间整体情况的研究较为缺乏，大部分研究偏重于某种类型如公园、广场或者局部地段的开放空间；第三，研究的角度虽然多样，分散于生态、历史、地理、规划设计等领域，研究时段和对象的不同，但通过这些研究难以形成对近代南京开放空间演变的整体了解。由于大部分研究都没有建立在精确的制图基础上，因此对过程的分析以文字描述和示意图为主，对其演变过程缺乏细致的梳理，也缺乏在此基础上的多角度分析。

1.4　研究目的与意义

1.4.1　研究目的

（1）梳理不同领域对开放空间的研究成果，形成初步框架性的多维视角研究途径。

通过文献综述及分析，梳理不同视角下开放空间的特点、变化和相应的研究方法与技术。以形态、成因、结果为逻辑链，形成多维视角的开放空间形态框架，针对追溯形态变化和关联性分析的要求，提出以历史地理系统为基础的研究平台。

（2）追溯南京城市开放空间演变，并进行多角度的分析和评价。

结合历史地图、规划档案和相关文献的整理，再现南京城市开放空间的演变，在以地理信息系统为平台进行形态制图的基础上，结合上述研究视角和框架进行实证分析，从而使前面形成的研究框架与实证研究彼此关联、相互助益。

1.4.2　研究意义

（1）梳理多视角对开放空间的研究和建构开放空间研究框架的理论意义。

作为城市中不可缺少的空间类型，开放空间与其他类型的城市空间存在复杂的关系，只有从不同角度才可能理解这种复杂关系及其前因后果。

由于开放空间在城市规划中远不如交通、居住、产业布局等受重视，风景园林学科的视角也更集中在开放空间的内部情况如开放空间内部如何设计和管理，对于开放空间和整个城市关系的研究并不多见（Talen，2010：474）。将公园、广场等开放空间置于广泛的城市环境脉络中进行分析，无疑可以高屋建瓴，更客观、全面地认识开放空间。

本书根植于对城市形态学、社会文化、生态与环境、感知与意象、规划分析与评价五个方面的文献阅读和研究，将其中的研究视角、概念脉络、方法和技术为基础进行整合，探索开放空间的多维视角研究途径和相应方法、技术。然后在对南京实证研究来验证、完善这种研究思路，探索过程中的经验和不足对于南京以及其他城市的开放空间研究都有很强的借鉴意义。

（2）将建立开放空间理论研究和实践的桥梁。

当缺乏一个概念性的框架来整合开放空间形态的基本层面时，理解、保护和规划容易出现缺陷（Whitehand and Gu，2007：652）。逻辑上，我们只有理解了城市由何组成、如何形成、有何功能、它对于人的意义等，才能设计好的城市，理解城市对应着描述性视角（substantive － descriptive），而规划城市对应着规范性和对策性的视角（normative － prescriptive）（Moudon，1992：363）。规划设计师习惯于后者，但前者同样重要。两者对应的研究和设计、学术追求和职业实践技巧在风景园林学科中存在着长期的分离（Milburnetal，2003）。LaGro 认为风景园林学科中研究能力的缺乏以及对于研究概念的混淆早已存在，他呼吁风景园林需要独立的理论体系以应对土地规划、设计和实施及其过程（James A. LaGro Jr，1999）。随着时代变化，城市环境改善中新的机遇和挑战出现，也需要重新审视传统的开放空间设计框架（Hough，2004：2–3）。

本研究以形态为基础，从不同角度分析南京开放空间的百年演变。这一百年正是现代城市规划在中国萌芽和曲折发展的时期，描述性、分析性的成果将有助于形成多角度研究的关联，形成新的知识和方法以沟通理论研究和规划实践。

（3）将有助于深刻理解近代以来南京开放空间演变并改进规划实践。

南京作为中国近现代城市规划实践的重要城市，关于历史建筑和城市规划、建设的研究已有相当的数量，但是整体的、系统的开放空间演变研究目前仍未出现。虽然相关志书和档案中不乏关于公园、广场等的记录，但却无法展现开放空间演变及其与城市整体的关系，归纳性的研究也较少。本研究结合历史地图对开放空间的梳理是为南京城市开放空间和景观史研究提供了基础性知识，对形态的关联分析将有助于更进一步理解近代以来南京开放空间的演变。

如今，随着后工业化时代的到来，南京的城市更新和改造也进入一个新的阶段。重大城市项目常常涉及开放空间，为此本研究可以为科学分析和评价南京规划建设实践、寻找解决南京新问题的历史启示提供基础研究，可以为重要项目的规划设计提供有价值的参考。

以地理信息系统为平台的形态制图和相关研究将为追溯历史进程与预测未来发展提供承上启下的数据，并且方法技术层面的探索、更新将为南京城市风貌和开放空间保护提供科学的技术支撑。

（4）通过本土案例的研究将为吸收消化开放空间新理念奠定基础。

20 世纪末，开放空间在西方城市更新中再次受到重视，并以更新、更开放的形式出现。新的设想、理念此起彼伏，其中一些已经或将要对我国开放空间研究和实践产生显著的影响。新理念要在本土付诸实施并取得成功的前提是与当地的自然环境、历史文化、政策等相契合。在没有全面理解本土开放空间的外部环境和规划实践过程中的种种问题，即使在其他地方已经取得成功的模式也可能收效甚微甚至适得其反（Yang and Jinxing，2007：288）。因此，结合 GIS 平台在较为精确制图的基础上对本土城市开放空间演变进行追溯和多角度分析，将为审视、施行新设想和新理念提供基础，为未来城市的形态提供中肯的观点（Moudon，1992：363）。此外，这种多角度和针对过程的研究还可能萌生新设想、新理念。

（5）对开放空间规划建设史研究国际化的一种回应。

长期以来，在城市规划和建设史的研究中，开放空间常常处于被忽略的状态，而我国风景园林学科中既有的研究往往集中在单个的古典园林、公园，和大轮廓的历史阶段研究等，缺乏城市尺度的历时性研究。可以说缺乏多元化研究视角和整体性的研究途径是造成这种情况的原因之一。我国文化背景和城市化轨迹与西方不同，同时近现代城市开放空间规划与其他国家又有很大的联系如对欧美和苏联的借鉴，追溯并分析南京开放空间的演变将成为颇有意义的学术回应，为跨文化城市开放空间的比较提供一个本土的案例。

1.5　研究内容与方法

1.5.1　研究内容和结构

第 1 章，绪论。阐述本书的研究背景和缘起，开放空间的概念和本文的研究范畴，对南京进行实证研究的时空范围，研究的目的与意义以及研究方法。

第 2 章，文献综述：多维视角下的城市开放空间形态研究。梳理相关领域关于开放空间的研究方法，共分为城市形态学、社会文化、生态与环境、感知与意象、规划分析与评价五个视角，在多个实证研究的基础上和形态——成因——结果的逻辑脉络中，形成多维视角的研究框架，并结合形态演变及其关联性分析的特点，引入基于历史地理信息系统的研究技术平台。

第 3 章，南京城市开放空间演变历程。以历史地图、规划档案、历史照片、相关地方志等为基础，整理南京从 1900 ~ 2000 年间时代背景、城市规划与建设概况，追溯以公园、广场、水体为代表的开放空间演变，在 GIS 平台上参照校正过的各期历史地图重绘其位置。

第 4 章，南京城市开放空间形态变化规律、成因和结果分析。结合 GIS 为平台的形态基础数据和相关分析，在第 3 章基础上归纳南京开放空间形态演变呈现出的一些规律，从自然遗存与物质空间、社会文化、规划实施角度探讨导致开放空间演变的原因，对公园、广场与水体分别从视觉风貌、生态与微气候、可达性与布局合理性探讨形态变化造成的一些结果。在此基础上对研究框架进行总结，并对南京的开放空间规划和管理提出建议。

第 5 章，结语。对本书的主要结论进行扼要的阐述，总结本次研究的创新点，并在此基础上展望未来的研究工作。

1.5.2 研究方法

（1）文献综述基础上的整合。

文献综述是进行学术研究最基本的环节，通过对前人研究的阅读、梳理，可以了解研究基础和进展、理论与方法等。本书的主体可以看作是由两大部分组成，建立多维的开放空间形态研究框架和对南京进行实证研究。文献综述及整合是本论文的重要组成部分，是研究框架形成的基础，它为实证研究指明了方向并提供方法和技术上的借鉴。

城市开放空间研究涉及非常广泛，因此视角的选取上并不求多求全，围绕着追溯形态、理解形态、评价形态这几个方面。文献主要来源为以实证研究为基础的英文经典著作和权威期刊文章。在文献回顾的基础上，通过对不同视角研究的理解和整合，加上作者的实践和研究经验，建构一个研究框架。

（2）历史文献、档案的整理。

本书对南京的实证研究需要翔实的历史资料为基础，这些资料应包括诸如开放空间发生了哪些转变等事实，也包括时代背景以及决策者对城市和开放空间的设想和规划方案等。为了尽可能弄清楚一百年来的情况，笔者对以下几类资料进行了整理和研读：地方志与专业志书、历史地图与照片、城市规划与建设档案。主要参考志书有《南京城市规划志》、《南京园林志》、《首都志》、《南京建置志》、《南京城建开发综合志》等；历史地图中 1909 年《陆师学堂测绘的省城地图》、1930 年代、1960 年代的军用地图和 1990 年代、2000 年代的南京规划局使用的地形图，以及 1940 年代、1970 年代、1980 年代、2000 年代航拍图等，因较为精确被作为主要参考；历史照片来源有网络、各种书刊以及国外图书馆藏品如 Hedda Morrison Photographs of China[1]、Harrison Forman Collection[2] 等记录的南京旧影；此外笔者还重点查阅了南京城市建设档案馆的部分档案。

（3）形态制图与空间分析。

南京城市范围巨大，仅南京老城面积达 41 平方公里，不同时期的地图在范围、比例和投影上往往差别很大，与本研究有关的要素在图上也详略不一。为此，笔

[1] http://hcl.harvard.edu/libraries/harvard-yenching/collections/morrison/

[2] http://www4.uwm.edu/libraries/AGSL/Forman/FormanPhotoInventory.cfm

者进行的一项基本工作就是将不同时期的地图进行校正，并结合文献记载将同一地理要素对应在地理信息系统中的同一坐标位置的不同地图上，以便于目测和叠加比较。笔者以 2007 年南京规划部门地形图为基准，根据文献记载和现场考察利用未曾变化的地点（如城门、道路交叉点、桥梁、重要建筑等）作为校准点，在 ArcGIS 9.3 中对多期历史地图、地形图进行校准（georeferencing，rectify），在此基础上勾绘各期开放空间的位置或边界。

为了进行开放空间形态的关联性分析，作者还利用现有资料描绘了不同时期人口密度、路网和建筑等要素，在此基础上利用 ArcGIS 的网络分析模块、空间分析模块和三维空间分析模块等进行数据的处理和可达性分析、视域分析、气流阻力分析等。

（4）实地调研和访谈。

在本书写作阶段，笔者多次现场考察，以了解场地周边交通和用地的情况。在进行实地考察时，笔者还会携带多期历史地图和照片，在现场进行比较、分析，这种将昔日风貌与当下景象、历史地图的对比、关联有助于更深切地理解场地的特质和变化。

笔者在进行实地调研时也会针对具体问题对市民进行访谈，以了解其主观感受或场地的历史情况。此外针对具体问题笔者还对资深专业人士进行访谈，从而了解相关的城市建设和规划情况。

1.6 研究框架

本书的研究主要分为两个部分，第一部分通过文献综述和逻辑整合，从五个不同视角对开放空间的研究中，形成对应着形态演变原因、形态演变和形态演变结果三个层面的概念体系，并按照这个简明的逻辑链条形成开放空间形态研究框架；第二部分为针对南京的实证研究，通过对百年来南京城市演变过程中开放空间变化的追溯，结合第一部分形成的框架，结合已有的数据，选择性地进行实证分析，试图再现开放空间在不同时期的变化，分析变化的原因和所导致的结果。在实证研究中，一方面由于数据和相关研究缺乏，可能难以完全按照理想的框架进行，另一方面，结合具体城市的研究对于反观和改进研究框架也提供了契机，并且通过对历史过程的梳理及其逻辑思考，对认知当前南京的开放空间形态也提供了有益的视角。

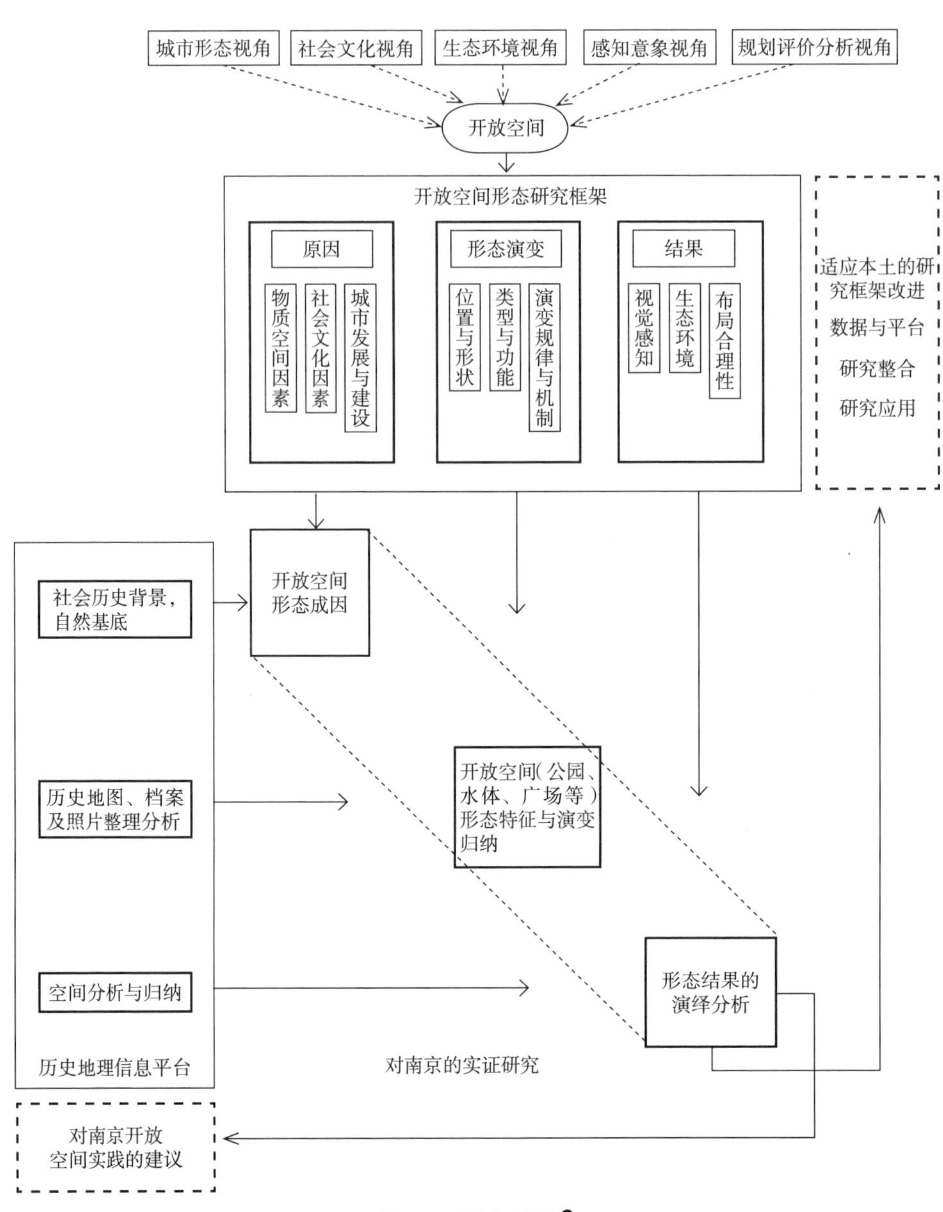

图 1-1 研究框架❶

❶ 注:本文中的图片、表格凡是未注明来源的，均为作者拍摄、整理或绘制，照片拍摄的年代为 2010-2012 年间。

第2章 文献综述：多维视角下的城市开放空间形态研究

城市空间具有多重属性，只有多角度进行研究才能更好地理解空间属性，从而进行合理的规划管理。A.V Moudon 认为城市乃至景观在被人类改变过程中的物质形式和特征、变化的驱动力，以及其如何被设计、生产、管理、使用和变化，是城市设计的重要基础知识。在《A Catholic Approach to Organizing：What Urban Designers Should Know》一文中，她提出了与城市设计密切相关的重要的九方面知识，分别是城市历史（Urban History Studies）、如画研究（Picturesque Studies）、意象研究（Image studies）、环境行为研究（Environment-Behavior Studies）、场所研究（Place Studies）、物质文化研究（Material Culture Studies）、类型形态研究（Typology-Morphology Studies）、空间形态研究（Space-Morphology Studies）、自然生态研究（Nature-ecology studies）。与城市设计有关，但是从实践（practicality）的角度而言，Moudon 提出的九个方面知识是对城市调查和研究的重点所在（Moudon，1992）。从 Moudon 对城市设计者知识结构的建议可以看出，知识体系分类或者说研究框架的建立既要考虑研究客体的特点，也要针对研究或者说实践主体的特点有所选择。

Matthew Carmona 在论及城市设计时提出公共场所和城市空间所涉及的六个互不相同又密切相关的维度：形态的、认知的、社会的、视觉的、功能的和时间的。他认为这几个维度是城市设计中相对独立基本元素，这种划分可以清晰地展示和分析每一方面；其次，这六项互相交叠的维度也是城市设计的日常主题，可以在设计实践中将其逻辑地串接起来，并且只有考虑到所有这些维度的城市设计方案才是完整的（Carmona，2005：2）。

城市开放空间被赋予多种功能：保护自然、游憩、市民接触自然、促进社会交往和市民的身心建康（Lynch，1995：396）。随着城市各种环境问题日益突出，开放空间在现代城市规划中除了作为满足上述市民生活需要的手段，还被赋予了生态、城市发展控制等功能。凯文·林奇（K.Lynch）认为开放空间规划的目标或者说开放空间在城市生活中特有的品质是提供多样的选择（choice）、习艺场所

（mastery）、新奇与刺激（stimulus）、与城市环境形成对比（contrast）、认识自我（orientation）和社会交往（social contact）等，这些目标的实现只有置于整体的城市环境背景中才有意义，这些品质无法独存于开放空间自身，因此分析这些目标必须置于整个城市的形态框架之下（Lynch，1995：398）。

鉴于开放空间对城市环境的重要性，以及近年来从社会、经济和环境方面对可持续城市的重新认识，在2009年，来自欧洲多个大学和研究机构的19位学者认为有必要形成一个关于城市开放空间的多学科交叉的研究框架，以更好地理解人与城市的关系。他们从五个角度提出针对开放空间的35项研究议题。五个角度分别是开放空间物质属性研究（physicality）、开放空间中体验研究（experience）、开放空间评价研究（valuation）、开放空间管理研究（management）、开放空间管治研究（governance），根据每个角度的具体议题，他们讨论形成了开放空间研究框架（James et al，2009）。开放空间的生态服务功能、驱动因素、面临的压力、实施的社会过程以及规划意图是因时因地而变化，这五个方面依次形成相互影响的链条，并与开放空间的物质属性、体验、评价、管理和管制相互关联。这些研究者认为城市环境的变化是自然过程和人类有计划行动之间复杂的相互作用所形成的，因此理解五个角度的关系是非常重要的，这个框架也表明不同的研究角度的必然关联，以及其必然涉及开放空间的物质属性、社会系统和社会过程。

开放空间的演变规律不同于居住区、商业区等人工设施密集的区域（Whitehand，1994）。同一个空间实体，可能在不同的阶段，被赋予不同的功能，纳入不同的规划意图，或者与其他开放空间发生空间上、功能上的关联。综上，要立体地理解现代城市中的开放空间，应该从开放空间客体、人类主体对其的感知和实践改造三个方面进行，扩展开来就是：开放空间物质形式及其城市环境背景、开放空间的属性与功能、与开放空间有关的感知和体验、开放空间的社会文化过程、开放空间规划设计及实施。

综上所述，在一个多维度的框架中考察城市环境、人类社会以及两者的关系，并从整体的、动态的角度分析，对于认识和改进城市环境具有重要的方法论意义。

因此，本书在以上研究的基础上，根据南京开放空间实际情况，提出了包含城市形态学、社会文化、生态与环境、感知与意象、城市规划分析与评价五个视角的开放性的开放空间形态研究框架。在建构此框架时主要考虑以下几方面因素：

（1）选择有充分的理论支撑的研究视角。上述几个研究视角有着宏大和系统的理论背景，上游的理论将为研究框架内的专门研究提供持续的启示和支撑，为比较不同时空背景下各种现象提供了参照。近代以来西方由于城市化的率先发展，无论是自然学科、社会和人文学科方面，其理论体系和研究成果都可以作为本框架的理想参照。

（2）选择有成熟实证的研究视角。通过他人已有的实证研究来佐证视角的意义、示范研究的方法和技术，以便更顺利地应用在我国城市的实证研究上；通过比较不同地域文化中关于开放空间研究的具体结论，将为理解和改进规划层面乃至文化、制度层面等提供宝贵的他山之石。考虑到本文对南京的追溯始于其早期现代化阶段，因此借鉴国外相关研究也限定在相似的社会历史时期。

（3）框架的可行性和实用性。根据目前能获得的研究资料情况提出研究框架，保证研究有充分的基础数据支撑。实用性，是希望此框架能够直接应用于梳理、评价一个具体的中国城市（如南京）的开放空间。单一的研究视角无法形成较为全面的结论，但是在纷繁的时空过程中进行实证研究时，复杂的研究框架往往也难以实施。

理论起源、实证研究、技术方法等方面对本框架包含的五个研究视角分别进行论述。

2.1　城市形态学视角

城市形态学萌芽于 19 世纪初的欧洲，奥托·施吕特（Otto Schlüter）早期的研究和德国地理学界关于形态基因（morphogenetic）的研究传统促成了城市形态学的诞生。施吕特认为城市形态由土地、聚居区、交通线和地表上的建筑物等要素组成，并将物质形态和城镇外观即城镇景观作为主要的研究对象，认为它是一种独特的文化内涵（段进、邱国潮：2009，6）。

形态学概念（morphological concepts）根植于西方古典哲学传统的思维和由其衍生出的经验主义哲学（empiricism），作为西方社会与自然科学思想的重要部分，形态的概念被广泛地应用于传统历史学、人类学和生物学研究（Encyclopedia of Urban Studies，2010；谷凯，2001）。因此，城市形态学在西方具有悠久的历史，并且具有多源性，按照研究侧重点的差异，除了与 Schlüter 一脉相承的以基因形态（morphogenesis）分析为基础的市镇平面研究（town plan analysis），还有美国芝加哥学派对城市用地以及社会空间分布分析为基础的城市功能结构（urban structure）研究，对城市意向、心智地图以及文脉分析为基础的环境行为研究，以及以西方马克思学派基于资本积累与建成环境（built environment）联系的政治经济学研究等源流（刘志丹、张纯、宋彦，2012），城市历史研究、空间形态研究、建筑学方法（如类型和文脉方法）也存在着与城市形态研究密切相关的理论（谷凯，2001）。

以下主要对源于欧洲的英国城市形态学派和意大利城市形态学派的形态复合体、边缘带和类型过程这三种理论和研究途径进行梳理，发掘其中涉及开放空间的内容及其启示。

2.1.1 城市形态复合体

城市形态学强调通过结构性地描述城市形态的演变来理解形态的形成和再组合的过程（陈飞，谷凯：2009）。1960 年，英国城市地理学家 M.R.G. Conzen 发表了《Alnwick，Northumberland：a Study in Town Plan Analysis》，为英语国家的城市形态基因研究和 Conzen 学派奠定了基础，是城市形态学历史上最重要的里程碑（M. R. G. Conzen，1960）。

康泽恩（M.R.G.Conzen）通过城镇格局分析的概念性和图示性方法（conceptual and cartographic analysis），发展了城市形态研究的基本原则框架，解释了城市风貌如何演变。在其城镇分析中，每个地块都是城镇分析的基本单元，通过详细的历史图档分析以及现场考察，他调查了每一个地块（plot）单元的变化，在翔实的现场踏勘的基础上，M.R.G.Conzen 形成了其城市形态分析的基本方法（Ray Hutchison，2010；Conzen，2011）。其核心理论是通过研究三个“形态复合”（Form Complexes）的城市形态演变要素，即平面格局（Ground Plan）、建筑形态（Building Form）、建筑与土地使用（Building and Land Utilization）来探讨城市物质环境和人文历史的演变历程（陈飞，2010），它们之间相对独立又相互关联，例如建筑形态存在于具体地块或土地使用中，它们又同时包含在城镇平面的框架之内（陈飞，谷凯：2009），这三个基本对象是理解和表达市镇景观的历史和空间结构的主要载体，城市风貌的整体性和历史性也通过这种形态复合体来体现。

康泽恩认为不同“形态复合体”的“形态基因主导（morphogenetic priority）”促进了景观的生成。这种主导反映了各种形态复合体之中各要素的强度、寿命周期。平面格局尤为重要，通常对变化有着较强的抵制和对抗，反映了久远的过去对城市景观的影响和作用，并对城市形态的其他部分形成持久的框架约束，例如一些老的街道仍存在于今天的景观中。与之相反，土地和建筑利用更为短暂。

在特定的城市区域，这三种形态综合体一起构成有别于周围其他城市形态的形态结构复合体，被称作城市景观细胞（townscape cell），这些城市景观细胞组织组成市镇景观单元（townscape unit），不同的市镇景观单元又组成不同规模和等级的城市景观区域或形态区域（urban landscape region or morphological region）。康泽恩通过对相同或相近形态复合体的聚集情况来确认形态区域景观单元，单元边界的确定综合考虑了平面格局、建筑肌理、土地和建筑利用对城市景观历史性

（historicity）的作用和影响（Whitehand，2010）。形态区域是指具有统一形态特征并区别于周边结构的城市区域，这一概念充分反映了康泽恩对城市物质形态发展的探索（陈飞、谷凯，2009）。

在康泽恩的著作中，应用上述方法分析欧洲中世纪城镇，将德国地理界早期的“形态基因”进一步发展，城镇平面元素被划分为街道和由它们构成的交通网络；用地单元（plots）和由它们集合成的街区；建筑物及其平面安排。他在此研究中创立并运用了以下概念方法：平面单元（plan unit，图 2-1）、形态周期（morphological period）、形态区域（morphological regions）、形态框架（morphological frame）、地块循环（plot redevelopment cycles）和城镇边缘带（fringe belts）等（谷凯，2001）。

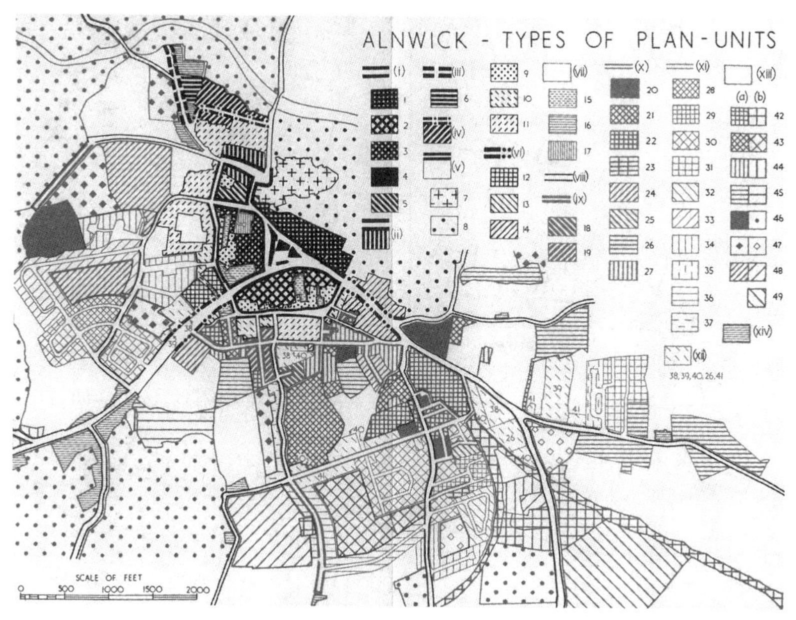

图 2-1　安尼克的平面单元（plan unit）
来源：（M. R. G. Conzen，1960）

康泽恩对安尼克古镇（Alnwick）平面格局分析是建立在地块层面的，在此基础上利用不同尺度和精度展开了整个城市的形态分析。他关注的重点不是那些具有历史意义的著名建筑或受到特别保护的地段，而是随着时代的推移，城镇平面格局的发生、发展和演变，以及平面格局的不同部分是如何组织在一起的（Whitehand，2010）。

在对安尼克古镇进行系统研究之后，康泽恩还分析了英国商业城镇拉德洛（Ludlow）。与安尼克古镇类似，拉德洛保留了许多中世纪的特征如城堡等。在实地调查与文献研究的基础上，康泽恩绘制了三种形态复合体（图 2-2）：

（1）平面类型区域（按照区域的平面格局划定边界）；

（2）建筑类型区域（主要关注建筑的三维空间形态）；

（3）土地利用和建筑性质区域。它们直接反映了城市景观地区的历史特性，并清晰显示了城市景观地区的不同规模和等级关系，在每幅地图上的区域或单元等级序列明确地表达了特定复合体的演化，在此基础上，康泽恩使用五个等级区分形态区域的边界，为系统地剖析和理解城市景观提供了重要的空间图示（Whitehand，2010；陈飞、谷凯 2009）。

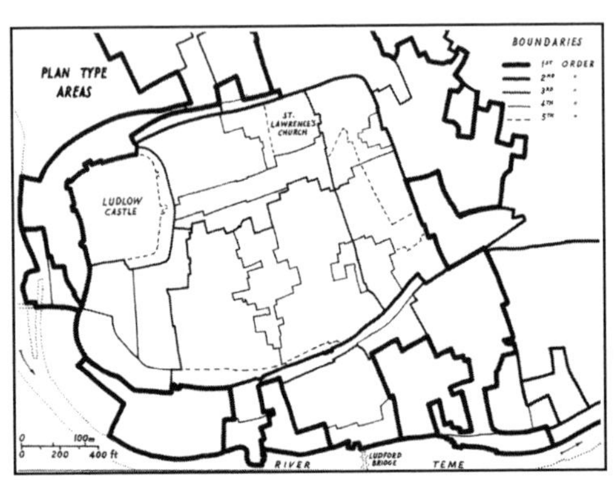

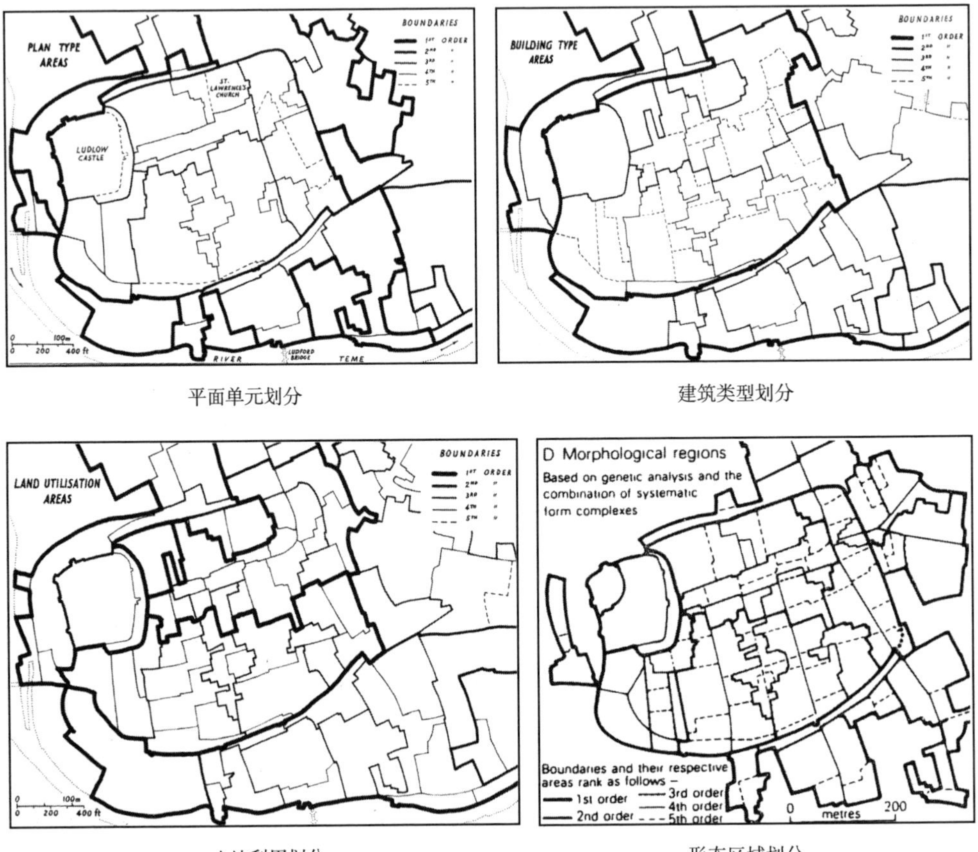

平面单元划分

建筑类型划分

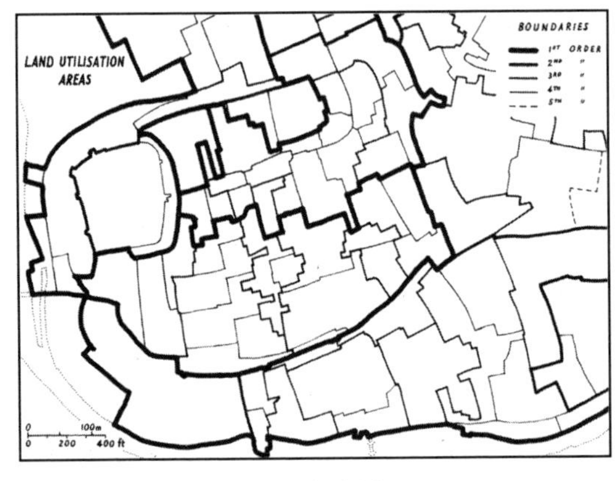

土地利用划分

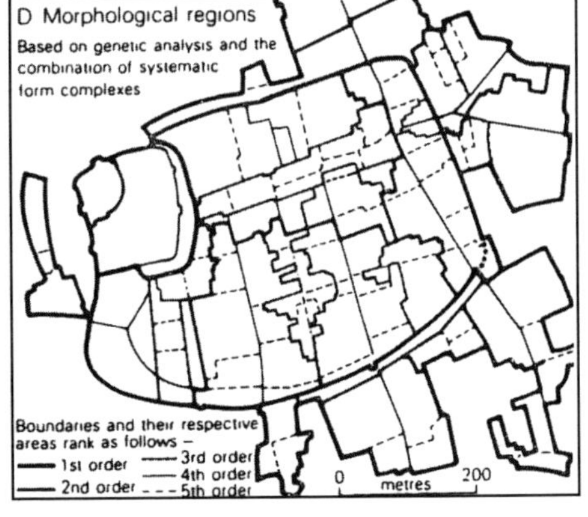

形态区域划分

图 2-2　康泽恩对 Ludlow 的城市形态分析

来源：（M. R. G. Conzen，2004）

开放空间作为城市空间要素之一，其演变也在城市人工环境的框架即城镇平面格局中进行，包含着对以往物质空间的继承。除城镇平面格局外，开放空间的变化也与建筑和土地利用、建筑肌理有着不可分割的联系。

在安尼克和拉德洛，这种开放空间与城市形态复合体的关系除了体现在大尺度的边缘带上（将在下节详细论述），也体现在小尺度的地块的变化上。康泽恩利用详细的地籍资料、税收记录等文档还原了一个内边缘带内的尺度地块 Teasdale’s Yard 的演变（图 2-3），这个地块的城镇平面基本没有变化，但是建筑肌理、建筑和土地利用与开放空间的变化呈现了明显的时代特点，可以看作是开放空间的形态周期。

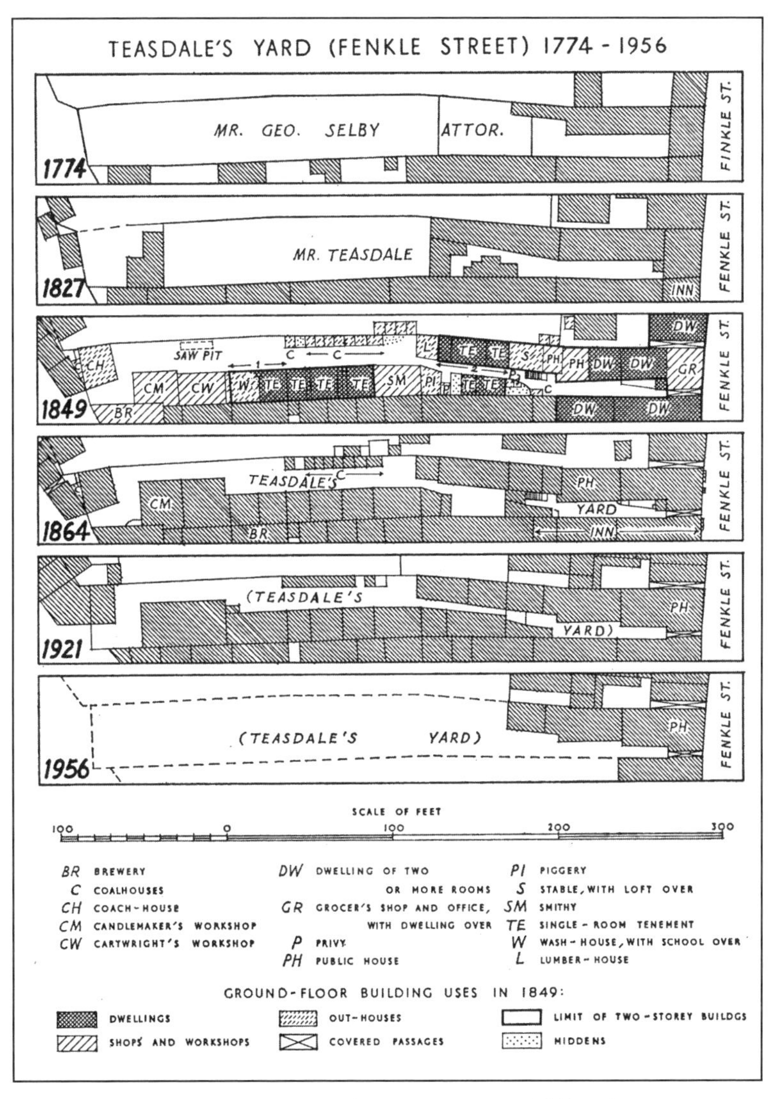

图 2-3　Alnwick 城中 Teasdale’s Yard 地块演变

来源：（M. R. G. Conzen，1960）

1774 年，这个沿 Fenkle 街的地块是传统中世纪的长带状布局，属于一名出身名门望族的律师 George Sellby。地块（burgage）的前部为住房、院子，住房布局呈条带形，与北侧相邻地块类似，住房后面为空地和花园；地块的南侧由很多旅馆和附属建筑物组成，旅馆延伸到整个院子。整个地块由栅栏和和墙体围合，建筑密度 14.7%。1827 年该地块由 Teasdale 所有，建筑面积扩大到 1774 年的两倍，建筑密度达到 34.8%，并出现建筑背对背的模式，这种模式后来演化为场地的显著特征。到 1849 年，建筑面积较 1829 年又增加了一倍，密度达到 62.9%，地块的填充导致了背对背房屋、作坊、垃圾堆和附属设施的混杂，地块上除了非常狭窄的小巷和院子之外已经没有开敞地了。这个时期爱尔兰马铃薯危机导致大量居民迁移，因此这个地块也是拾荒者的集中地。商人们倾向于居住在地块的尾部，面向后门而接近城市边缘带。从图上还可以看出，在 1864 年后，原旅馆的简易出租单间被扩大的蜡烛作坊取代，地块南面的沿街建筑为酿酒作坊和酒店占用。在 1921 年，场地的布局基本维持 1864 的形态，只是拆除了部分建筑，使院子与地块的尾部联通起来。以上内容叙述了 Teasdale's Yard 贫民窟的发展过程，因为暴发了多次霍乱，这个贫民窟于 1949 年全部形成。到了 1956 年，为了改善城市环境，政府部门对这个地块进行了再开发，除了沿 Fenkle 大街的建筑外，该地块尾部的建筑被拆除改为开放空间。

这个地块经历了从疏到密再到疏的演变，其开发模式经历了填充、适应性再开发（adaptive redevelopment）以及导致早期土地肌理剧烈变化的再开发（redevelopment），这个发展轨迹与社会经济周期密切相关，最后的阶段更是体现了政府介入下的形态转变中开放空间的再次形成过程。

相当长的时间里，康泽恩的研究并没有引起建筑和规划界的注意，到了 1980 年代后，人们开始反思长期以来蔓延式的增长方式，城市规划者和决策者将关注焦点从社会关怀重新转向城市物质空间本身，城市形态话题以及康泽恩的研究逐渐受到建筑和规划界的重视，并在实践中起到认识论、方法论作用，康泽恩众多的追随者延续了其研究，并在英国形成了 Conzen 学派（Larkham，1996；谷凯，2001）。通过康泽恩的研究，城市“特色”和它作为文化重写本这种独特记忆的价值得到凸显和系统梳理。康泽恩的形态复合体思想及其深思熟虑的制图方式解释了城镇风貌如何演变，对城镇风貌研究的概念架构做出了重要贡献，并成为城市形态分析中最基本的方法之一（Hutchison，2010）。2000 年后，一些学者采用康泽恩方法对中国城市形态的研究也充分展现了这种方法的强大生命力及广泛适用性（Whitehand and Gu，2007；Chen 2012；Whitehand，Gu，and Whitehand，2011）。

2.1.2　城市边缘带

1936 年，德国地理学家赫伯特·路易斯（Herbert Louis）在对柏林的研究中首次提出将边缘带（Stadtrandzone）作为区分新老住宅区的特殊区域。在对整个柏林都市区的历史地理发展进行详细的考察和精确制图后，他发现两个明显的且已经嵌入建成区的边缘带和一个处于发展中的外边缘带。城市边缘带（图 2-4）的最内圈形成于 17 世纪，环绕城墙并被 18 世纪的 Vorstadte 区包围，虽然这个地区经历过再次开发，但是与城市中心和新区相比，仍然有较高的开放性；第二圈层由大面积的园林、铁路、宫殿区（palace compounds）以及非居住用地组成，将第一圈层外的郊区与 19 世纪出现的居住区分隔开，开放性在不同位置有所差别；第三圈的边缘带形态不如前两个完整，包括工业区、份地花园、村庄等（M. P. Conzen，2009：30）。

1960 年代，路易斯的学生康泽恩（M. R. G. Conzen）在英国的 Alnwick 也发现了边缘带现象，并按照形成时间划分为内边缘带、中边缘带和外边缘带三层：紧邻作为固结线（fixation line）的城墙周边环绕着内边缘带，往外依次是中边缘带和外边缘带（图 2-5）。随后他对更大、更复杂的 Newcastle upon Tyne 的内边缘带进行了研究（M. R. G. Conzen，2004），正是这两个研究促成了康泽恩对边缘带现象的深刻认识，并形成了后来被学术界广为引用的边缘带概念（康泽恩，2011）：城市边缘由于城市暂时静止或非常缓慢地发展而形成的带状区域，由最初倾向利用城市外部区位的混合土地利用单元特征构成。因此，它是城市外围一种显著的用地类型，为城镇格局中一种特有的自成一体的重要部分。由于城镇发展的文明背景的重大变化，例如各种技术创新导致人口波动，引起城市外扩中出现间歇性减速或停滞，从而在城镇边缘会形成新型的混合土地利用类型。

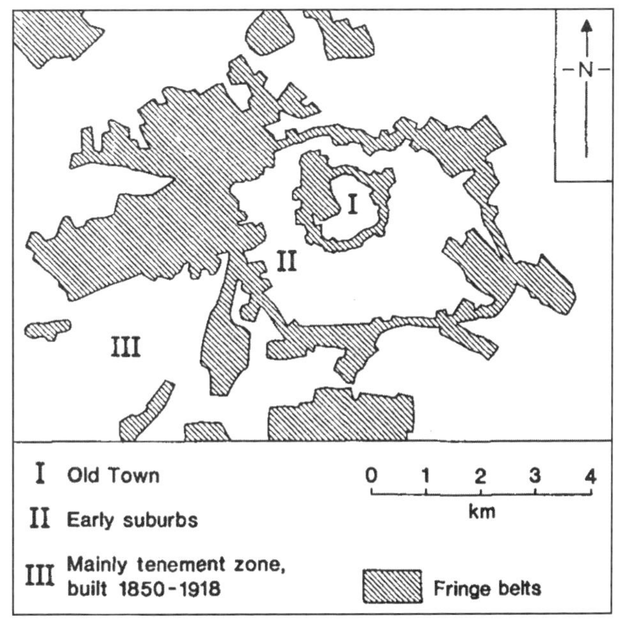

图 2-4　柏林的边缘带

来源：（Whitehand，1988）

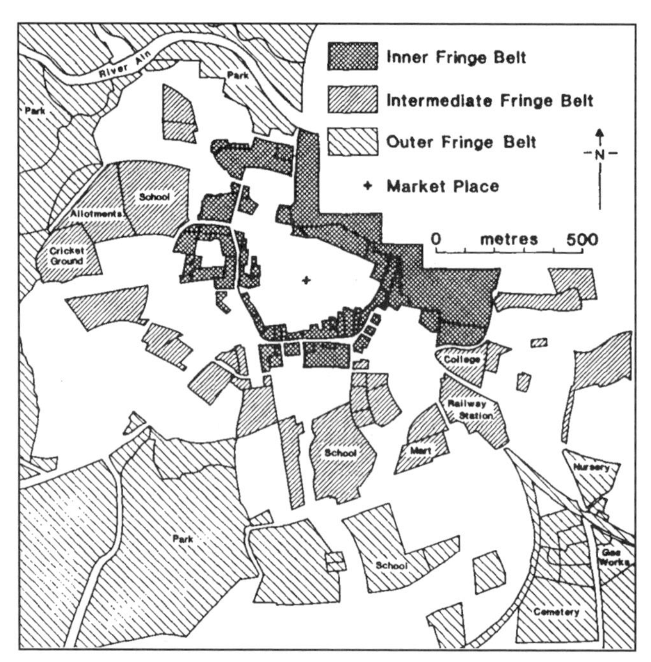

图 2-5　安尼克的内、中、外边缘带

来源：（M. R. G. Conzen，1960）

康泽恩在英国的 Ludlow、Conway、Manchester 等城市的研究过程中，同样发现了边缘带的存在（M. R. G. Conzen，2004）。历史悠久的城镇在经济、技术等动力机制作用下会逐步呈现出这一连续系统的边缘带现象，大致同心的边缘带之间多为住宅区。先后形成了第一或称之为内边缘带（IFB），一个或多个中间边缘带（MFB），以及最新或称之为外边缘带（OFB）。每个边缘带都经历了初始（initation）、扩展（expansion）和稳定（consolidation）阶段，但同时也具有自身的特定性。

1970 年代至今，边缘带现象已经在包括中国在内的不同国家和地区发现（M. P. Conzen，2009；Whitehand，Gu，and Whitehand，2011）。康泽恩的儿子，芝加哥大学地理系教授迈克尔·康泽恩考察了世界各地的边缘带后发现：首先，边缘带数量和大小与城市的增长历史有关；其次，边缘带的形状与所处位置有关，内边缘带通常比中边缘带和外边缘带形状更加完整、连续；第三，不同文化背景下的边缘带特征比较，如欧洲和中东的边缘带明显不同于北美、澳大利亚等地新大陆国家。

三层边缘带有着不同的特点。（1）内边缘带最为复杂，因为它在城市中心的长期影响下，出现持续的适应性变化。在绝大部分地区，城墙往往对于内边缘带的变化起到重要的作用。内边缘带受城市其他部分和 CBD 的影响，会出现局部的土地利用变化。例如美国的 Falkirk，内边缘带内建筑增加了 4 倍，一些公园和绿地花园转变为居住建筑和工厂。在康泽恩研究的 Newcastle upon Tyne 边缘带中，当城市边缘带嵌入城市中，周围建成区会越过内边缘带，内边缘带的大小、内部特征也会持续变化以适应城市中心的变化，如土地利用强度增加导致的稠密化。（2）与内边缘带相比，中边缘带通常在空间上不连续，连续的地块较少，因而呈现出更为粗糙肌理结构的地块分布，有更多的空地和植被覆盖，以及更松散的街道网络。最典型是形成于爱德华七世经济衰退时期的伯明翰爱德华边缘带，距离市中心 3 ~ 5 公里，呈现规则的形态（图 2-6，图 2-7）。柏林、纽卡斯尔、圣彼得堡等也有此类边缘带。中边缘带虽然受到的压力小于内边缘带，但是也面临着变化，其中一个主要的因素就是新住宅建设，这导致其开放性降低，并且它在建成区的整体生态效益也受到影响（Whitehand and Morton，2003）。（3）绝大部分外边缘带是 20 世纪的产物，它们位于城市的最外围，形成了最连续的边缘带类型，通常由大块的、离散的地块组成，相互之间很少联系。这些地块常常邻接铁路线、高速路、河流等，它们和中边缘带一样与固结线（fixation line）有很弱的关联。外边缘带中的绿带和其他形式的开放空间常常是规划师创造和干预的结果，这也是当前外边缘带变化更为复杂的原因，尤其是在城市规划有效执行的国家（M. P. Conzen，2009：46）。

图 2-6 伯明翰爱德华边缘带（Edwardian fringe belt）鸟瞰

来源：（Whitehand and Morton，2004）

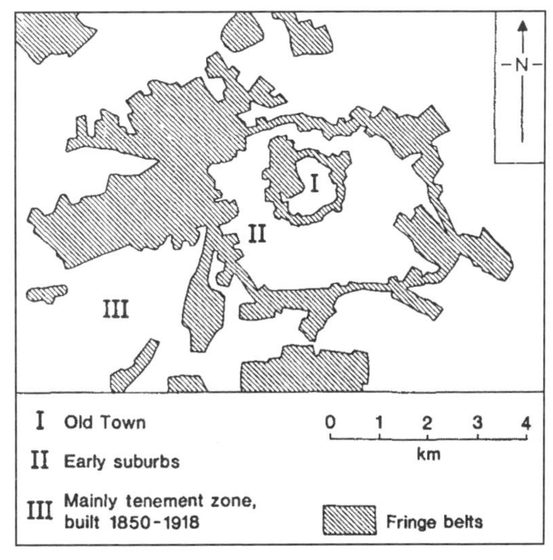

图 2-7 伯明翰爱德华边缘带（Edwardian fringe belt）的土地利用

来源：（Whitehand and Morton，2004）

康泽恩在对 Alnwick 的研究，以城镇平面、建筑肌理、建筑和土地利用的三个基本要素进行了详细的图示和阐述，因此开放空间作为边缘带的一种重要用地类型也在其分析中有详细的记录和图示（图 2-8）。

安尼克老城和内边缘带 1774

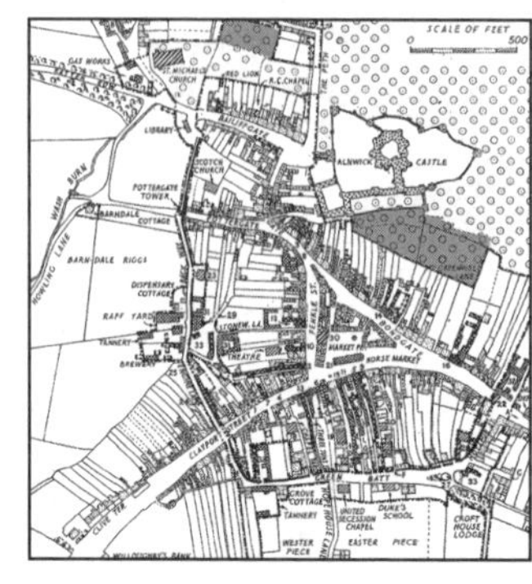

安尼克老城和内边缘带 1827

安尼克老城和内边缘带 1851

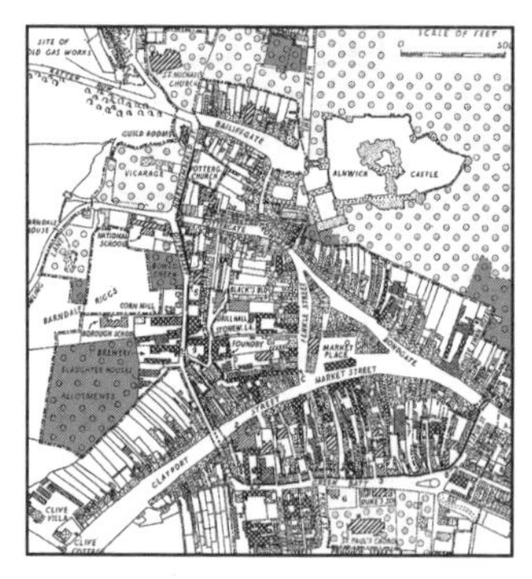

安尼克老城和内边缘带 1897

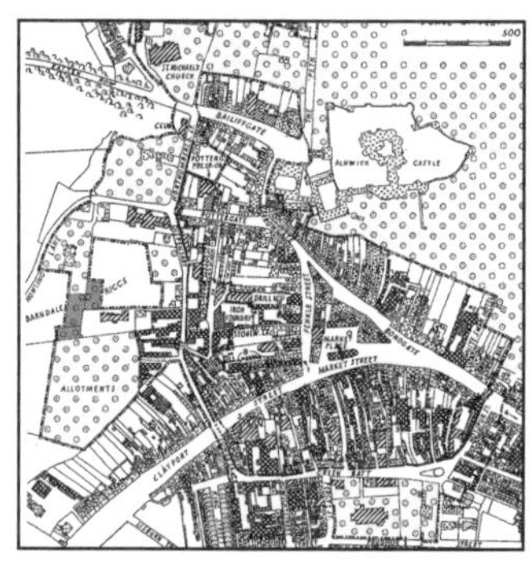

安尼克老城和内边缘带 1921

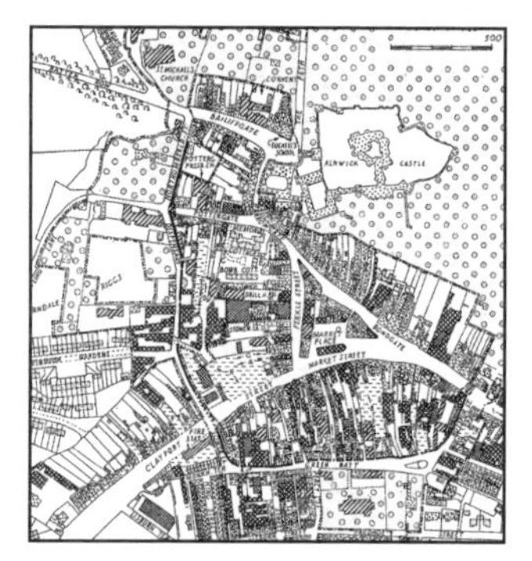

安尼克老城和内边缘带 1956

图 2-8　Alnwick 开放空间的变化

来源：（M. R. G. Conzen，1960）[1]

笔者认为康泽恩对于整个 Alnwick 进行全城尺度的形态分析对开放空间研究至少有如下启示：第一，以土地利用、街道平面、建筑肌理为基础的局部分析对于认识整体模式具有基础意义，可以为审视开放空间变化提供更综合的视角。例如 Alnwick 1851 年开放空间的扩充伴随着 Library Parsonage、Barndale House 和 Duke's School 以及圣保罗教堂（St Paul's Church）的建成，1897 年 Borough School 扩建以及城市西侧居住地的增加也导致开放空间的增加。通过对物质空

[1] 注：康泽恩（M.R.G. Conzen）采用不同的图例表示每个时期已有开放空间和新增开放空间，为了使其更加醒目本文作者在原图上增加颜色，绿色代表本期新增加的绿地，黄色代表上个时期已经有的绿地。

间演变中不同用地类型如商业、工业、居住和机构用地等的形成、转化过程的分析，有助于认识边缘带现象与开放空间关系。第二，康泽恩对城市边缘带和城市建设周期相关性的联系研究，对于开放空间变化时期的划分具有参考价值。在经济衰退时期，即各户地块空地较多的阶段，在其周边很少有开放空间增加，而在经济繁荣时期，各个地块建筑肌理变密时，随着居住地的扩展，在临近其的边缘带外侧容易出现新的开放空间。例如，在 1897 年之前，开放空间一直是增长状态，即将外围的农田空地随着城市扩张逐渐转变为开放空间，而 1921 年之后，这些已经成为开放空间的地方有相当部分转化为居住用地，似乎表明新的城市化时代开始。第三，康泽恩以巧妙的图示对六个时间点进行了精确的描述，概括地反映了城市形态演变的整个过程。每张图上包括当期和历史状态，这种“动态地图”的方式，使得演变的位置在图上表现更加突出，每一张图包含的时间及变化信息更多，这非常有益于考察整个城市形态变化过程中不同时段开放空间的变化。

此外，康泽恩在对 Alnwick 边缘带分析中提出一些概念对于理解城市开放空间的变化也有启发意义，如内蕴、固结线、形态框架等。

作为康泽恩的同事和学生，J.W.R. Whitehand 传承和发展了他的城市形态学研究，尤其在边缘带研究上有重要的突破。结合建设活动和社会经济周期以及交通方式的变革，他提出更为精确和复杂的边缘带模型（图 2-9），可以看出边缘带将居住区分为若干个圈层，这比 Ernest W. Burgess（1925）的居住分布模型更能描述城市扩张的真实情况（Whitehand，1994）。Whitehand 同时也指出，虽然这个边缘带的模型更为精确和复杂，但仍然只是一种简化，因为城市的物质空间扩长并非是平滑的连续的和简单的过程，而且实际上没有任何区域是静止的。其次，物质空间的实际构成并非仅仅就是上述增长模型中的居住建筑，还有其他功能的建筑也要考虑，例如在居住建筑低谷时期，非居住建筑如商业和机构建筑，往往会占更大的比重，即不以大量建设为主的土地利用也会随着时间周期而变化，其周期与居住建设周

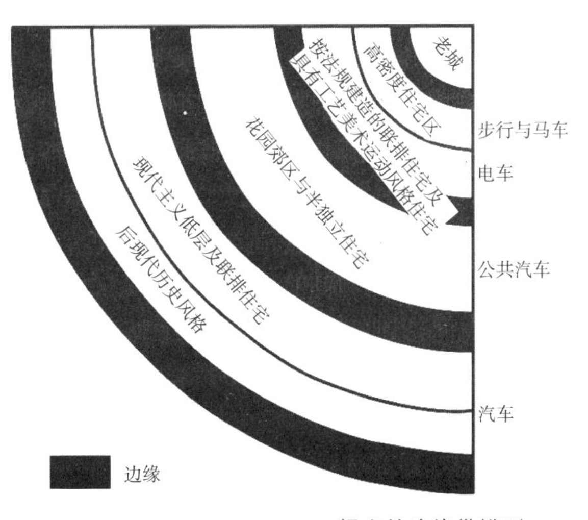

图 2-9　J. W. R. Whitehand 提出的边缘带模型
来源：（Whitehand，1994）

期正好相反，如英格兰和威尔士的高尔夫项目数目基本上与建成的居住项目成相反趋势。土地转化为不同使用和功能类型的建筑的波动与土地价值随着时间的变化有关。在居住建筑萧条时期，土地价值下降，这对于公司、机构以及需要大量土地同时建设规模相对较小的个人是非常有利的，高尔夫球场、运动场和很多机构用地尤其是游憩场地均属于这种类型。

城市边缘带理论建立在城市由于经济周期导致的不同时间不均匀增长的本质上，即经济波动导致不同特征的城市建成区环状交替出现。在经济景气时，私人资本充裕，因此居住建筑广泛建设，形成密集化的城市边缘。在经济衰退时期，私人资金缺乏，而公共资金相对充裕，因此出现很多机构性的开发（institutional development）和基础设施，尤其是需要大块土地的机构这个时期会在城市边缘聚集。此外，寻求大面积开发的私人资本这个时候也会利用下降的地价买进大量土地。通常这些用地包括公墓、公园、别墅、军队部门、大学、医院和高尔夫、垃圾处理厂、体育场馆以及宗教场所（表 2-1）。这就导致混合土地利用的边缘带比起之前形成的匀质稠密的居住区呈现出更稀疏的空间结构，具有更高的开放性（Whitehand，1988）。

边缘带主要土地利用类型 　　**表 2-1**

开放空间	公墓、公园、园林、份地花园
机构组织	宗教场所、军营、大学校园、医院、垃圾处理厂
工业	交通设施、工厂、矿场
居住（低密度）	别墅
游憩场地	高尔夫、运动场、马术学校

来源：（M. P. Conzen，2009：30）

自 1970 年代边缘带理论受到重视后，它在不同文化背景下陆续得以验证（M. P. Conzen，2009），这进一步增加了学术界对它的兴趣，相关研究从对边缘带规律的思考延伸到边缘带的价值，以及如何充分利用和合理规划边缘带进而管理城市景观。

边缘带形成了城市建成环境肌理中完全不同的异质性地段，并且是整个城市尺度的，它为人提供了比在居住区和商业区限制更小的活动。它对于城市生活具有双重的意义：首先边缘带作为大尺度甚至是非常壮丽的开放空间对于城市遗产意义重大；其次可以为密集的建成区的自然循环提供重要的生态益处（Whitehand，1994；M. P. Conzen，2009：48）。

2.1.3 类型过程

类型的概念最早出现在圣经中，它有本原（origin）和范例（paradigm）的意思，具有宗教含义。欧洲早期对类型的研究认为类型是一种建筑语言，昆西（Quantremere de Quincy）认为类型是建筑抽象的本质和结构原则，它不同于模型，类型是形态上的类似，不能被复制和简单的模仿，类型强调了城市和建筑形态中稳定不变的特征，同时也给设计者的创造留下了空间（陈飞、谷凯，2009）。

新理性主义学者在 20 世纪中期为了抵制现代主义运动蔓延和恢复欧洲传统城镇的人性化空间而进一步发展了这个理论，他们主张反思现代主义把建筑独立于设计师和规划师、营造者和使用者以外的概念，同时也反对“建筑是服务于人的机器”，代表人物有 Rossi，Krier、Muratori 等意大利学者和建筑师（陈飞、谷凯，2009）。

类型和类型过程是意大利类型学派的核心思想，他们认为类型是在建造行为发生之前，人们自发意识（spontaneous consciousness）中存在的对于所建物形态的设想。从这个定义可以看出，类型植根于人们的群体意识，是文化的自发生成物，它是形态的框架。类型因此可以从本土传统建筑中抽象得出，通过对建造物结构和空间特征的提取，以及建造物与周围环境的空间关系，可以定义出不同的类型。同时，类型也具有时间属性。在不同时间段，每个地区会产生不同的类型，取决于当时的社会、文化、政治和经济条件，因此这些类型对研究形态的发展变迁有重要作用（陈飞，2010）。

类型过程（typological process，processo tipologico）是指在历时的变化中，建筑类型的演进体现建筑如何在转变中适应特定的场地。每个时代都会产生不同的住宅类型，而建成形态按照正在变化的社会和经济条件进行调整，形成类型学过程。与类型过程有关的还有两个概念，特定时期变异体（Synchronic variant，variante sincronica）为了适合非标准的城市肌理限制，建筑类型的转变中一些旧类型将被淘汰。在一个特定建筑的类型从之前的模式转变到当前更为复杂的模式，以之前的模式为基础会形成类型系列（Typological series，filone tipologico）。

类型过程的研究是探讨基本类型如何通过历时演变（diachronic transformation），发展变化成为各种特定时期的变异体（synchronic variant），并对相关的变异形态进行类型解读。每一个特定时期的类型都反映了当时的社会、技术、经济和文化的要求，新的类型是历史类型经过时间的积淀，进行自身调整以适应新要求的结果。类型过程的方法对确定和分析有价值的类型元素提供了有力的工具，新的城市变化应存在于现存的形态框架之中，发掘历史建筑和城市形态肌理类型，同时寻找适应特定环境的方法并应用于新的发展建设是城市设计的重要课题（陈飞、谷凯，2009）。

作为意大利类型学派的典型代表，穆拉托里（S. Muratori）既不认同勒·柯布西耶（Le Corbusier）的"光辉城市"模型，认为其打断了传统和革新的连续性，也不认同那些认为每件东西都值得保存的意大利保守派，后者主要是历史学家和工艺技师。怀着城市是文化发展的物质沉淀的思想，Muratori 在建成对象的基础上考察城市的演变历史。1950 年代后，他在对威尼斯和罗马的实证研究中，将制图作为最基本的工具，从两方面开展研究：一是依靠文化历史地图，因为上面分别填写了每一时期的典型特征；二是依靠单门独户住宅的结构——历史重构（段进、邱国潮，2009：19）。他通过这种研究途径重构建筑形态和城市形态，从先前的建成结构到最近的复杂构型的演变过程中寻找隐藏在转换过程当中的一些连续性规律，探寻历史理性（段进、邱国潮，2009：123–124）。Muratori 使用类型的方法理解建筑环境和城市历史发展的概念在意大利建筑师中引起了广泛的研究兴趣，Muratori 的理论指出城市是一个有生命的有机体，是集体的艺术创造，他的思想也被称为运用类型学（operational typology 和 operational history），即类型可以用来支持设计和创造（陈飞、谷凯，2009；Moudon，1999）。

Muratori 的助手卡尼贾（G. Caniggia）继承了他的传统，并进一步发展和传播了在设计中运用类型学的思想，将这种传统称为过程类型学（procedual typology）（Moudon，1999）。1979 年，他与 Gian Luigi Maffei 合作的《建筑构成和建筑类型：解读基本建筑》（Architectural Composition and Building Typology：Interpreting Basic Building）中，针对城市的演变和发展提出了一系列重要的概念，如类型过程（typological process）、城市肌理（urban tissue）、类型在时间上的变异体（synchronic variant）等（陈飞，2010）。这本著作强调表达历史文化与精神内涵的建筑类型和城市肌理类型在时间上连贯的重要性。通过对基本建筑类型、城市肌理类型和类型过程的确认和分析，这一理论体系建立了连接微观建筑单体与宏观城镇肌理分析的桥梁，从而为各个尺度的城市分析提供了依据（田银生等，2010）。

Ganiggia 的理论依据和方法学也建立在对意大利古城缓慢发展变化的观察和理解之上，在对意大利古城的研究中，他辨别出两种主要类型，一般类型或者住宅类型（最普遍类型）和特殊类型（完成集会、宗教或市政等多种功能），他关注城市的每一部分以及如何维持"最初建筑物"（first building）形态之间的连续性；认为住宅是形成任何"城市肌理"的"一般类型"（basic type），他发现"一般类型"的建筑物根据社会经济条件的变化而不断地调整：在经济增长阶段，建筑物随着房间不断增多而变得更加复杂，因为业主设计这些房间来满足那些更加特定的活动和用途；在经济萧条阶段，则刚好相反，Ganiggia 认为每个时期的主导建筑类型（leading type）（图 2-10）是根据现存建筑组构发生突变的模型，由以下两种方式之一来创造：一是作为城镇扩张过程中的一种新类型；二是当一种已经建成的类型历经变形时，就产生一种新的类型，通常要历经几个世纪（邱国潮，2009：116–117）。他认为某个生长时期所创造的主导类型与其他时期所创造的截然不同，因为类型学过程的每一种分支就代表着该时期的文化、宗教、技术和经济水平，整个城市的发展过程中，某个生长时期所创造的主导类型与其他时期所创造的截然不同。结合对佛罗伦萨建筑类型的演化以及这些类型形成的城市结构的观察为基础，他提出了一种城镇形成的历时模型，用以描述城市形态（图 2-11）（段进、邱国潮，2009：19）。

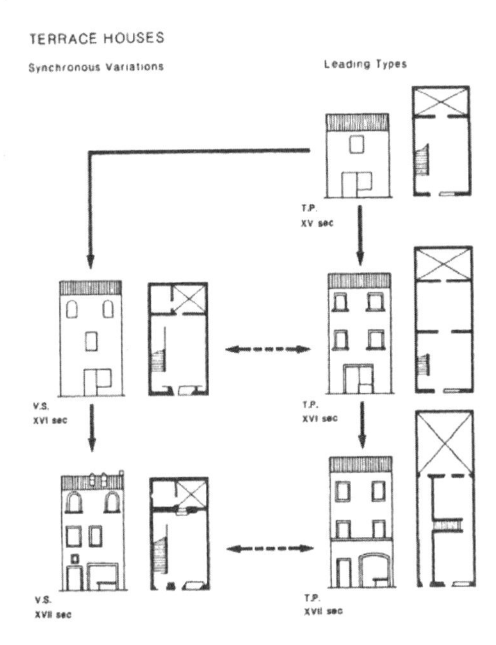

图 2-10　主导类型及变化
来源：（邱国潮，2009：117）

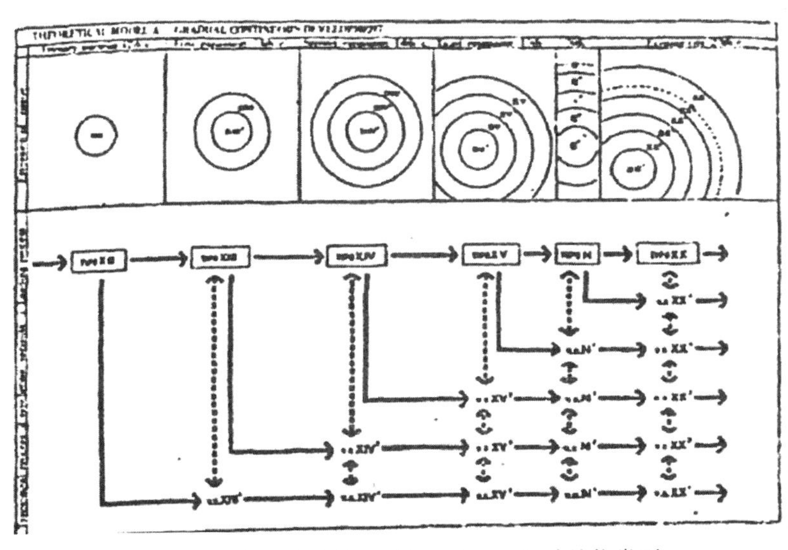

图 2-11　城市每个生长阶段自己的主导建筑物类型
来源：（Barke，2005）转引自（邱国潮，2009：117）

在意大利古城的研究中，Ganiggia 发现古城形态演变的连续性不仅仅体现在建筑类型上，还体现在城市肌理类型上。通常面街的建筑沿着主要道路两侧出现、延伸，随着建筑的增多，连接主要道路的次要道路形成；沿着这些道路，更多的面街建筑出现，这些建筑是原来面街建筑类型的变异体；最后直至形成闭合的街区；再随着时间的推移，面街建筑的背街面出现加建物，街区的密度增大。从建筑的尺度来说，最初的沿街建筑和后来在街区角落和街区次要道路两侧出现的建筑是同一类型的不同变异体（diachronic variations），而沿街建筑和加建物有些情况下虽然同时出现，但属于不同的类型（synchronic types）（陈飞，2010）。

Ganiggia 将城市肌理定义为相同类型建筑的组合（a tissue is to an aggregate what building type is to building），以及建筑周边的空间和通路（与 M.R.G. Conzen 的“平面单元”相对应）。肌理也体现了建造者在建造活动开始前对现存建筑的理解，是一种在建筑集聚过程对文明和意趣（all interesting aspects）自发的意识（spontaneous consciousness）。城市肌理也分为基本肌理和特殊肌理（basic and specialized tissues，图 2-12，图 2-13）（Caniggia，2001：119）。基本城市肌理往往是沿着道路缓慢生长而形成（Caniggia，2001：127），特殊肌理位于城市中显要的位置，往往是特殊建筑类型的聚合体（aggregates codified by specialized building types，图 2-14，图 2-15）（Caniggia，2001：119）。

图 2-12　佛罗伦萨 San Frediano Quarter 的基本建筑肌理

来源：（Caniggia，2001：128）

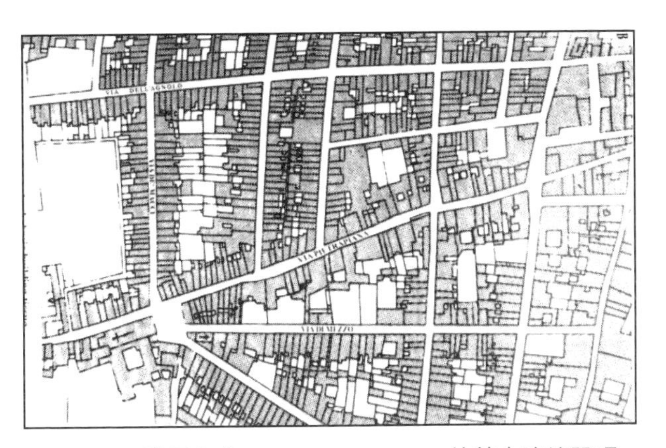

图 2-13　佛罗伦萨 Santa Croce Quarter 的基本建筑肌理

来源：（Caniggia，2001：129）

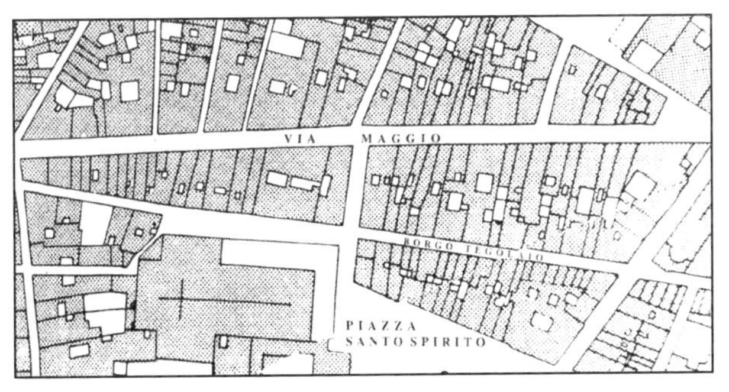

图 2-14　佛罗伦萨沿 Via Maggio 路建筑肌理及教堂旁广场

来源：（Caniggia，2001：120）

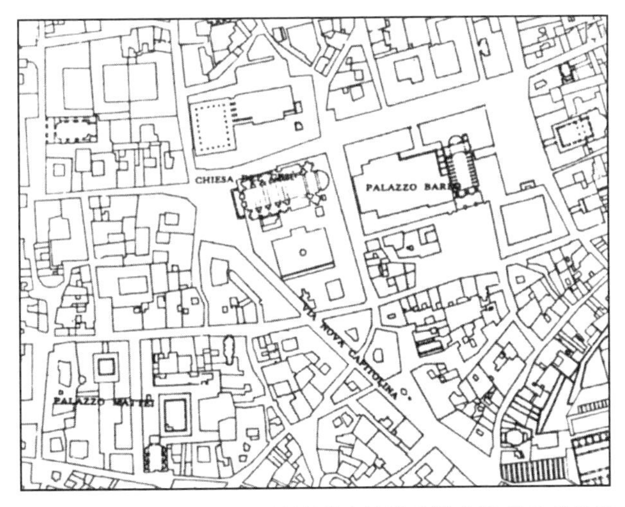

图 2-15　罗马 Pigna 区受城市轴线影响的特殊城市肌理及教堂旁广场

来源：（Caniggia，2001：122）

城市肌理的形成和变化过程中，可以看出两种开放空间的形成方式：一种是在特殊城市肌理中，依托特殊建筑类型尤其是公共建筑如教堂等形成的广场（图 2-14，图 2-15）；另一种是在基本城市肌理中，由于道路交叉或者沿着道路骨架持续填充后留出来的开放空间（图 2-16）。

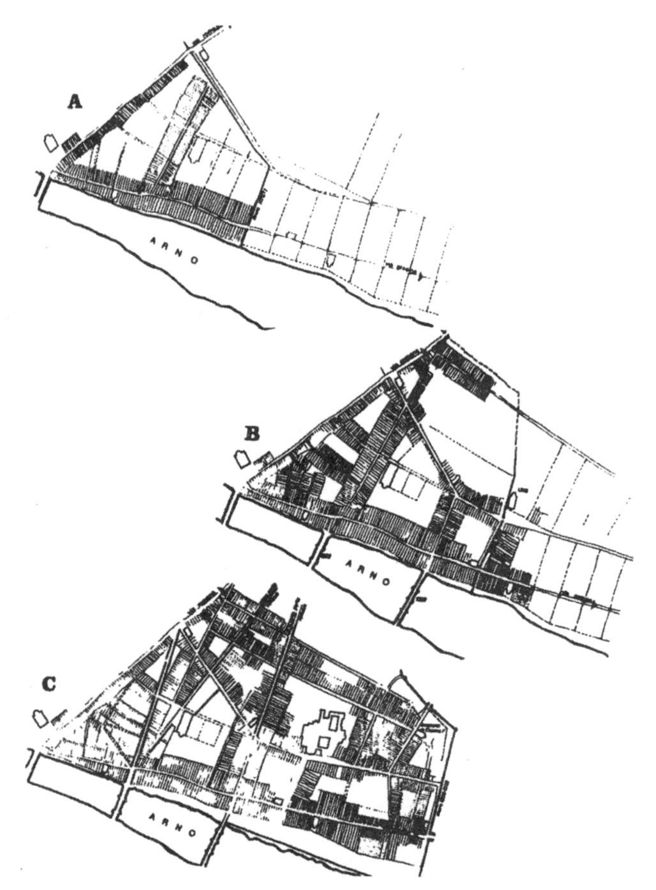

图 2-16　佛罗伦萨 San Frediano quarter 城市肌理的形成的三个阶段

来源：（Caniggia，2001：151）

意大利类型学派关于建筑和城市肌理类型的研究，对于研究城市开放空间的启发有这两个方面：

（1）如同建筑一样，开放空间的变化也可能存在类型过程，即基本类型随着社会经济文化的发展而出现变体或演进，类型的变化通过形态体现出来；

（2）不同开放空间形成过程中，周边城市肌理对其形态过程有着明显的影响，开放空间与周边城市肌理的密度、空间格局上的差异随着时代变化可能成为类型变化的诱因，开放空间与城市肌理是共同演进的。

2.2　社会文化视角

社会文化与物质空间环境之间是一个双向的过程，在现代城市中，开放空间作为基本上不直接容纳经济活动的“虚空”场地，在城市建设中多处于被边缘化的状态，但是仍然有着独特的历史轨迹与人文内涵，对这种内涵及其演变进行解释的研究出现于历史学、社会学、人类学等领域。规划设计学科如建筑学、景观建筑、城市规划与设计等，则缺少比较成熟的社会观点来处理空间的丰富社会意涵[1]。1980 年代之后，从社会文化视角研究开放空间的成果逐渐增多，以下是笔者梳理的与开放空间密切相关的社会文化研究。

2.2.1　公园演变的社会历史分析

作为城市开放空间中最为常见的一种类型，城市公园的形成与发展是多重社会历史环境塑造下完成的，公园发展过程中交织着不同社会阶层的诉求，美国作为现代公园的起源地，公园的阶段性变化具有特殊的标本意义。

社会学家加伦·克兰茨（Galen Cranz）对美国公园演变的研究非常具有代表性。克兰茨对美国公园的研究源于其 1980 年代时在设计实践时对建设公园目的反思与困惑。当时美国的公园建设和管理尽管有可取之处，但在她看来更多的是混乱和失败。自 1960 年代以来，美国的一些公园开始成为暴力犯罪的场所，对于一些老公园的去留也出现了各种争论。Cranz 认为不知如何处理这些老公园的原因在于当代公园的含义不清。出于对理论的兴趣和实践需要，她决定探究人们建设公园和开放空间的最终目的。通过分析百年来专业人士和官方关于公园设计的文献资料，她发现人们对公园始终缺乏明确的界定，在当代的公园实践中涉及多种场地类型：儿童游戏场、邻里公园、高尔夫和野营地、运动场、动物园、广场、滨水地带、保护区等等。在公园成为政府管辖范围后不久，城市公园就问题重重。作为社会学家，她没有按照常规的社会学研究思路如研究公众的意见或者观察实际的使用情况从而提出公园设计或改进的导则，她认为这种经验性的研究只会知道个体需要或做了什么，却无助于了解公园能够或应该为群体、邻里、城市以及社会起到什么样的作用（Cranz，1982）。

---

[1] 台湾大学城乡研究所课程“空间的社会分析”（王志弘讲授）介绍。

Cranz 推测，在公园形成的早期纳税人对于修建公园应该有明确的目的，这些原初目的对今天人们如何界定和规划公园仍产生影响，因此她希望结合社会情况回顾公园发展轨迹来梳理公园观念的变化，通过采用历史的和比较的方法，她解释了公园在美国社会结构和文化精神生活中的作用。她的研究与通常的编年史或叙述史中对时间的关注不同，她重视影响公园运动的力量，更关注的是模型的建构和类型之间的逻辑关系，即采用韦伯的社会学方法（Weberian sociology），从历史记录中建构理想的类型，以发现整体轮廓。

以这种社会历史学的角度，她选取三个城市——纽约、芝加哥和旧金山作为主要代表，兼顾其他城市和美国的整体情况，她总结了美国城市公园自 1850 年代至 1970 年代间的变化和深层原因，她认为先后出现四种公园模型（model）（表 2-2）。

美国公园阶段模型的比较（Cranz，1982；Cranz and Boland，2004）　表 2-2

公园特征	游乐场阶段 1850-1900	改革公园阶段 1900-1930	游憩设施阶段 1930-1965	开放空间系统阶段 1965-1990	可持续公园阶段 1990- 现在
社会目标	公众健康和社会改革	社会改革，儿童游戏，同化	游憩	参与，城市更新，防止骚乱	人体健康，生态健康
游憩活动	散步、马车比赛、骑自行车、野餐、划船、经典音乐会、非正式教育	大人看护下的儿童游戏、体育运动、手工艺、本土文化、跳舞、玩耍和盛装游行	动态游憩如篮球、网球、团队体育、观众体育、游泳	心灵放松、各种形式的游乐、流行音乐、参与式艺术	散步、野足、骑自行车、动态和静态游憩、观鸟、教育、参与管理
尺度	非常大，通常大于 1000 英亩	小，位于城市街区中	根据规划小到中等	尺度各异，通常较小，位于不规则场地上	尺度各异，突出廊道
与城市的关系	鲜明对比	接受城市模式	位于郊区	城市作为艺术品，网络状	自然艺术统一体，是更大城市系统的一部分；
形式	曲线形的	直线形的	直线形的	兼有	以演进为美
元素	林地和草坪、弯曲的道路、平静的水体、田园式建筑、少量的观赏花卉	沙坑、游戏场、直线式道路、游泳池、场地管理建筑	沥青或草坪游戏场、水池、直线式道路、标准化的游憩设施	乔木、灌木，草坪、弧线和直线式道路、水景、非固定形式的游憩设施	乡土植物、可渗透性地面、生态恢复绿色基础设施、自给自足的资源
倡导者，赞助者	健康卫生改革家、先验论者、地产受益者	社会改革家、社会工作者，休闲业工人	政治家、官僚、规划师	政治家、环境主义者、艺术家、设计师	环境主义者、当地社区、志愿者团体、景观建筑师
受益者	期望所有城市居民、但实际上是中上阶层受益	儿童、移民、工人阶层	住宅郊区的家庭	居民、工人、贫穷的青少年、中产阶级	居民、野生动植物、地球

（1）早期的游乐场（Pleasure Ground，1850 ~ 1900）。这个阶段鼓励动态游憩（active play），公园中因此有很多游憩和体育项目，这是对传统的颠覆，因为此前（1850 年前）公园主要是满足人们的静态游憩活动（passive recreation）。1850 年代后，公共运动场所促成了这种转变，当时城市环境恶化，市民希望远离受疾病困扰（尤其是夏季时）的城市，先验主义者也为城市的高密度和无限增长而困扰。虽然之前一些小的广场、公用地等无其他用途的土地被捐赠给城市，不过政府从来没有决定营建开放空间，仅在应对霍乱的时候，议员才同意以公款建设公园。

这个阶段的公园通常位于地价最低的城市边缘。如当时的中央公园本来规划位于临近 Jones Woods 的滨水区，毗邻住宅区，公共卫生官员希望通过公园改善卫生环境、减少疾病传播；而地产拥有者则不希望颇有经济价值的 Jones Woods 脱离市场；最终在双方的妥协下，中央公园选址在当时非常偏僻的曼哈顿岛地理中心位置。中央公园建成后声名鹊起，这种公园模式也风靡全国，于是土地开发者和地产商为获得利益，成为此类公园（pleasure ground）的主要推动者。这个阶段的公园往往尺度巨大，位于城市边缘，主要为了中上阶层方便地接近自然式风景而造。

奥姆斯泰德在美国的多个项目均属于此，他喜欢采用田园（pastoral）风格，介于城市和野趣之间，田园式（pasture）既代表文化也代表自然，不是纯粹的人工也不是纯粹的荒野。他认为城市中有太多的直线和局限的体验，他希望公园与之不同，让人在穿过空间时的移动、视觉和声音都成为享受。奥姆斯泰德设计的公园中常常有弧线形环路；建筑居于次要地位；树木采用乡土种并以自然式种植，避免外来种形成的新奇感，除自然式花丛或建筑周边，很少使用花卉，因为它暗示了人的劳动；采用平静的水体，以增加景色的宁静感和无限感（infinity）；避免使用标牌，以免破坏景观体验（landscape experience）等。

（2）改革公园的阶段（Reform Park，1900 ~ 1930）。鉴于上一阶段的公园多位于工人阶层居住地较远，因此一些改革家倡导在内城的街区中建设小公园，这与倡导儿童游戏场的建议相融合，促成了改革公园的形成。这些公园通常尺度较小、形式对称，树木仅仅在边缘处起装饰作用而不再用来组织空间，乡村或自然式的景观意象也不再重要，建筑上主要的革新是室内健身场（fieldhouse）作为工人阶层的俱乐部，室内游乐首次作为公园的功能出现。此时，游乐场（pleasure ground）被看作是调节工人工作的一种方式（antidote），因为其仅仅限于室内且身体活动部位有限，因此游乐场管理者（pleasure ground programmers）希望更多地鼓励人们进行全身体育活动。

受发展心理学（development psychology）影响，自发的玩耍（spontaneous

play）被有指导的活动（supervision）替代。心理学家认为人的需要（包括健身活动）有不同的发展阶段，不同年龄、性别的群体需求不同，儿童的身体发展与成人不同，因此公园场地和设施开始按年龄和性别进行区分设计（segregation）。公园经营和管理中开始引入游憩设施（play equipment），这与游乐场阶段提倡的自发使用形成了鲜明的对比。这个阶段的公园对于游憩的细分犹如工业组织中对不同工种的细分，这个阶段也被看作美国城市公园的巨变时期。

在当时的公园行政部门看来，公园（即第一阶段和第二阶段）的好处在于：减少阶级冲突、促进家庭和谐、帮助移民融入美国社会、减少疾病传播以及市民教化等。

（3）游憩设施阶段（Recreation Facility，1930 ~ 1965）。由于人们闲暇时间增多，公园中增加了大量的人工、机械设备满足人们游憩、运动。这个阶段始于 Robert Moses 掌管纽约公园局后的改革，他否定了之前两个阶段寄予公园过多社会期望的做法，取消了公园中对游憩的指导建议（instrumental justification）。他认为公园虽然是政府服务的范围但却不应对人们如何玩乐施以指导（justification），规划师不应该再利用公园去解决社会问题，公园仅仅是玩乐的地方（just for the fun of it），快乐才是新的标准。Moses 和其他的公园局倡导将公园增建在尚没有公园或游憩场地的郊区，公园管理部门包揽所有与大众娱乐有关的环境，此后公园中观赏性体育（spectator sports）开始变得非常流行。

Cranz 认为当人们不清楚他们要用公园解决什么问题，形式上的混乱就紧跟而来，公园变得千篇一律。对公园绿化重视的传统在这个阶段完全改变，而体育场（stadium）、停车场、沥青球场、栅栏等设施明显增多，取代了改革公园阶段复杂的游戏场，这也是这个阶段称为游憩设施阶段的原因。

（4）开放空间系统阶段（Open Space System，1965 ~ 1990）。游憩设施阶段建设的一些公园由于内容贫乏，逐渐受到质疑。1965 年，林赛（Lindsay）竞选美国市长时，提出将公园作为社会控制和改革的途径（mechanism），是这个新阶段开始的标志。之前的规划标准是根据街区的人口规模建设游憩场地，公园采用标准化配置，而林赛倡导景观设计师结合场地进行游憩环境设计（site specific recreational settings）。由此更为艺术化、引人参与的思想促进了公园游乐项目与大众文化的紧密结合。管理者们不再过多地指定游憩及场所（recreational designation），而是关注任何可能提供游憩体验的空间。这种观念上的转变比具体空间的变化更为重要，因为当人们改变感知视角时，以往的一切都发生了变化，如当大街上置有艺术品如动态雕塑时，行走其中也成为一种游憩体验，当以恰当的方式去体会时，就会发现日常生活中的美和趣味。开放空间规划者们受此启发，对以往不被重视的场地进行了改造，如将桥下的空间改造成网球场。游憩

（recreation）也成为在任何地方都可以进行的活动，除了传统的广场和公园，街头、屋顶、滨水地带、甚至废弃的铁路线都可以。所有的公园都被看作是相互连接的开放空间网络的一部分。这个阶段最重要的两个贡献是儿童冒险游戏场（adventure playground）和便于中产购物者和白领使用的袖珍公园（vest–pocket park）。袖珍公园是对公园传统的一次重大革新，典型代表如曼哈顿的佩雷公园（Paley Park）。此外，为了释放社会压力、减少骚乱，吸引中产阶级返回内城，一些文化节目如摇滚音乐会、即兴表演等也在开放空间中进行。

以上每种模式各自持续的时间约 30 ~ 50 年，每种类型都包含着倡导者的理想，并在一定程度上改善了当时的城市环境。在完成该项研究 22 年后，鉴于生态适宜性和可持续发展引起了广泛的社会关注，克兰茨和 Boland 于 1990 年代又提出了旨在解决生态问题的第五种公园类型——可持续公园（Cranz and Boland，2004）。

（5）可持续公园（Sustainable Park，1990 年代及以后）。1990 年前的公园类型重在解决社会问题，对实际生态适宜性（actual ecological fitness）几乎不关注。随着生态问题成为最急迫的社会问题，可持续也与公园设计密切相关。可持续公园不仅在很多细节上与以往公园不同，还有三个基本原则的区别：一是尽可能的资源自给自足，以最小的生态成本建设和使用，采用非侵入性和适宜的植物种类，利用雨水和中水、在园内堆肥等，倡导社区志愿者参与建设和管理；二是公园与周围的城市肌理结合，以解决更大范围的城市问题，如结合城市基础设施（水系、道路）建设公园，以形成野生动物栖地和游憩风景环境，利用废弃地进行城市土地恢复，比传统公园更直接地改善市民的身心健康，通过公众参与设计、管理公园，增加城市的融合和社区归属感，强化地区特质（a sense of regional identity）；三是培育对公园和城市景观新的审美价值，扬弃“固定的景观”审美方式，突出对演进过程的欣赏以及动态美学（dynamic view of aesthetic）。

这个阶段，公园和周围的城市肌理有着多样化的空间关系，设计者也寻求表达土地、水体、空气、植被、动物、人类在生态系统的作用。公园是以开放空间的形式与城市融为一体，不再像以前那样被看作城市的救星或对立物（antidote）。可持续观念较前一个阶段更进一步，不仅要保护开放空间，还要恢复开放空间，不仅为了改善人的视野和活动，也有益于城市环境中的其他物种。

Cranz 对于公园发展阶段的分析是美国首部关于公园类型和阶段的研究著作，它表明作为一种城市公共资源，执政意识与理念尤其是决策者对于社会改革的观念左右着公园的演变。这种分阶段的划分对于我国同类研究有启发意义，因为近代以来我国意识形态、社会文化变迁频繁，城市园林政策也有明显的阶段性，公园被赋予的功能也在变化，这持续地影响着公园的位置、内容和风貌。

2.2.2 英国城市广场的文化地理学分析

英国作为世界上最早确立资本主义制度的国家，城市开放空间的转型对其他西方国家产生了深远的影响，现代公园之父奥姆斯泰德就是受英国园林的启发而发起了美国城市公园运动。广场作为欧洲自古希腊以来就存在的城市空间，其在英国现代化过程中的变化对于理解社会转型过程中人与社会、自然的关系提供了一个生动的注脚。

借鉴 Cosgrove 提出将景观看作是符号（symbolic statements）的思想（Cosgrove，1998），亨利·劳伦斯（Henry W. Lawrence）采用文化地理学的视角分析了伦敦住区广场（residential square）的演变及其中重要意义，通过象征符号（symbolic statements）来解读其背后的社会关系，发现其承载的社会价值、审美、形式、功能之转变对现代西方城市形态有着重要的影响（Lawrence，1993），这个理论为理解住区广场及其衍生景观对城市形态的影响，提供颇有价值的两点参考：一是广场上的微观空间形态的转变所蕴含的社会文化意义及社会生产关系背景；二是广场微观形态转变及引发的功能、意义的变化对整个城市空间转型具有持续的影响。

英国的城市广场起源于欧陆，受 16 世纪末至 17 世纪初意大利广场（piazzi）和法国广场（place）影响。自 1630 年第一个住区广场（residential squares）Covent Garden 建成到 1666 年伦敦大火前共有五个住区广场。住区广场和周边的高档住宅及土地为贵族所有，住宅长期租给（一般为 99 年）上层人士，最初的住区广场其实就是由立面统一的住宅建筑围合的一块空地，这种布置方式意在突出建筑的美感和形成开阔的户外环境。住区广场周边的上层社会居民散步和交往场所，也兼有集市的功能。这些广场建成时与欧洲大陆的广场一样，完全开敞且没有任何植被。到 17 世纪末前，这些广场上逐渐增加了植被或花园，这种变化可以看作是受英国本土的物质空间形式和上流社会审美传统造成。伦敦城墙附近的 Moorefields 是历代居民染晒布匹、练习箭术和游憩的场地，1606 年政府开始在这些场地植树，随着城市扩张，这些 Moorefields 逐渐形成城市公园。很多城郊的宗教地产在亨利三世时代被没收并转变为私人地产，修道院、学院的庭园也因此成为住区花园。Moorefield 和修道院花园这两种本土的物质空间形式对于住区广场的绿化起到了先导作用。

17 ~ 18 世纪时，伦敦首批住区广场的地主往往都是农村的地主，这些人在城里居住时间很短，仅仅是为了打发无聊或躲避寒冷。他们社会地位和财富的获取主要依靠在乡村的地产和农民的地租，农业在他们看来比工业和商业更道德、乡村的生活方式比城市生活更高尚。因此，封建时期的社会经济基础也决定了建筑和景观上对乡野风格（rural taste）的推崇，这个时候广场上出现以草坪为主要形式的植被，体现了周边居民虽然身居城市但是仍然对田园生活的非常向往。

当时这些住区广场虽然为贵族所有，却处于一种公用状态，光顾广场的人不乏马车夫、扒手、妓女等不受欢迎的人。到 18 世纪上半叶，伦敦城市人口急剧增加，街道上充满着来自农村底层的陌生人，街道交通日益繁忙，街头犯罪的概率增加。这种街道生活的剧烈变化，使得广场公共性的负面效应日益明显。

周边的居民（而不是地产拥有者）开始反对广场的公共性，并请求议会出台法案。在 1720 年代时议会出台法案，规定部分广场不再对公众开放，增加栅栏、门锁成了周边居民专享住区广场的措施，周边的土地也由此升值。

18 世纪上半叶，私有的游园（private pleasure gardens）开始在英国流行，受之启发，人们开始在广场上种植植物，并且发现植被良好尤其有乔灌木的广场上闲杂人员相对较少。于是，居民们开始在住区广场上进一步增加植被密度以提供另一种用途——小型的私人园林（small private park），这些场地白天作为保姆照看儿童的场地和遛狗的地方，夏季的晚上可以作为家庭纳凉的地方，乔灌木提供了遮阴和视觉屏障。这种微观上空间形态的变化又促进了人们对广场使用观念的变化——从作为社会交往和公共表演的场所转变为私人和家庭游憩的场所。到 18 世纪末，在公共花园中散步已经不再是上层人士常见的社交活动。到 19 世纪时，住区广场自有化已经非常普遍，广场成为其拥有者的私密生活空间的延伸，公共广场（public piazza）转变为了私人公园（private park）。

18 世纪下半叶，广场周边住着的定居者（town dwellers）都是贵族或者富裕的市民，他们大部分时间住在城镇中，因此广场和其中的园林对于住户变得更为重要，是他们目力所及的景观视野，是彰显其贵族式审美的“模拟田园”，还是其对土地的所有权的象征。

在乔治亚早期（18 世纪早期）的园林中，空间组织与一系列的框景线（framed view）相关，树木仅起到画面构成的背景作用。1780 年代后，广场植被的数量明显增加，很多广场的修剪植物和小乔木被大型乔木所替代。这些乔木成为广场的主景。这种审美的转变与当时流行的早期罗曼蒂克式审美和自然式园林风格有关，也受当时的树木崇拜影响。当时，人们往往种植树木以纪念亲人的出生或逝去，树木也因此成为地产所有权的象征。广场的形状也不再拘泥于方形，圆形、弧形的广场开始出现（Lawrence，1993：105）。

住区广场这种微观形态的变化使得这种空间形式有了新的社会和文化意义，在 18 世纪时，其不仅是创造新住区的手段，整个英国近代城市的形态也因此而重塑。在巴斯市（Bath），John Wood 父子设计并建成了 Queen Square（1732）、King's Circus（1754）、Royal Crescent（1767）等广场，随后其他的广场陆续建成，这些相互连接的城市空间成就了这个旅游城市优美的居住区景观。到 1780 年代，伦敦的广场开始有了明显的变化，开始模仿巴斯的圆形和弧线形式，这种转变也反映了日益复杂的审美取向，即开始接受景观内在的特质而欣赏城市景观。在田园风景审美的影响下，人们开始将城市看作是不同要素组成的风景画，这种审美态度又推动了开放空间中植物的增加。此外，市政工程建设和相关法规也促进了广场的建设，如城市照明法（The City of London Lighting Act of 1736）和铺装法（The Westminster Paving Act of 1762）以及伦敦建筑法（The London Building Act of 1774），这些法案的颁布使得居住区广场成为伦敦大规模开发中常用的规划模式。到 18 世纪末，地产大亨们敏锐地注意到土地开发和城市景观的经济利益，如 Bedford 伯爵五世（The Fifth Duke of Bedford）1800 年将其祖传的大宅和花园拆除，建成了包括七个住区广场并与街道相连的居住区。再如始于 1821 年由 Lord Grosvenor 在其紧邻白金汉宫的 Belgravia 开发项目，创造了迄今为止英国最成功的整体开发（complete urban composition），包括一系列的广场和街道，今天这个住区仍是英国最显赫的街区和世界上地产价格最高的地方。到 19 世纪初，绿色住区广场成为英国城镇高档社区的最常见元素。伦敦很多住区中都建有小型的绿色开放空间，有方形、圆形和带形，这些广场都有浓密的乔灌木并且有围栏限定，仅供周边的住户使用。随着城市的稠密化，老城区的公共开放空间的重要性凸显。据当时国会选举委员会的调查，伦敦西区仅有海德公园和绿地公园（Green park）是向所有公众开放，西郊的三个皇家园林仅向上层社会开放，下层市民居住的东区没有广场等开放空间。1832 年霍乱流行导致数万人死亡，而贫民区灾情最重。流行病学者将潮湿、黑暗以及空气不流动被归结为疾病流行的原因。因此，城市景观的宜人性已经不仅是开发商和艺术家所关心的议题，也是社会改革家、流行病学家以及公共安全部门所关注的问题，并倡导通过开放空间缓解致密的城市肌理（open up the urban fabric）。

在国会选举委员会的倡导下，进入开放空间逐渐被看作是所有市民的权力，而不是少数人的特权，并被用来促进社会和政治的稳定性。1840 年，摄政公园（Regent's Park）完全开放，维克多公园（Victor Park）也在伦敦的东部建成。住区广场由于代表了很高的地位和促进周边地产价值，而成为城市公园的范本。

住区广场还成为随后郊区化建设的范本。最初的住区不仅由于有广场烘托了地产的尊贵和形成宜人的花园，还在于其位于城市的边缘，而享有优美的风景和新鲜的空气。随着后来外围新住区的建设，这些优点逐一消退。用地紧张也限制了这些住户拥有后花园（private rear garden）。从 18 世纪中期，在城市人口日益增加和复杂的情况下，通过街区和园林的大门对不同的社会阶层进行社会隔离越来越困难。广场上的园林虽然是颇具田园风韵的游憩场所，但缺乏私密性很大程度影响了其功能。后花园开始成为家庭的重要空间，这种趋势在 19 世纪中产阶级崛起后愈发突出。

摄政公园的转变最先响应了这种趋势。田园风格的摄政公园最初是皇家在乡村建成的特权住区，普通百姓无法进入。在 1830 年代时，迫于公众压力，皇室分阶段开放了这个园林，公园的南部与城市距离最近，公园入口处广场两侧为联排住区（terrace housing），通过打开封闭的广场使得这些住区与大片的景观园林相联系。位于园林中的别墅犹如袖珍的乡村住宅，形成了如画的组合（picturesque groupings），这种前所未有的变化带动了空前成功的地产开发，摄政公园（图 2-17）绿色的、私密的环境极大地提升了住宅的价值。更重要的是，在这种有中心公园的城郊住区中，自有的公园实际为住区自有（domestic park），个人或者家庭可以充分享受自然的浪漫美，孩子们可以安全地玩耍，而这正是新兴的资产阶级所向往的居住环境。以之为范本，1830 年代后很多城镇开始建设城市公园，周边建立别墅和联排住宅，以增加财政收入。不仅启发了后来的新建公园也开启了城市建设的新模式。

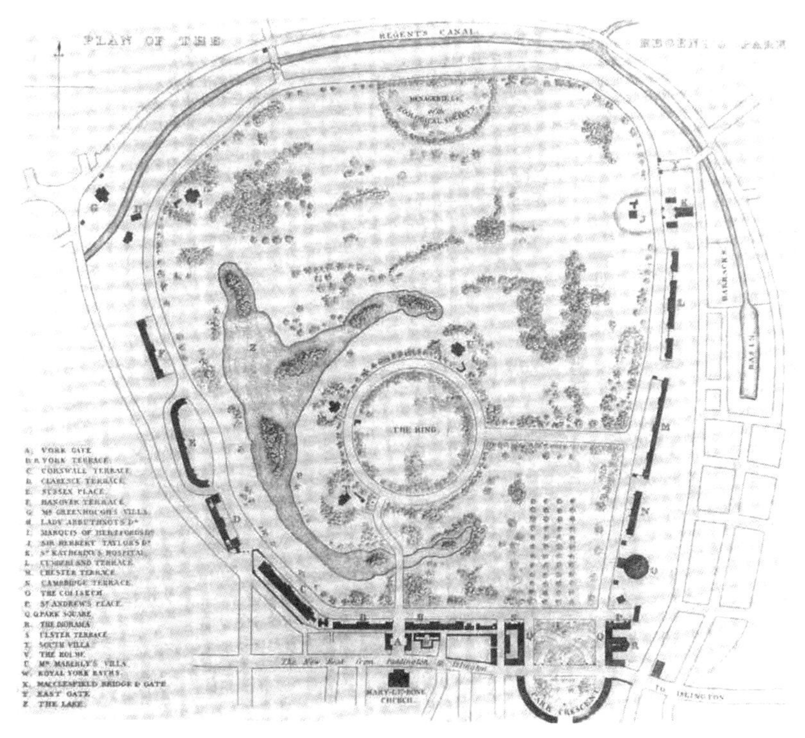

图 2-17　1820 年的摄政公园平面图

来源：（Lawrence，1993）

如上所述，英国的住区广场是英国城市两百多年来城市景观特色的源头之一。它对于大型城市公园（large city park）和郊区化（house-and-garden of suburbia）都有重要的影响，这三者作为现代城市中最重要的三种景观形式，也是社会价值的强烈表达。广场上的微观形态的变化——园林化（Greening）是理解三者演变过程的关键。

住区广场作为上层人士的家园，具体而生动地映出上层人士的品位和社会意识（social consciousness），广场的转变起因于上层人士审美的转变，以及英国社会从封建晚期到完全资本主义时代过程中地产作用（role of property）的转变。住区广场及其园林化体现了城市景观中公共和私人权力之间一直持续的博弈。作为一种象征和声明，住区广场表现出了欧洲城市历史中的社会价值，以及从封建社会晚期到早期资本主义时，财产与社会关系的转变。作为一个社会舞台，住区广场展示了不同阶级试图控制开放空间使用权以及如何影响早期公园的发展。伦敦广场园林化的演变也表明，将文化看作景观理想的基础在理解城市形态作为社会过程的重要性。

2.2.3 城市开放空间理念的传播

在世界文明化进程中，不同的理念在不同地域中传播、生根并本土化是一种常见的文化现象，与城市建设有关的理论以及原型空间（如公共空间）也是如此。由于文化、经济和社会背景的差异，广场、公园等的原型传播到异国时，会在形态、功能、文化意蕴方面发生变化。认识这些变化有助于理解开放空间对城市生活、物质空间的影响。

（1）公园系统在大西洋两岸的传播。

在现代开放空间理念的传播中，最突出的当属美国的城市公园系统在大西洋两岸的传播，以及随后对亚洲和远东地区的影响，当然美国的城市公园又可以追溯到英国的皇家园林和住区广场。

奥姆斯泰德（Frederick Law Olmsted，1822 ~ 1903）在英国游历时非常羡慕建于 1840 年代时期的新公园，尤其是利物浦附近的伯肯黑德公园（Birkenhead Park）。受之启发，美国的其他几个城市发起了最早的现代城市公园系统建设。

美国的城市公园系统包括由林荫道和公园路联系的不同尺度的公园，并在市区和大都市地区尺度考虑社会、道德、卫生、经济和城市形象等需求。公园和公园系统对整个城市产生了多方面的影响，如基础设施布局、住宅的贫富分异。规划和城市史学家如 A. Peterson、David Schuyler、Peter Hall、Anthony Sutcliffe 和 Jean-Louis Cohen 等都认为形成于美国的公园系统是先进的城市设计方法，是对

20 世纪城市规划最大的贡献之一（Duempelmann，2009）。Sutcliffe 进一步指出，与欧洲将公园看作是建筑群体中的绿洲或保护地（reservoir or oasis）不同，美国开创了将开放空间作为整个城市的结构性要素（potential structural element）的先河（Sutcliffe，1981：197）。

在 19 世纪末 10 年和 20 世纪初 10 年，大西洋两岸间频繁的会议和展览促进了很多领域的交流，包括城市规划和景观建筑学。当时欧洲的公园规划和设计还远没有对城市形成较大的改观，但其传播到美国后逐渐从城市公园、乡村墓园发展为对城市整体产生深远影响的公园系统。当中央公园和公园网络在美国几个城市取得空前成功后，欧洲的规划师们开始为之吸引。因此，美国的公园系统规划（parks system planning）既是规划和设计理念国际传播的结果也促进了这种传播。

由于与城市规划中的诸多先进议题如社会、卫生和交通相关，公园在城市规划以及规划理念的国际传播上起到尤其重要的作用。20 世纪初所有的城市规划国际会议均有关于公园规划的发言就证明了这一点。美国的公园规划师常常需要借鉴欧洲公园和园林的设计元素（design features），而欧洲的规划师则对美国的综合公园系统（comprehensive park networks）很感兴趣，并试图在欧洲城市建设相似的系统。如 Robert Freestone 在《From Garden City to Green City：The Legacy of Ebenezer Howard》（2002）一书中所言，花园、公园以及绿带是霍华德田园城市的重要特点，尽管霍华德的本意是用它们来控制城市的发展，但是这些概念却被用作类似公园系统的功能。田园城市的传播和建设促成了 1904 年召开的国际田园城市大会（International Garden City Congress），1913 年国际田园城市和规划学会成立，即后来的国际住房和城市规划组织（International Federation for Housing and Town Planning）。历史上，园林和景观设计曾经一定程度上影响到部分城市的布局，园林和景观设计的历史特征也是在跨越政治边界，不断地形成概念、发展、转变以及设计理念的传播。不过，公园运动（park movement）和田园城市运动（the garden city movement）以及其所基于的开放空间布局、功能和形态才真正影响了现代城市规划，公园和公园规划的发展正是 20 世纪初规划理念在不同方向和跨国家传播、发展的具体体现（Andrew Wright Crawford，1910；Duempelmann，2009）。

Sutcliffe 认为在公园系统规划的传播中有两个过程："艺术影响"（artisitic influence）和"创新扩散"（innovation diffusion）。很多参与公园规划者将自己看作是设计师，因此一些设计风格、元素和技术可以归结为艺术影响，在公园系统规划中，艺术影响常常决定具体公园的布局，特定的设计风格以及植物类型的使用，如美国人将其在欧洲公园和园林中看到的景观借鉴到本国公园的设计。另一方面，在城市尺度上，美国的公园系统是一种技术创新（technical innovations），“这种模式几乎可以应用在所有的城镇和乡村”，因此用公园系统主导整个城市的理念，从北美传播到欧洲时，就可以看作是创新扩散的例子（Sutcliffe，1981）。

Ward 认为规划理念的扩散有整合性借鉴、有选择的借鉴、借鉴、有选择的模仿、模仿、完全的模仿有六种方式（synthetic borrowing、selective borrowing，undiluted borrowing，negotiated imposition，contested imposition，authoritarian imposition）（Freestone，2000）。Duempelmann 在 Ward 的基础上提出公园和公园系统规划传播的三种类型。一是整合性借鉴（synthetic borrowing），是指关于公园和公园规划理念在美国、德国、英国和法国等具有革新意识的规划传统中的整体传播，如美国从欧洲借鉴设计形式和风格，又以城市公园系统反哺欧洲（Duempelmann，2009：145）。本土已有的模式和外来的新理念形成了新异的结合，如大柏林规划竞赛中（1906-1909）的公园系统规划就是这种例子。二是选择性借鉴（selective borrowing），是指在借鉴模型的理论和概念基础上仅进行较浅的应用，这种方式常常导致直接的或者不加反思的模仿，如意大利罗马的公园系统就是例证。三是照搬照抄（undiluted borrowing），1914 年由于缺乏规划经验，希腊国王 Constantine 邀请英国风景园林师 Thomas H.Mawson 为雅典进行公园系统规划，这个突出华丽构图的规划但是却忽略了社会经济实际以及希腊规划现状。公园和公园系统规划在国际传播过程中有着不同的转变和自身特征，如华盛顿是美国公园系统和意大利美学结合，芝加哥的郊区公园系统（outer park system）是以保护当地动植物的林地为主，罗马采用公园系统保存传统园林等文化遗产，柏林的 Grunewald 区用来保证城市的健康和卫生等（Duempelmann，2009）。因此，不仅不同国家、地区之间理念的传播是非常复杂的，很难只用单一的传播模式来解释；而具体到城市、公园的营建，不同理念、模式、功能、形态也会交错呈现。

（2）东方公园以日本横滨的公园为例

公园作为引自西方近代社会的新型城市空间，如何与东方国家的城市形态、市民文化、社会管理等结合，是研究开放空间历史人文特点的议题之一。日本作为东亚地区较早进行近代城市化和资本主义改革的国家，公园的引入无论对城市物质空间和社会文化都起到深远的影响。

1867 年后明治维新，日本社会经济剧烈变化，引入了资本主义和工业生产，西方文明与明治维新时期的现代化结合，彻底改变日本城市化的模式。1860 年代后，在与西方列强签订不平等协议后，日本派出一些官员去西方考察，其中一个目的就是学习西方城市的现代化。这些官员和专业人士都深谙日本传统园林，他们对西方公园、园林和开放空间的描述、感受对于日本借鉴西方的公园产生了深远的影响。此外，日本 1858 年后开始对外开放，西方文化通过几个开埠港口涌入，如横滨有六个国家的外国人定居，他们带来的与本地完全不同的生活方式、建筑形式和开放空间。

Aya Sakai（Sakai，2011）以横滨租界为例分析了公园（park）这种新的公共空间类型和公共性（public）在明治维新时期的发展，阐述了西方的公园理念如何传入和融入日本、现代城市公园特点的形成以及对日本社会和城市的现代化的促进作用。

在 1860、1864 和 1866 年日本与西方国家签订的条约中（俄国、英国、美国、法国和荷兰），确定了将横滨建设成外国人定居点。1860 年的条约中，横滨的外国人定居点被运河和沼泽环绕，与当地现有村庄远离，街道为方格网形式，并且严格限制进入定居点以外的地区（图 2-26）。1864 年修改的条约中，反映了外国定居者进行城市设施建设的要求，其中包括修建赛马场、散步道、屠宰场、会议中心、市场以及医院等。在江户时期（Edo），骑马旅游也是日本军人阶层常见休闲方式，但是社会上并没有形成赛马的体制。在横滨的西方定居者则把观看赛马作为重要的社会活动，并需要带有看台的固定的赛马场地。租界赛马场建成后，西方人和日本的上层社会可以使用带屋顶的看台，而当地下层人则只能在赛道旁观看，这也体现了最初的社会分隔。

1865 年，在横滨的山上修建了一条为外国人使用的海景散步道，长 6 英里，并有 13 个木屋，这条环形的游览路连接赛马场、射击场和 Yamate 公园。这条路建成后，当地的日本人也很容易进入，一些人还开设茶屋牟利。整体而言，当时的日本传统是静态地欣赏自然，而不是将自然作为动态欣赏的对象，因此这条游览路的建成为当地提供了前所未有的动态游览体验。

1866 年，新的横滨租界条约规定可以建设仅为外国人使用的公园。公园位于定居点旁山体的北侧，面积 2 公顷（5 英亩），于 1870 年建成开放，其中植物配置为日本传统样式，亭子日式西式各一，这是日本造园艺术与西方公园的结合。

1866 年，横滨大火使得城市改造成为签订新条约的重要议题，当时大火烧毁了红灯区，为建设公园提供了机遇。1866 年的条约中规定，作为防火措施之一，在外国人定居点和本地城镇之间建设一条有 20 英尺的马车道和两侧有林荫路的中央大道，道路的尽端为横滨公园（图 2-18）。横滨公园建成后规定任何国籍的人都可以进入，因此，这个公园不仅为人们提供了享受开放空间的机会，也促进不同阶层和国籍者融合，减少当地人对外国人的仇视。

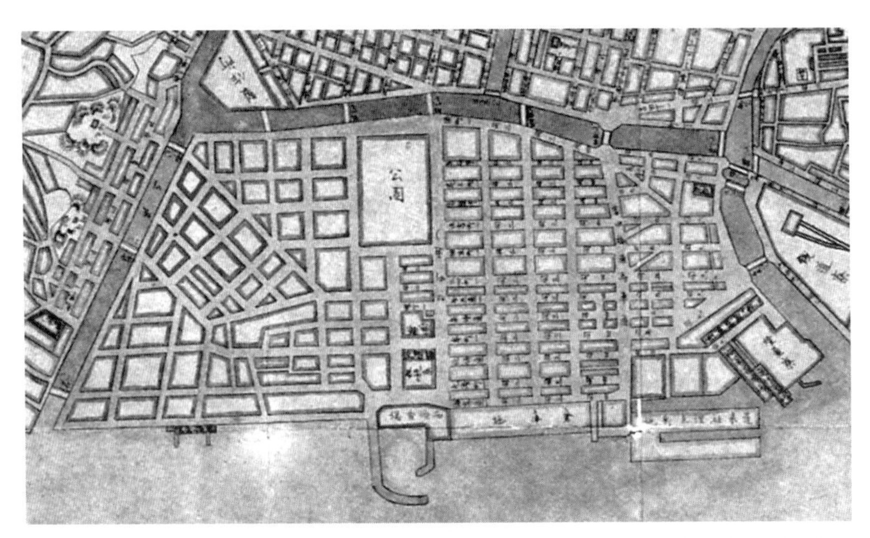

图 2-18　1874 年，横滨地图局部，公园位于外国人定居点和日本人定居点之间
来源：（Sakai，2011）

横滨殖民区由 6 个国家居民组成（英国、美国、德国、法国、俄国和荷兰），经过多方协商后，公园设计为兼顾西方和日本人的需要，选址于定居点的中心，由日本出资建设。作为外国人和日本人和平相处、道德风尚一致的象征空间，设计引入了西方的开放空间形式——赛马场、散步道和公园等。这不仅仅是新式开放空间的出现，而且推动了户外活动以新的方式社会化。当地人与陌生人同享公共空间体验西式文明的同时，日本社会也经历了从品鉴私家园林、私人领地到游赏公园的行为模式转变。因此西方公园理念的传播以及横滨公园的实践奠定了日本现代公园理念的基础。

Aya Sakai 认为在这个转变过程中，资产阶级公共领域的私人聚会逐渐带动了公众的公共活动，建立起开放空间的现代公共状态。横滨的外国人为了赛马和户外活动，建设了私人俱乐部。虽然这些俱乐部并非公共空间，但是他们的提议确实导致了真正的公共空间的建立。这些外国人起到了资产阶级（bourgeois）的作用，他们试图在日本国家组织和权力之外改善城市设施。横滨外国人定居点是通过填平沼泽地形成，没有任何日本城市文化的历史连续性，这也确保了建设开放空间这种城市革新得以实现。因此，外国人（foreigners，outsiders）和非历史场所（non-historical space），导致了新的开放空间快速形成，且与当地传统没有明显的冲突。

总的来说，西方人在横滨公园的实践，加上日本人对西方公园的游历和体会，促成了日本现代公园的雏形，西方开放空间开始传入日本。

美国当代批评家赛义德（Edward W. Said）用理论旅行（ traveling theory）这

样一个比喻性的概念，描述了理论（以及思想）在国际文化环境中从此地向彼地运动过程中是如何被借用、挪用、接受和拒绝的。Said 认为理论旅行大致要经过四个阶段：首先，有一个起点或类似起点的一个发轫环境；第二，有一段得以穿行的距离，使观念从前面的时空点移向后面的时空点重新凸显出来；第三，接纳条件或作为接纳所不可避免的一部分的抵制条件，正是这些条件才使被移植的理论或观念无论显得多么异样也能得到引进或容忍；第四，完全或部分地被容纳或吸收的观念因其在新时空的新位置和新用法而受到一定程度的改造（Lu，2006；吴兴明，2006）。

由于理论往往要受到意识形态领域和政治方面的压力和影响，理念在诠释、移植以及适应新的文化语境的过程中不可避免地会发生一些变化。从文化误读的角度来说，Said 所说的理论旅行的第四个阶段就是接受者对理论的吸纳与消化，是积极的、富有想象力的再创造。理论在时间与空间的旅行中发生了变形，融入异国的文化环境之中（刘燕，2006）。

我国城市公园也同样受西方影响，可以粗分为四个阶段：首先是被动的引入，即西方列强在租界建设公园；其次是主动的消化，如民国时期首都计划和上海都市计划等对公园的设想；再次是新中国成立后对于苏联模式的引入并结合本土情况进行的探索；最近的一次是 1990 年代，既有境外设计风格的移植也有对国外设计理念的引进消化和吸收。因此考察和分析原型的传播、本土化过程，有助于廓清城市开放空间形成背后的意识历程。

以上社会文化方面的研究视角，一方面可以增加我们对开放空间形态演变的理解，如其背后的社会价值、社会阶段等，即是回溯过去也是前瞻未来的钥匙，英国住区广场的形成、转型和传播体现了社会价值与空间形式的关系，这正是影响开放空间形态变化的持久因素之一；另一方面，也为我们审视、反思开放空间形态变化提供视角，如美国公园建设模式的研究，理清了一百多年来社会力量、主政者、职业人士等对于公园赋予的社会角色及其真正作用，这些社会文化因素因时因地而变，与开放空间的形态有着持续的、多层次的关联。

2.3　生态与环境效应视角

城市中的自然遗存往往是开放空间的主体，这些自然要素对于生态健康、人类健康具有重要意义（Tzoulas et al，2007）。近 20 年来，随着城市生态环境问题日益严重，开放空间对城市环境的积极作用受到广泛重视，与之密切相关的环境科学和生态学尤其是景观生态学也将城市作为研究的重点。开放空间构成要素与形态结构的变化不仅影响着栖地生境和生物多样性，还将产生多种相关的环境效应如城市微气候。本部分主要从景观生态学和微气候方面梳理与开放空间有关的研究和实践。

2.3.1 历史景观生态学

景观生态学的起源与大尺度航拍技术的出现有密切关系。近 50 年来，高精度的影像获取和解译方法的日益成熟使景观格局演变研究得到了长足发展，这也是为何主流的景观生态研究分析时段往往不早于 1970 年代的原因。但是，不管是自然还是人为活动对生态系统的干扰，都是长期的持续的过程，想要更多地了解生态系统空间格局演变及驱动因子，我们就必须尽可能地突破因依赖影像影响和数据精度而对研究时段的限制。

近 20 年来，历史在生态系统功能和结构形成过程中的作用正越来越被一些生态学家所重视，他们的努力已经促成了系统的历史景观生态学分支。一些学者将时间跨度为一个世纪或更长的景观生态研究称为历史景观生态学（Wasson，1994; Christensen，1989; Foster and Motzkin，2003）。通过研究场地变化的一般规律和当前土地利用模式的形成机制，分析景观变化速度的影响因子，进而预测未来演变趋势，以此形成历史景观生态学的整体理论。（Rhemtulla 和 Mladenoff，2007）认为历史景观再现（historical landscape reconstruction）是历史景观生态研究的基础环节，是理解生态系统如何发挥作用的关键，也是解决当前生态环境问题的钥匙，能帮助我们做出明智的环境管理和恢复决策。下面通过综述一些实例研究来探讨历史景观生态学对城市开放空间研究的启示。

（1）硅谷景观演变研究（Grossinger et al，2007）。

美国加州硅谷地区（Santa Clara Valley）是受现代文明高强度干扰的典型区域，城市化率高达 85-100%。由于特殊的地理位置和土地权属问题，缺乏详尽的基础资料，以往学者对这一地区的历史重塑研究往往采用较为标准化的数据。

Grossinger 等为研究硅谷 Coyote Creek 流域（约 230000ha）河谷地带的土地利用长期变化过程（1750-2005 年），采用了多种类型的历史档案：西班牙探险者的记录、历史地图与文献、绘画和照片、土壤调查图等。研究时段初期，淡水湿地沼泽（valley freshwater marsh）、潮湿草地（wet meadow）、碱草地（alkali meadow）、柳树林（willow grove）、橡树稀树草原（valley oak savanna），是研究区五种典型的地表覆盖类型。自欧美定居者到来后，85%以上的研究区发生了变化，尤其硅谷的东部景观异质性明显下降（表 2-3）。

硅谷 Coyote Creek 流域五种地表覆盖的变化　　表 2-3

土地覆盖类型	欧美定居者改变环境之前			2006 年		
	面积（ha）	最小估计值	最大估计值	面积（ha）	减少 %	潜在变幅 %
淡水湿地沼泽	328	268	436	40	87.8	85.0-90.8
潮湿草地	1884	1696	2072	31	98.4	98.2-98.5
碱草地	913	819	1.6	[0]	[100]	-
柳树林	92	45	196	[0]	[100]	-
橡树稀树草原	6009	4207	11486	11	99.8	99.7-99.9

来源：（Grossinger et al，2007）

景观剧烈变化的后果之一就是人们对早期景观的不准确感知、遗忘或者忽略。如现在的水岸带栖地通常被认为是原生森林在土地利用剧烈变化后留下的破碎斑块，但通过追溯景观历史可以发现其实际上是形成于 1940 年后的冲积林地栖地。

通过将历史景观与当前土地利用对比，除了能发现和理解一些容易被忽视的现象，还为景观变化评价和设定恢复目标提供了基础，有助于形成环境恢复、栖地保护的新战略。该地区作为相对平坦的峡谷，无法支持有着显著差异生态特点的复杂的土地覆盖模式。这些模式与土壤、地形的持续特征有关，因此恢复某种地表覆盖类型可能比在其他地方更容易成功，这对于选择场地保护方式具有参考作用。研究区中淡水沼泽高度集中在半酸地区，这种规律说明可以进行湿地恢复的地形和水文特征场地是非常稀少的，应该作为保护和恢复的首要选择。再如该地区的悬铃木林地（sycamore alluvial woodland）与该地区的季节性干枯河流有关，在该地区未来可能面临更长期的干旱和水资源短缺的情况下，可以用这种群落作为可持续生态恢复的措施。

将土地的历史的和现在的状况叠合，可能发现很多具有保护潜力的场地。该峡谷中很多季节性和永久性的湿地已经处于高强度开发状态，其中 Laguna Seca 区域早在 1916 年由于农业用途就被排干，但是由于其处于地形的低点，季节性洪水使得其一直不适合城市开发，这种地块实际上更适合恢复为自然湿地。

通过历史上季节性和永久性湿地的对比发现，一些大型公共设施中有很多未开发的场地，如高尔夫球场、公园、机场和污水处理厂的缓冲区。这些原本地下水位很低的场地由于地下水回灌有具备恢复为湿地的基本条件。当地正计划开发的河谷橡树平原从未曾经历过密集城市化，从整个地区未来的生态恢复考虑，这个地块的保护、恢复价值非常重要。

比较历史和当代景观模式还可以形成不同土地覆盖类型的环境保育策略。例如橡树林的广泛分布说明了其在当地的适应性，可以考虑在城市环境中更多的引入。在水岸带廊道、峡谷边缘的开放空间可以按照其原生状态下的间距（每公顷 1.19 株）营林，从而避免橡树林消失，为依赖它的物种尤其是鸟类提供栖地。

作者的研究成果表明即使缺乏常规的标准化历史数据，仍可以进行可信的历史景观再现，其中发现的演变对土地利用规划非常有价值。这种以 GIS 为数据分析平台，生成综合的景观演变图的研究方式发展了历史景观视角，对当地的自然和文化遗产保护将提供重要信息。

（2）瑞士 Limpach valley 景观演变研究（Bürgi et al，2010）。

不同地区的社会文化和自然环境差别很大，但是在其各自的景观变化轨迹中却可能有着共同的规律。循着这种思路，Bürgi 等对瑞士 Limpach valley 的景观演变进行验证和比较。

瑞士的 Limpach valley 是个 30 多平方公里的峡谷，曾经有着大片湿地，自 18 世纪以来，大面积湿地经过地形改造后转换为农业用地，随后几经变化，该地区的 Wengimoos 成为重要的自然保护区。Burgi 等通过对景观历史的梳理和分析试图理解该峡谷在过去几个世纪中如何彻底转变的根据景观变化的历史情况，作者发现景观变化的阶段可以分为 1900 年前、1900 ~ 1950 年和 1950 ~ 2000 年三个时段，导致景观变化有三个方面的因素：

（a）景观变化与地形。该区域的 Wengimoos 地区有厚达 5 米的泥炭层，在 1940 年代时，泥炭需求量很大，当地将该资源售给公司进行专业化开采，到 1944 年约 40000 立方泥炭被开采。在 1950 年后，这个地区由于大量开采已经成为视觉质量很低的区域。自然保护主义者很快认识到泥炭开采形成的挖掘区在单调的农业景观是潜在的栖地，并着手推动保护区的形成。目前该地区作为 190 多种重要植物和 150 种鸟类的栖息地是瑞士最重要的自然保护区之一。这个地区的变化不仅缘于其拥有能带来巨大经济价值的泥炭资源，也和其不适合农业生产有关。因此景观演变源于地形差异，对不同资源（农业和泥炭）相互冲突的需求的结合。（b）对资源的需要是景观变化的主要驱动因子。Limpach valley 在 1700 ~ 2000 年主要的景观变化过程是从大片的湿地转变为密集管理的农田。直到 1940 年大规模土地改良措施完成前，密集化农业还是难以进行的。在第二次世界大战期间，对于农产品的需要和对泥炭的需要相冲突，这导致相互分离的景观演变轨迹。到 1970 年代，Wengimoos 地区废弃的泥炭采矿景观转化为自然保护区，是为了在单调农业景观中保护珍稀物种和建立自然保护区的需要。整个 Limpach valley 和 Wengimoos 地区的演变都是人类在土地上留下了强烈的烙印。因此人类需求的不仅是资源，还是更广义的生态、社会文化和经济服务。（c）技术在景观演变中发挥促进作用。Limpach valley 的演变也反映了排水技术的发展在特定的经济和基础设施情况下，是否以及如何影响景观。有些排水技术虽然早在 19 世纪初就出现了，但是当时大部分农民不感兴趣，因此其直到 19 世纪晚期广泛应用前所产生的影响一直很有限。只有技术是可行的、被社会上认可的、符合社会需要，并可以大规模实施的，才会对景观演变产生切实的影响（Buergi et al，2010）。

在探究景观演变规律方面，这个研究与 Domon 等对加拿大魁北克 Godmanchester 地区从 1785 ~ 2005 年间的景观变化研究所得出结论非常相近，即理解景观变化有三个重要因素：地形特点、社会经济需求以及技术转变（Domon and Bouchard，2007）。

（3）类似的研究还有 Bender 等对德国 Upper Franconia 的研究和 Noam Levin 对以色列湿地的研究。Bender 等通过对比四个时期（1850，1900，1960 和 2000 年）的土地利用变化分析了德国 Upper Franconia 地区 Siegritz，Wuestenstein 和 Zochenreuth（约 2000 公顷）景观变化。他们利用不同时段的地形资料（1：5000 地形图）、地产税收和地籍资料生成的数据，在 GIS 中形成多个时段的地籍矢量数据（multitemporal GIS）。在 1850 年该研究区域几乎全是农业，林地仅占 18%，用来放牧的牧场和废弃地占 9%。在 20 世纪上半叶，林地比例显著增加，曾经是该地区典型要素的牧场几乎消失，而农业占地也下降到 50%，从 1960 ~ 2000 年，由于家畜养殖几乎成为主要的产业活动，村庄开始向周围扩张。

这个研究探索的多时态 GIS 构建方法使研究者可以在地块基础上精确分析景观的历史发展和结构，在地块尺度上理解自 1850 年来文化景观变化以及其原因（图 2-31，2-32）。值得注意的是，文化景观（cultural landscape）的变化常常导致严重的生态后果如栖地损失和破碎，结合 GIS 分析有助于更精确评价这些栖地的类型和变化的速率，为自然保护提供重要的参照（Bender et al，2005）。

（4）Noam Levin 等采用历史地图，对以色列中部 19 世纪以来海岸平原的沼泽地和自然水塘进行了追溯，并结合最新的卫星影像和现场调研与现状进行对比。在历史资料上记录的 192 个沼泽中仅有 18%（35 个）保留至今，面积从 19 世纪初的 27.6 平方公里减少到 2007 年的 2.4 平方公里，景观的连接度也急剧下降。湿地的减少不仅体现在数目上，也体现在品质的下降。由于人类活动导致的如今在沿海岸平原上仅有的自然水体中面积减小，且多数成为被建筑区域和道路所包围的临时性湿地。湿地消失的严重情况表明保留现有湿地的极端重要性。鉴于以色列在恢复 Hula Valley 湿地上的成功效果，作者建议恢复一些历史上曾经被排干的湿地（Levin，Elron and Gasith，2009）。

时至今日，世界上绝大部分生态系统和景观已经被人类所主导或者影响。在人为生态系统（anthropogenic ecosystem）和文化景观中对过程和模式的研究应该充分考虑人的影响及其历史演变（Bürgi and Gimmi，2007）。对于历史景观生态研究由于需要大量的历史数据整理工作，研究重点与常规的景观生态研究有所不同，不再诉诸纷繁的景观指数，而是着重对历史数据的挖掘、梳理演变过程、解释景观演变的原因和分析景观演变的影响。尽管更长的时间跨度使得研究的精度有所降低，但是由于这种研究可以发现场地更久远的情况和大规律，理解生态系统和景观过程、模式的历史演变轨迹，将为生态系统和景观管理提供非常有价值的参考。

2.3.2 城市微气候

城市形态与城市气候间的密切关系很早就为建筑学家所认知。维特鲁威（Vitruvius）在奥古斯都时代（Emperor Augustus，统治时期为 63.BC–14.AD）建议殖民城市的布局应避开盛行风风向的侵扰。维特鲁威的建议还影响了西班牙菲利普二世（King Philip II）颁布的殖民地建设法规（Law of the Indies），该法规要求其殖民统治的一些新世界城市和建筑布局须考虑气候因素。阿尔伯蒂（Leon Battista Alberti）和帕拉第奥（Andrea Palladio）先后记录了 Emperor Nero 时代街道拓宽后，夏季的罗马让人感觉到更加炎热不堪，他们认为宽大气派的街道适合于寒冷地区的城市，像罗马这种炎热地区的城市更宜采用有高建筑遮阴的狭窄街道。美国总统托马斯·杰斐逊规划了棋盘状城市平面，并在城市中建设方形的园林场地，道路以对角线形式穿过其中，此种设计就是考虑到园林空间可以与周围的城市街区形成天然的空气对流（Bosselmann，1998：139）。

城市环境问题在 20 世纪后日益突出，一些规划学者开始探索改善城市微气候的规划设计途径。麦克哈格开创了应用生态学知识指导城市规划设计的实践先河，其中一项前沿的研究就是费城空气库。在 1960 年代，费城空气污染问题严重，经常发生的逆温现象更加剧了污染程度，麦克哈格提出将开放空间作为空气库（air shed）来解决这一问题：考虑到该地区的主导风向和次要风向，麦克哈格通过简单的定量分析提出根据逆温期间的预期风向，保留与污染核心区面积大小相当，地表以森林覆盖为主的空气库区域。他认为可以采用与空气库相似的方法来改善城市夏季高温，这一想法的可行性已通过芝加哥的空气流动模型得到证明。建立空气库以控制空气污染和改善城市小气候，其实质就是建造由农村腹地楔入城市的指状开放空间（I.L. 麦克哈格，1992；Hough，2004：208）。

开放空间对改善空气质量、微气候的作用在随后的研究中越来越引起重视。简·雅各布斯（Jane Jacobs）认为所谓绿肺（green lung）功能其实主要在公园范围内部发生作用，更适用于公园自身，对改善整个城市的空气质量并无成效；就优化整个城市空气而言，分散的多块绿地比集中的大块绿地更有优势（Jane Jacobs，2005）。Schmid（1975）对 Dallas 和 Fort Worth 的研究发现，城市热岛的峰值并非在高层建筑聚集的中心地带，而是在沿着中心区由很多低层住宅和停车场组成的边缘地带，为此可以通过同心圆的植被空间消减热岛效应。当夏季气温升高时将形成低气压区域，导致城市边缘的冷空气进入，空气在进入城市过程中质量逐渐下降。Bernatzky 也建议公园和绿色空间应选址在空气流经的通道，以改善城市空气质量并降低气温（Hough，2004：209）。

比起早期的经验观察、直觉判断和定性研究，城市环境研究在有了遥感影像、地理信息技术的辅助后，可以进行精确的空间量化分析。

Alcoforado 等利用地形图、建筑物布局在 GIS 平台上生成了 Lisbon 城的数字高程模型图和城市的“粗糙度”（urban roughness）地图，结合卫星影像和现场调查绘制了城市建设密度图，生成城市通风廊道图。然后对这两个图层进行整合，生成匀质气候单元图（homogeneous climatic-response units），从气候调节角度提出针对每类匀质气候区域的城市形态控制建议（Alcoforado et al，2009）：

（1）通风廊道区由三个因素确定：地形、建筑密度和主要风向。为了保证通风效果，通风廊道区禁止开发，沿通风廊道宜植树以改善空气质量。

（2）绿地区域结构多样化（草坪、乔灌木、水体等）有利于形成不同类型的微气候，利于不同季节的不同类型的户外使用要求。中等和大型尺度的公园会改善周边街区的气候。建议保持现有绿地，尽可能增加新绿地，新的绿地采用多样化的结构，并在休闲活动区域上风向设置风障。

（3）对平原地带的高密度建成区，应控制建筑过度增加，控制建筑和街道的高宽比低于 1，尽可能增加植被表面如屋顶花园，屋顶宜采用淡色材料。

（4）对平原地带的中低密度区，应控制建筑在河谷地蔓延，保持高宽比，增加中等尺度的绿地。可以沿城市快速路或街区边界增加通风廊道，在新建居住区周围布置大型绿地等。

（5）对即将进行开发的滨河新区，应使建筑窄面平行河岸，以利于空气进入市区，且宜采用低粗糙度的风道，以形成与河谷的微风循环。

1990 年代，多伦多市为了制订建筑限高和密度控制准则，委托博塞尔曼（Peter Bosselmann）及环境模拟实验室（Environmental Simulation Laboratory）进行城市形态和微气候的研究，其中一个重要的步骤就是根据采样点绘制不同季节风和舒适度地图，并通过建模预测不同方案的效果，如建筑后退、增加街道和开放空间光照等，研究表明，除金融区外的大部分街道比较舒适。研究者根据多伦多的气候条件和城市形态的典型模式，提出了舒适的户外气候标准，包括风、阳光、温度和湿度。在对现有主要街区计算模拟不同季节的舒适度后，比较现状和规划方案所产生风洞效果和人体舒适度。建模分析显示为了保持街道舒适，每栋建筑的建筑面积密度（建筑面积 / 用地面积）不应超过 15，最好低于 12（Bosselmann，1998：149）。

现代城市规划实践中，德国率先将城市微气候与城市形态控制相结合，在规划用地控制方面综合考虑城市通风、热岛效应和空气污染等因素。目前，德国很多城市已经编制了城市气候分析图（Klimaatlas），斯图加特市更是在城市环境保护部成立了城市气候科，向建筑师和城市规划师提供气候数据，包括白昼和夜间的地表温度分布、污染物、污染源、风力风向、气温、冷空气流向等。根据这些数据，气象学家和城市规划师协同工作，联合相邻州编制了 1∶20000 的城市气候类型分析图。气候类型分析图将气候特性类似的地区划分出来，共有水面、平原、森林、绿地、田园城市、市区周边、市区、市中心区、商业区、工业区、铁路线路地区 11 个类别。在此基础上制定了结合微气候的城市规划准则，明确了不同地区开发和改变土地利用情况等对环境影响的敏感度，相应的土地利用规划分为开放空间和城市街区两大类，并根据其对气候影响程度进行更详细的等级划分，为防止局部的热辐射和热气流等对城市气候产生大的影响，通过相关法令制定相应的空间控制和引导措施，如控制建筑密度、开放空间以及硬质铺装等。事实已经证明，斯图加特市结合气候分析图制定的城市规划准则的实施，在提高城市空气质量和改善城市微气候方面效果显著（西村幸夫、历史街区研究会，2005）。

以上这些研究或规划实践都是着眼于当前，想要更好地理解城市规划建设与城市环境的关系，需要延伸研究时段，将城市形态与微气候演变进行长期的关联研究。

Benzerzour 等（2011）结合历史资料分析了 17 世纪以来法国南特城市建设和规划对城市气候的影响。作者首先进行了详细的历史研究，结合物质空间结构（密度、街道加宽、水系填埋）、生活方式（供热取暖）和建造活动（砖石使用情况、建筑增高、隔热情况），据此将城市演变划分为 1680、1756、1835、1880、1945 五个典型阶段。以 GIS 为平台整合历史空间信息确定城市不同时期的整体特征，然后采用参数化模型模拟城市能量情况和微气候。研究发现：17 世纪末到 1850 年代，城市密度增加导致街道通风性降低，街道窄到阳光无法照射到地面铺装上，导致街道及其上方的空间一直保持低温，并在 1835 年达到最低点。由于缺乏通风和多雨，空气湿度越来越高，这种情况虽然适合当时与城市经济密切相关的产业活动（如硝石加工、纺织皮革和造纸业等都需要潮湿的空气），但是却产生了严重的卫生问题并损害了居民健康。到了 19 世纪中期，卫生学家为了改善这种情况发起了城市改造活动（如建设大马路、填埋沟渠）和立法活动（如规范建筑高度和街道宽度、建造技术和材料、地下排水系统等）。模拟显示，这些市政改造措施增加了街道通风，增加了阳光照射，加上室内取暖等原因，导致街道温度升高。不过，此后建筑密度的继续增加，又引起了城市温度和干燥度升高等。

自然条件决定了城市的气候特点，而多样化的城市形态又形成了千差万别的城市微气候。如今在全球气候异常变化的大背景下，我国城市的生态问题日益严峻，人们饱受环境问题（尤其空气质量问题）困扰，因此从城市形态角度，研究开放空间与城市微气候的关系是非常必要和迫切的，这将为改善城市环境、优化开放空间规划提供科学依据。

2.4　感知与意象视角

对人类而言，感知并构造周围的环境十分必要，这种意象对于个体而言，无论是实践上还是情感上都非常重要。感知和意象是城市美学体验的前提，并影响着城市形态的演变。如林奇所言，在城市的所有属性中，可能最引人关注的就是关于审美体验的部分（Kevin Lynch，2001：2–3，149）。

开放空间与市民的公共生活有密切的关系，一些开放空间由于其自然要素、空间特征成为与城市中其他部分迥然不同的特色景观。认识开放空间形态与市民感知、意象的关系，必须放在城市的大背景下，结合整体进行分析，并应兼顾使用者的静态观赏和动态体验。近来涌现了一些借助新技术的研究方法，使得对感知的量化分析和可视化有了长足的进展。

2.4.1　视觉序列

在公共空间中穿行是城市生活体验的核心之一。要营造宜人的公共空间，就必须理解运动，尤其是步行运动。与步行运动不同，几乎所有的基于小汽车的运动都只是纯粹的通行，只有车停下来才有机会进行社会交往，所以城市空间的连续性对机动车使用者而言就不是很重要（Lefebvre，2011：312–313）。对步行者而言，地点之间的联系就非常重要了，成功的公共空间一般都是整合在当地的运动系统中的（卡莫纳，2005）。在对城市步行体验的研究中，英国建筑师（Gordon Cullen）基于线性空间景观序列的分析由博塞尔曼（Bosselman）等学者进一步发展，Allen Jacobs 对交叉口密度和步行网络整体体验进行了研究，在这些研究中开放空间在影响对城市肌理的动态体验或整体感知方面起到了重要的作用。

视觉序列的概念（serial vision，也称连续景象）由 Cullen 提出，城市的视觉功能在 Cullen 看来是最为重要的，因为人们几乎完全是靠视觉来认识环境的。他认为视觉不仅用于观察，还会“唤起我们记忆体验和那些一旦勾起就难以平息的情感波澜”。当以恒定速度步行通过城镇时，城镇景观总以一系列突现或渐隐的方式出现，这种视觉现象称为视觉序列。他在《简明城镇景观》(The Concise Townscape）中对牛津、伊普斯威奇、威斯敏斯特、勒德洛、伊夫夏姆等城市进行了视觉连续的分析(卡伦,2009:167)。其方法是沿着主要的步行路线,用多幅插图、照片将沿途的景观变化表现出来，从而理解空间序列的转化。在牛津城（Oxford）案例中，广场、公园等开放空间在视觉连续中起到了重要的节奏变化和收尾作用。再如伊夫夏姆城，有很多过渡自然的场景：河岸、公园、幽静的教堂庭园、集市广场以及中心大街，它们之间的步行网络衔接顺畅（图 2-19，图 2-20）。

图 2-19　牛津城（Oxford）平面图和景观序列

来源：((卡伦，2009)；Time-saver Standards for Urban Design，2003）

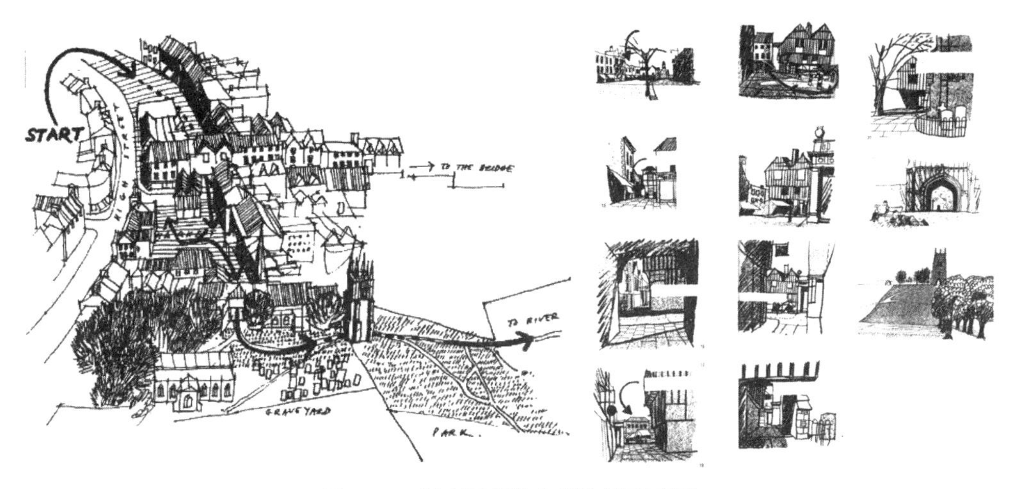

图 2-20　伊夫夏姆的鸟瞰和景观序列
来源：（卡伦，2009）

视觉序列的意义在于巧妙处理城镇中的各种因素以激发人的情感。由于人类大脑对事物之间的对比和差异容易产生反映，诸如笔直的道路容易给人单调且缺乏感染力的感觉，但是两种不同景色（如道路和田野）同时映入眼帘时，人们会感到一种生动的对比，城镇的深层意义变得更容易被识别，不同景观并置产生丰富视觉变化让城市充满活力。

以这种视觉序列分析为基础，他阐述了对城市景观设计的观点：一是人对客观事物的感觉规律可以被认知，二是这些规律可以被应用于组织市镇景观元素，从而反过来影响人的感受（谷凯，2001）。Cullen 认为可以将城镇划分为两个部分，已经呈现的景观和正在浮现的景观。一般而言，这是一连串事物的随机组合，从这种联系中引发出的含义也是随机的。他认为如果能找到某种方法（即视觉连续、并置、此处彼处等），把城镇按照人们的设想编排成一出连贯完整的戏剧，这种编排的过程就是将无序的因素组织成能够引发情感的层次清晰的环境。这种观念其实就是基于穿行空间的观察者的角度，将运动感觉（kinaesthetics）作为城市审美体验的基本特征（Salat，2012：160；卡伦，2009：4）

Cullen 通过分析"视觉序列"（serial vision）、"场所"（place）和"内容"（content）等指出，英国 1950 年代、1960 年代创造的"崭新、现代和完美"城市空间与和富有多样性特质的传统城市肌理相比较，后一种更有价值也更值得倡导。这一思想对中国改革开放以后城市快速发展的现实同样有深刻的启发作用（谷凯，2001）。

"视觉序列"开创了对城市景观与动态体验研究的先河，对城市设计理论和实践领域产生了巨大的影响。理论方面诸如 Roy Worskett 所著《The Character of

Towns：an Approach to Conservation》，Peter F. Smith 的《The Syntax of Cities》和 Donald J. Olsen 的《The City as a Work of Art：London，Paris，Vienna》等均受其影响（Salat，2012：160）。

受 Cullen 研究的启发，Bosselmann 对威尼斯、罗马、东京等地进行了比较研究和图示分析，进一步证实了 Cullen 的结论——城市环境中移动的视觉美学体验（Carmona and Tiesdell，2007：265；Bosselmann，1998）。Bosselmann 首先对威尼斯一条长度仅 350 米、步行需 4 分钟的路线进行了详细的视觉系列分析，利用 39 幅插图来解释空间的变化，威尼斯的广场、建筑、小巷、河流和桥梁密布，这段路线共经过两个广场、三条河流，这使得这段步行路线中有着丰富的空间类型和令人难忘的空间节奏。在 Bosselmann 分析的这段路线中，视野的收放或者说空间的形状对节奏的形成至关重要，如广场是这段道路的起点和端点，形成了窄巷、桥梁的平衡，也预示着下一个空间节奏的出现（Carmona and Tiesdell，2007：270）。河流则提供了穿越大尺度城市肌理的开阔空间，河流上的桥梁不仅本身是视觉焦点，由于其位置和高度，也提供了贯穿城市断面的开阔视野和对街巷的俯瞰。

Bosselmann 还对其他 14 个他曾经有过行走体验的城市地块中，按同样比例尺画出相同长度的路线（图 2-21 ~ 图 2-23），并指出在这些线路行走所感觉到的时间都小于在威尼斯这段路线的体验时间。也就是说，城市元素的尺度和位置影响到行人对时间的感知。步行者对距离的感知是根据周边元素形成的节奏空间（rhythmic spacing）来判定，而串联于其他城市空间的开放空间会显著地影响空间节奏，并对环境品质产生影响（Bosselmann，1998）。在密集化的城市环境中，自然元素和开敞的广场往往是视觉序列的点睛之笔。

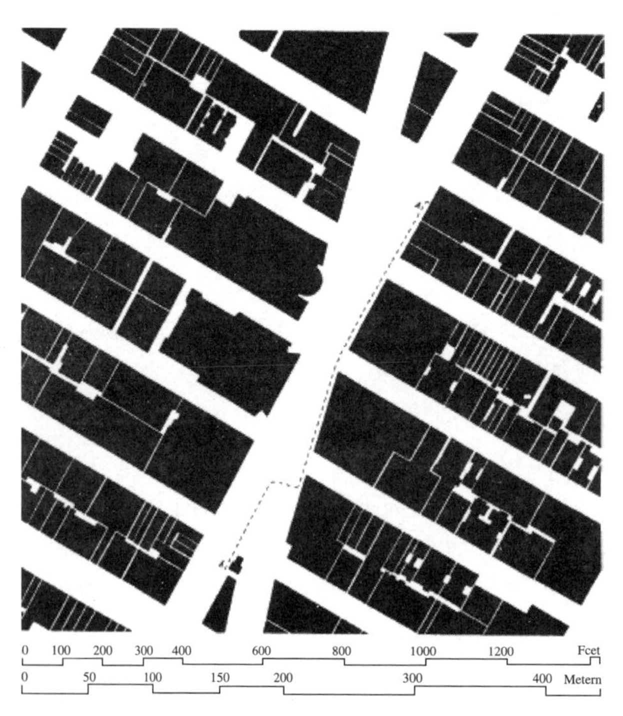

图 2-21　纽约时代广场

图 2-22　哥本哈根　　　　图 2-23　华盛顿

来源：(Carmona and Tiesdell，2007：270)

与 Bosselmann 对单一路径的景观序列分析不同，Allan Jacobs 对多条路径中所感受到的面状城市区域进行了分析。他在 97 个城市中各选取 1 平方英里区域，从形态学的角度分析街道和开放空间模式，据此提出步行体验的选择性在于环境的渗透性（物理渗透性 physical permeability 和视觉渗透性 visual permeability），解释了传统城市吸引步行者的原因在于较高的路网密度和宜人的街道尺度，从而提供了丰富的步行体验（Jacobs，1995）。研究的 97 个样本中，威尼斯拥有最多的道路交叉口数量(1507 个)而美国的爱尔文商业综合区交叉口数量最少(15 个)。这种步行体验选择性的有效提供程度可以被概括为渗透性（李怀敏，2007）。Allen 的研究促使人们关注步行体验的丰富性，与城市肌理的关系如交叉口数量、城市留白。

以上研究虽然主要是针对街道和广场的，但是从中可以看出开放空间对市民感知的重要性，以及对开放空间设计颇有参考价值的方法。山体、水体等自然要素不仅影响周边的城市肌理，还往往演化为重要的城市开放空间，通过丰富序列和增加渗透性而成为最有活力的地带。

2.4.2　城市意象

环境意象是观察者和其所处环境双向作用的结果，环境存在着差异和联系，观察者借助强大的适应能力，按照自己的意愿对所见事物进行选择、组织并赋予意义。1960 年代，凯文·林奇出版了《城市意象》（The Image of the City）一书，提出通过视觉感知城市物质形态的理论并加以实践，这种城市意象的概念和理论已经成为现代城市空间结构研究的基础之一，并在国外许多城市设计实践中得到了应用。

林奇对城市意象的研究是在没有任何前人工作基础上进行的，研究的动因主要有以下几方面：（1）出于在城市环境和心理学之间建立联系的兴趣，当时很多心理学家避开真实的、复杂的城市环境，只在可以控制的实验室环境进行感知实验；（2）出于对于城市景观美学的热爱，当时很多规划师认为这个只是品位问题，不是严肃的研究议题；（3）探究如何评价一个城市和在城市尺度上设计城市的可能性；（4）希望通过研究能让规划师更关注场所中人们的真实感受，并进而影响城市规划政策（Carmona and Tiesdell，2007：108）。为了对可意象性的基本概念进行验证和发展，林奇选择了波士顿、泽西城和洛杉矶三个差别显著的城市，每个城市选择大约 1.5×2.5 英里的区域进行居民城市意象研究。他领导的研究小组使用了两种主要方法：其一是在市民中抽样访谈，获取他们对环境的意象；其二是在实地对受过训练的观察者形成的环境意象进行检验（凯文·林奇，2001：107）。研究发现了居民感受城市空间环境的机制，城市意象成为研究感知城市环境的切入点。林奇认为环境意象由个性、结构和意蕴组成，意蕴问题与个性和结构相比十分复杂，且意蕴比个性和结构更不易受到物质空间的影响。从城市规划和设计需要出发，林奇认为意象的物质清晰性更重要，因此研究集中于城市意象的个性和结构（凯文·林奇，2001：4–6）。研究结果表明，群体意象确实存在[1]，且三个城市的可意象性存在明显的差异（凯文·林奇，2001：11）。任何一个城市似乎都有一个共同的意象，它是由许多个别的意象重叠而成，每个人的意象都是独特的，但又与公众共有意象相近。林奇认为这种分析自身受到客观的、可感知物体的影响，他将城市意象中起着关键作用的物质形态分为五个基本类型：通道（paths）、边缘（edges）、街区（districts）、节点（nodes）、标志（landmarks）。不同元素之间可能会相互强化、呼应，从而提高各自的影响力，也可能相互矛盾甚至冲突。大多数观察者似乎都把它们意象中的元素归类组成一种中间的组织或者说复合体，观察者将各部分相互依存、相互约束的复合体作为一个整体来感知，例如很多波士顿人把北碚、中心公园（Boston Common）、贝肯山和中心商业区的大部分主要元素看作一个单独的复合体。林奇还发现，意象是一个连续的领域，某个元素发生的变化可能会影响到其他元素甚至整体意象，如由于中心公园形状不规则，整个波士顿的意象

[1] 由于访谈者数量有限（波士顿 30 人，泽西城和洛杉矶各 15 人），林奇谨慎地认为“无法确定所获得是真正的公众意象”（凯文 • 林奇 2001, 11），不过此后林奇的理论被诸多不同文化和地区的实证研究所证实。

中似乎都受其影响（凯文·林奇，2001：65）。

通过整理林奇的研究发现，一些类型的开放空间，诸如自然元素中的山丘、河流和公园、广场等在城市意象中占据重要的位置（凯文·林奇，2001：11）。以水面等开放空间为边界的巨大区域、基本的地形特征，和高速公路、主要商业中心、巨大而遥远的标志物一样，都是大都市意象的主要组成元素（凯文·林奇，2001：86）。笔者对林奇《城市意象》一书中对于开放空间或与之有关的城市意象要素研究整理如下（表 2-4 ~表 2-8）：

波士顿最具有代表性的是中心公园、州议会以及从剑桥区向查尔斯河看过来的沿河景观（凯文·林奇，2001：12）。查尔斯河在波士顿的景观中居于主导地位，河岸是将人们视线引入市内的视觉廊道，诸多城市元素的关系在此一览无余（凯文·林奇，2001：33）。波士顿中心公园对很多人而言是意象中的城市中心，成为所有人认识环境的一个关键参照，很多市民对其内部的布局也非常熟悉（凯文·林奇，2001：15）。一些对城市意象的负面反馈也与开放空间有关，如大量的细节描述中提到波士顿缺乏开放和休闲空间。

泽西城混乱的道路系统让人感觉到多中心城市空间的无序和结构不均。与波士顿相比，这里拥有可识别的元素相当少，而受访者对周围的绿地有着深刻的印象。大部分地区被生硬的边界打断，整体结构的关键点是乔纳尔广场（商业中心），哈得逊林荫道从广场中穿过，从林荫道向下是卑尔根区和重要的西界公园和另外三条大街。乔纳尔广场之所以突出是因为其密集的商业和娱乐活动，但交通功能的混乱令人不安。环境优美的开放空间特别受公众欢迎，如西界公园是城市中唯一的大型公园，也是城市整体肌理中一个调剂物，被大多数市民看作城市中与众不同的一个区域。汉密尔顿和范沃斯特公园也是如此，一些受访者甚至把十字路口的小块三角形草坪也作为标志物（凯文·林奇，2001：20，24）。

洛杉矶市区的路网非常规则，但是在整个大都市地区非常分散。洛杉矶中心区意象的基本结构为珀欣广场、百老汇大街、奥尔维拉广场大街、斯普灵大街金融区、斯基德罗大街和其他无明显特征的方格路网（凯文·林奇，2001：26）。珀欣广场在所有元素中最为强烈，它是一处位于市区中心部位景色特别的开放空间，也是室外政治论坛、信徒野营聚会和老年人休闲的场所，但由于广场中的中心草坪无法穿越，令很多人感觉不快（凯文·林奇，2001：27）。奥尔维拉广场也是最为突出的节点元素之一，受访者甚至能清晰地描述广场的形状、树木、长椅、铺装、零售店甚至气味等，这个广场是所有受访者最为喜欢的元素。洛杉矶的受访者常特意描述当地植被奇异的多样性，几个受访者叙述他们每天绕道上班，只是为了可以经过一些特殊的种植园、公园和湖滨，林荫路也是洛杉矶中最为重要的意象元素（凯文·林奇，2001：33）。

道路要素（paths）的意象与开放空间关系 **表 2-4**

城市	开放空间类型 / 与之相关的元素	开放空间对其意象的作用
波士顿	斯特罗街：位于查尔斯河畔	与道路同时起到边界的作用
	剑桥街：贝肯山的边界，端点为查尔斯街环岛和斯科雷广场	特征清晰、端点明确，更强的可识别性，能够将城市连接为一个整体
	阿灵顿街：毗邻公园	与众不同
	特里蒙特街：毗邻波士顿中央公园	与众不同，增加道路方向感
	华盛顿街：中间以道克广场相隔	很难感觉是同一条街在延续，有人认为其端点在道克广场或海马瑞特广场
	贝肯街：与贝肯山空间相连，名字相同，临近公共花园	赋予道路以连续性特征，公共花园强调了贝肯街的形象
	联邦大道：一端与公共花园相连	更强的可识别性，能够将城市连接为一个整体
	费德勒尔街：一端与邮政广场相连	更强的可识别性，能够将城市连接为一个整体
	查尔斯街：一端为中央公园	形成明确的道路端点
	联邦大街与阿灵顿大街的交点：公共花园作为背景的 T 形交叉口	空间、植物、交通及其重要性汇聚而成显眼的 T 字形空间
	查尔斯街与贝肯街的交点：周围分别为贝肯山、中央公园和公共花园	中央公园和公共花园的边界强化了其轮廓
泽西城	赫德森林荫道：穿过乔纳尔广场，与西界公园相连	城市意象中的重要道路
洛杉矶	百老汇大街、第七大道：两街交叉口为伯欣广场	珀欣广场人人皆知，促进其作为城市意象的主要元素
	好莱坞快速路和海港快速路：与奥尔维拉广场相邻，作为奥尔维拉广场的边界	奥尔维拉广场广受欢迎，对其成为城市意象中的主要道路元素有贡献

边缘要素（edges）的意象与开放空间关系 **表 2-5**

城市	开放空间类型 / 与之相关的元素	开放空间对其意象的作用
波士顿	查尔斯河	城市边界明显，河岸宽阔的开放空间、曲线道路、露天音乐台等给市民留下深刻印象
	贝肯街位于中央公园与贝肯山旁	形成有明显区别的两个区域
	北碚区与查尔斯河和公共花园：河流和花园形成明确的边界	边界明确具体，所有人都清楚其确切位置
	道克广场，与中央干道相联系	空间混乱，与其他地方联系模糊
泽西城	滨水区	形成明确的边界，但是用铁丝网围住，是无人涉足的禁区

区域要素（districts）的意象与开放空间关系　　表 2-6

城市	开放空间类型 / 与之相关的元素	开放空间对其意象的作用
波士顿	由北碚区、中央公园、贝肯山、商业购物区、金融区和市场区组成的综合体	促进多样性和连续性，诸多要素关系密切，充分连接形成了一幅由各色区域组成的连续拼贴画，区域任何地方的识别性都很强
洛杉矶	邦克山：地形特点强烈，历史悠久，临近市中心	城市包围了邦克山，办公大楼掩盖了其地形边界，切断了它与道路的联系，在城市意象中弱化甚至消失

节点要素（nodes）的意象与开放空间关系　　表 2-7

城市	与开放空间关系	开放空间对其意象的作用
波士顿	斯科雷广场，包含地铁站	鲜明的连接节点，但是由于不具有与其功能重要性相称的空间形式，没有给人留下视觉印象。广场为内向的，方向感不强
	查尔斯大街环岛：临近河滨	可以清晰看见河滨开敞空间等景象，形成信息丰富、明确的节点
	波士顿南站：在杜威广场的开放空间中占据巨大的立面体量	广场衬托了波士顿南站建筑，在视觉上给人以深刻的印象。广场与办公区、商业区和滨水区连接清晰
	奥尔维拉大街和与之相连的广场	市中心的中心，商业区的缩影，是一个核心，一个重要的地区的焦点和象征
	路易斯堡广场：一个著名、安静的居住区的开放空间	广场和旁边有护栏的公园，使人容易联想到贝肯山的上流阶层，作为节点的重要性超过其他功能
	考普利广场	意象鲜明，与之联系的道路也很清晰。周边聚集的是各类活动场所，和一些特色各异的建筑
泽西城	乔纳尔广场	既是巴士中转站，也集中了很多商店，作为连接点和聚集点
洛杉矶	珀欣广场	非常有代表性的空间、植物和活动，形成了城市意象中最鲜明的节点
	奥尔维拉广场	独立而特别，成为集中点

标志物要素（landmarks）的意象与开放空间关系　　表 2-8

城市	与开放空间关系	开放空间对其意象的作用
波士顿	波士顿州议会，位于贝肯山顶，面向中央公园	其独特的形式和功能，以及位于山顶、面向中央公园的选址，都使它成为波士顿市中心区的重要标志
泽西城	泽西城医疗中心及其附属的面积很小的草坪和花园	与城市整体环境形成鲜明的对比，广为人知
洛杉矶	比尔特摩酒店：毗邻珀欣广场	广场的空旷衬托了建筑的形象，建筑也为人们辨识广场的方向提供了参照

对城市风貌而言，基本的气候条件、常见的植被、大片的水面、山脉和主要的江河系统，都成为地方特征中的控制因素（凯文·林奇，2001：84）。城市发展过程中，自然元素在城市意象中的作用也在变化。在早期的城市中，地形和自然环境对于城市意象起到重要作用。随着城市发展，密集的人工环境往往使得场地缺失特色，现代化都市的广度和精致的技术都会削弱与自然环境有关的意象，空间的私有化也会使得人们没有徜徉城市空间的愿望。“自然的”、“公共的”空间正变得弥足珍贵，它们是一个城市中积极意象的关键要素。开放空间往往是延续、重构这些意象的重要载体，理解其对城市意象的影响对于尊重地域特点、场所精神是必不可少的。

2.4.3 结合空间分析技术的感知研究

随着空间分析技术的发展，定量研究开放空间形态与居民感知的成果在2000年后明显增多，如布局与行人感知、城市景观与步行量、景观结构指标与满意度等，这些量化手段为研究开放空间形态提供了更科学的方法。

S.W. Lee等认为在景观生态学研究中人类感知是不应忽视的因素，人对景观结构的感知是理解人和景观相互关系的关键，城市地区尤其如此。作者采用邮寄问卷方式调查了美国得克萨斯州College Station城的居民对邻里环境景观结构的满意度，并与Ikonos卫星影像中该地的景观情况进行对比分析，探寻景观结构与社区满意度的关系（Lee et al，2013）。研究结果表明林地（乔木斑块）是影响居民满意度的主要因子，当林地破碎化程度较低、连接性较好时，居民满意度高。林地规模的多样性、复杂性与居民满意度正相关。在生态学上，连续的更多异质性的景观结构在生态功能优于破碎的、同质的景观。

Lee的研究中运用景观生态学中的等级理论（hierarchy），发现居民满意度与景观尺度有强烈的相关性。以IKONOS的4米分辨率的光谱图和1米分辨率的全色图像作为基础数据，采用归一化的NDVI植被指数方法，在三种尺度下研究景观结构，即微观社区（229米）、中观社区（457米）和宏观社区（914米）。研究显示，当研究地块的尺度越大，居民满意度和景观结构相关性越强（Lee et al，2013）。因为人对景观结构的感知，直接影响到人类活动如土地利用决策、景观规划和景观管理与生态系统的关系，此类研究对于整合人类系统和生态系统之间的关系是非常基础的。

类似的研究还有Gonzalo等在西班牙进行的景观视觉属性与空间模式指标的相关性研究（de la Fuente de Val，Atauri，and de Lucio，2006），以及杨军采用绿视率（Green view Index）指标评价城市林地规划、管理方案的视觉影响（Yang et al，2009）。Tyrvainen 等认为城市规划常常忽略开放空间的社会价值，通过邮寄问卷收集到赫尔辛基市民对绿地的体验价值，用 GIS 进行分析和制图从而识别出市民心目中最有价值的绿地，从而为规划决策提供参考（Tyrvainen，Makinen，and Schipperijn，2007）。

Bill Hiller 和他在伦敦大学的同事，深入探究了运动（主要是步行）和城市空间构形、步行密度和土地使用之间的关系，形成了空间句法理论（space syntax）。他认为空间构形，特别是其在视觉渗透性上的影响，对决定运动密度和相遇率是非常重要的。Hiller 的实证研究支持了他的运动密度可以通过对城市网络结构的分析来精确预测的想法（B. Hillier，1998）。Hiller 使用复杂的图式和数学技术，将分析建立在城市区域几何构形中一些关键性几何特性的基础上。这些被概念化地表示为一系列的凸空间，它们由直线形的轴线联系起来，从轴线网络上，每根线的整合度（其相对于系统整体的地位）可以计算出来，整合度被认为是自然运动的一个良好的预测指标，整合度越高，沿线的运动就越多。Hiller 认为，运动对于公共空间也非常重要，被运动包围起来的空间往往比其他空间运转地更好，开敞的空间比围合起来的空间运转地更好。他认为，很多当代公共空间的主要错误在于重围合感、轻视觉渗透性，对公共空间的步行使用来说，关键的品质是连续性（即整体性）。如果设计过于局部化，自发的运动就被破坏了，空间的使用就不充分，因此城市设计者必须理解运动和设计运动系统及与之联系的空间（卡莫纳，2005：165-169）。

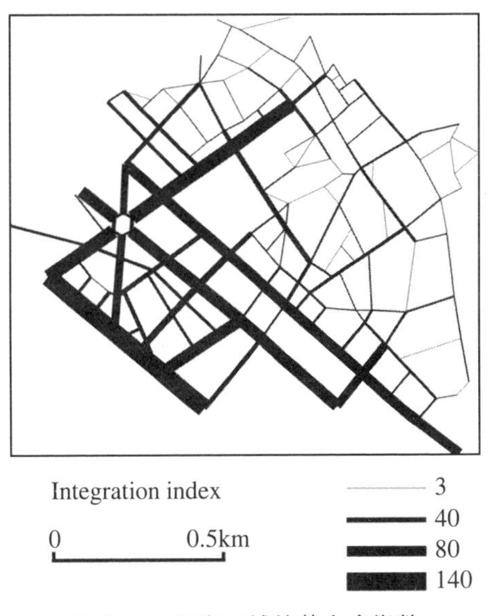

图 2-24　研究区域的整合度指数

以 Hiller 的理论为基础，Foltete 对法国 Lille 的一个地块记录步行交通量，编绘景观要素平面图，用空间句法为分析手段，研究城市布局、景观要素和步行使用的关系，结果显示景观和步行量有 56% 的相关性（图 2-24 ~ 图 2-26）。视域中的广场、商业建筑和绿地对人们步行有促进作用，而居住建筑和小型纪念物则起到消极的作用（Foltête and Piombini，2007）。Abubakar[1] 利用 GIS 的网络分析和空间句

[1] http://environment-ecology.com/environment-and-architecture/116-gis-and-space-syntax-an-analysis-of-accessibility-to-urban-green-areas-in-doha-district-of-dammam-metropolitan-area.html

法对卡塔尔多哈市新区的绿地可达性也有类似研究。

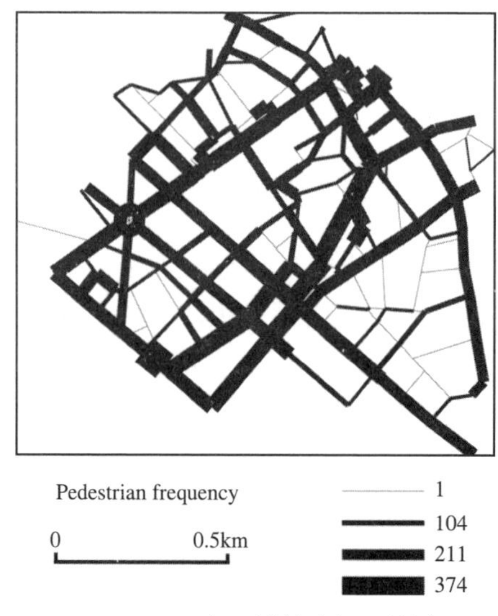

图 2-25　研究区域的步行量统计

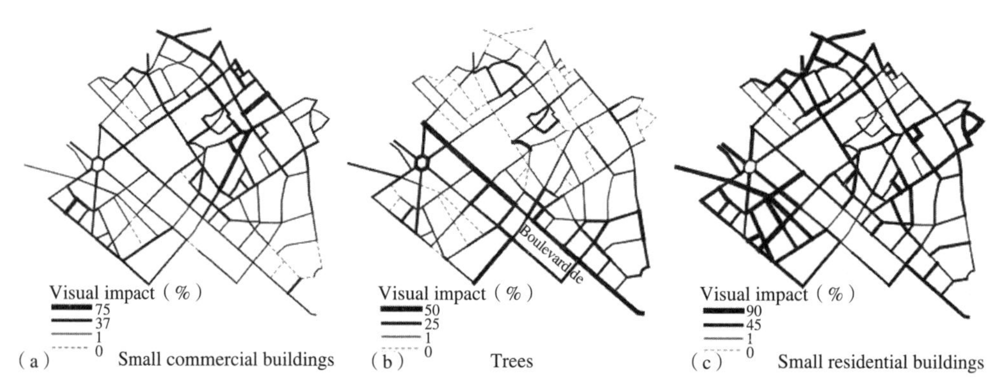

图 2-26　景观变量（landscape variables）的视觉影响力示例

来源：（Foltête and Piombini，2007）从左到右依次为小型商业建筑、植被、小型居住建筑

2.5　城市规划分析与评价视角

作为现代社会和现代城市规划的产物，开放空间概念的提出、落实和演变折射出了工业化以来人们对城市问题的诸多美好愿望，也体现出城市公共政策的效力与公平程度。对开放空间相关政策、规范、设计导则的梳理以及对城市规划绩

效评价能深刻地认识开放空间形态变化的动因、背景、结果，从而发现可能的改进途径。

城市开放空间的规划评价方法涉及很多层面，从广义而言，景观生态学、城市风貌等视觉形象的变化分析均是。对于大部分城市而言，为公众提供游憩服务被看作是开放空间规划的首要任务；保护历史景观、改善城市生态环境往往也是开放空间保护和建设的主要目标。但是，开放空间作为非生产性空间，其价值体现在外部性、公益性上，因此它在市场经济条件下的土地使用分配过程中往往处于不利的地位。相关规划及实施对开放空间本身及其服务水平、环境公平都会产生直接或间接影响。

2.5.1　开放空间规划、实施与政策、管理的关系分析

现代城市规划史中从来就不缺乏精彩的构思和完美的愿景，但对绝大部分规划而言，实施程度都很有限，与开放空间有关的规划更是如此。这与城市规划体系的复杂性有关，也与开放空间的特点有关，最突出的就是开放空间不仅无法给政府带来经济收入而且还需要高额的财政投入来维护（Tang and Wong，2008）。以下通过梳理几个与开放空间有关的规划研究，来阐述相应的分析途径。

（1）香港开放空间规划

作为世界著名的高密度城市，土地是香港最为稀缺的资源，因此政府总是设法使土地收益最大化。在其租地体系（leaseholds system）中，私人业主需要通过拍卖和招投标等竞争性方式从政府获得土地。在香港的城市规划中，大约 40% 和 13% 的土地分别被指定为郊野公园（country parks）和绿带（green belt）。

尽管香港的规划立法形式上较为完善，但是在实际操作和规划实施过程中仍有一些环节将会成为影响开放空间的不利因素。城市规划法规定城市规划委员会是负责土地利用区划和土地开发项目规划的决策实体，由政府指定的社区兼职委员组成并由政府官员任主任。通常的规划和行政事务由政府规划部门的专业规划师完成。

法定土地区划（Statutory Land-use Zoning Plans）为框架性区划方案（Outline Zoning Plans）或开发允许规划（Development Permission Area Plans），这些规划由政府规划部门指定，规划委员会批准。根据规划法这些规划虽然称为方案（draft）并允许公众反对，行政长官（1997 年前为总督）也会将在方案批准前考虑反对意见，但绝大部分情况下，公众的反对意见被忽略，方案可以无需更改便在规划委员会批准和出版后立即具有法律效力。因此尽管法定土地利用区划是法律文件，但是立法机构在决策过程中并不发挥正式的作用，因为行政院保留了批准、驳回和修

改已批准规划的所有权力。

香港土地利用区划的规划和实施是分开的。法定土地利用区划规定某地块具体的土地利用和交通模式，不过这只是对该地块的规划意图而已，例如将某私有地产的土地指定为开放空间，只是取消了该地块再开发的可能。直到政府征用这个土地和实施项目前，开放空间的规划设想都不会实现。因此法定土地利用规划只是在控制开发上非常有效，对于推动其开发并无直接作用，这导致土地利用现状和规划存在较大的差异。

在开放空间方面的规划、管理上，行政划分又加剧了责任的划分。公众游憩场所的开发和管理由休闲和文化部完成（The Leisure and Cultural Services Department），而规划委员会没有任何财政权，当开放空间涉及私有地产时，需要土地部门（Lands Department）负责赔偿和拆迁安置。开放空间作为不受重视的公共项目，其规划和实施由于上述的行政多头需要很长时间。

Tang 和 Wong 还整理和比较 1965 ~ 2006 年间的 1537 份法定城市规划（Statutory Town Plan）和相关历史档案，在严谨的数量统计基础上，对香港的土地利用区划和开放空间发展进行了评价，有如下三个方面的发现：

a. 开放空间规划与实施情况的阶段性差别及原因。40 年来，政府实际管理的和规划权力机构区划时划定的开放空间数量有明显差别（图 2-27）。在 1977 年前，由于当时部分开放空间的开发早于地方区域的法定规划，政府实际管理的开发空间多于规划的开放空间。当时香港以开发式规划（development planning）而不是法定规划（statutory planning）为主，公共设施的发展基于非正式的行政规划而不是正式的法定规划。1950 年代之前，殖民政府优先发展密集型游憩（mass recreation），强调土地短缺和经济地利用，很少将城市土地作为公共游憩场地。1950 年的城市议会（urban council）接管原先由公共事业部门（public works department）负责的公园和游戏场，政治改革的需要使得城市环境和公共卫生逐渐受到重视。从 1952 ~ 1973 年，民选的城市议会议员由 2 位增加到 12 位，议会中的民主声音加强，他们向政府呼吁更多的公共游憩用地。1973 年后，城市议会拥有了更多自治权和民主，尽管无法改变政府主导的局面，但在空间规划和土地使用上可以对政府施加相当的影响。1995 年后两级议会（municipal council 和 regional council）议员不再由政府指定，全部由民选方式产生，因此议员们也更为努力地根据民众需求督促政府增加公共游憩空间。可以说，更多的自治权和民主，使得香港 1970 年代后规划的和实际的开放空间都有明显的增加。不过由于前面所说的香港城市规划实施的体系问题，已经实施的开放空间与规划开放空间一直有较大的差距，到 2002 年后这个差距才明显的缩小。

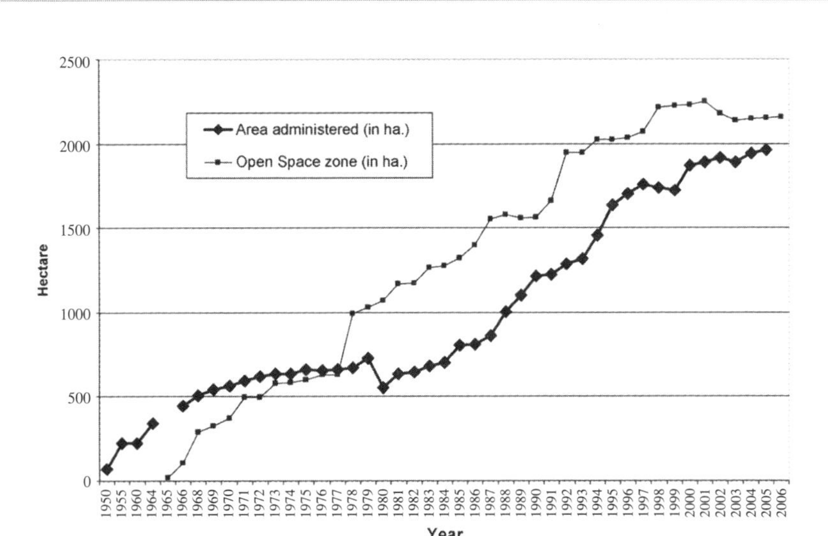

图 2-27　1950 ~ 2006 香港规划开放空间和实际管理开放空间比较

来源：（Tang and Wong，2008）

b. 影响开放空间区划的地理分布和空间规划因素。在影响开放空间区划规划的地理分布方面，早期的城市议会导致了开放空间在五个区分布明显不均，都会区（MA）始终拥有最多比例的开放空间。从总量上看，虽然开放空间绝对数量增长，但是占全港土地利用的比例却从 1965 年的 9.8%下降到 2006 年的 3.9%。这说明虽然法定规划的土地更多，但开放空间的比例却越来越少，全港五个区都是如此，新的城市化区域如新界的西北和西南部分尤其如此。城市规划中非常强调土地的稀缺性，开放空间减少也因此被看作城市开发中不可避免的后果。1981 年政府批准的香港规划标准和导则（The Hong Kong Planning Standards and Guidelines），要求每 10 万人都市区和新界分别拥有 15 和 20 公顷开放空间，虽然编制者认为这个标准偏低，但考虑到中央财政预算和政策制定影响，对这个低标准能否足额实施仍不乐观。为了避免开放空间过于缺乏，规划师不得不利用一些非建设土地来安排一些游憩休闲功能，如原本作为隔离城市蔓延仅允许少量静态游憩的绿带（green belt）被占用，导致其比例从 1970 年的 34.3%下降为 2006 年的 25.3%。

c. 在实际的土地分配过程中开放空间与其他土地利用相比也处于不利地位。通过比较土地利用区划中居住用地、政府机构与社区用地、道路用地与开放空间在过去 40 年中的关系可以清楚地发现，每公顷居住用地中，道路用地比例日益增大，开放空间则成相反的发展态势。居住用地可以增加政府财政收入，规划师们倾向于提高道路用地比例以支持住宅开发，对政府而言是财政负担的开放空间发展则受到冷落。除规划指定外，规划权力机构对于土地利用区划的历次修改也导致绿带面积的愈来愈少。因此开放空间面积虽然有少量增长，但与其他营利性土地相比却是微不足道的。

综上，香港公共空间的不足可以归结为很多历史、政治和行政因素。政府部门履行职责的低效和缺乏公示，优先开发的指导思想、土地财政追求利润最大化以及城市空间私有化，都使得公共开放空间的发展在法令规划体系和土地分配过程中受到歧视。

（2）北京第一层绿带的研究（Yang and Jinxing，2007）

北京是一个典型的圈层状布局的城市，绿带成为限制城市无限制蔓延的主要物质空间形式。杨军等（2007）梳理了北京大绿带规划意图、实施和管理机构，并采用遥感图片和规划资料对照的方法分析了北京第一道大绿带 20 年来的形态演变，评价了该绿带在遏制城市蔓延中的作用（图 2-28）。

北京城建成区的面积从 1954 年的 87 平方公里增加到 1983 年的 371 平方公里，到 1993 年为 397 平方公里。早在 1958 年北京城市总体规划总中，就有建设绿带的设想，随后多期的规划也都提出建设绿带。在 1993 年通过的总体规划中，第一圈大绿带的位置与 1983 年版相同，城市用地中约 140 平方公里为绿地，其余为建设用地和农田，1993 版规划还确定了第二圈大绿带位于五环之外，使北京城规划区与乡村充分隔离。

绿带的建设始于 1986 年，但是由于缺乏规划收效甚微，到 1994 年仅 20 平方公里的绿地建成，占规划绿带面积的 8%。北京政府因此下达 7 号行政命令，要求 2000 年前建成 140 平方公里绿地。该法令还规定了将农田转变为绿地和农民安置政策，每公顷农田农民可获得 6 万 ~ 7 万元人民币的一次性补偿，如承担树木养护工作每年还可再获得 1500 元补助。为了弥补这个较低的补偿额度，政策规定农民可以将土地卖给开发商。在保证三分之二土地用于绿化的前提下，开发商可以将剩余土地用于地产开发，其中部分用于安置农民，地产开发的税收部分则用于赔偿农民和绿地养护。

在 1998 年的土地调查中，第一圈绿带规划区中建成区面积达到 49.1%，农田占 25.6%，而绿地仅占 15.8%，其他用地如鱼塘占 9.5%。按此现状，只有将建成区和农田全部转化为绿地（100 多平方公里）才能实现 1993 年的总体规划目标。迫于现实，北京政府于 2000 年发布 12 号行政令，将规划绿地减少为 125 平方公里，并在 3 ~ 4 年建成 60 平方公里的绿地，此外还出台了更为细致的迁移和安置农民的措施。到 2004 年，第一圈绿带内有 102 平方公里建成绿地，2000 ~ 2004 年间种植树木 2300 万株，政府宣称种植任务基本完成。

杨军等在遥感图像解译后发现，第一圈大绿带并没有阻挡中心城的蔓延，1992 年尚有 7 个城郊建成区与中心城区分隔，到了 2002 年所有 10 个城郊建成区都与中心城连片，到 2005 年，这些城郊建成区还继续向乡村蔓延。1992 ~ 2005 年第一圈绿地中树木覆盖和建成区增加，而农田和水面减少。如果将水面、乔木覆盖和草本全部算作绿地，2005 年绿地总面积仅 96 平方公里，仅占到绿带范围的 40%。第二圈绿带也出现建筑增加、树木减少的情况（表 2-9）。

图 2-28　北京第一圈大绿带规划和遥感解译结果

来源：（Yang and Jinxing，2007）从左往右依次为规划绿带，1992、2002 和 2005 年 TM 影像解译

北京第一圈和第二圈大绿带地表覆盖在 1992，2002 和 2005 年的变化　表 2-9

土地覆盖情况	第一圈大绿带			第二圈大绿带		
	1992	2002	2005	1992	2002	2005
农业用地 %	15	10	8	19	21	18
裸土%	8	5	4	9	7	6
建成区%	39	51	49	13	22	26
草本覆盖区%	17	18	20	28	28	29
树木覆盖区%	14	13	18	25	18	18
水体%	6	3	1	6	4	2

来源：（Yang and Jinxing，2007）

杨军等认为造成该绿带失败的主要原因如下：

a. 没有合理预测城市发展速度，绿带规划建立在对城市增长的错误预测上，由于对人口自然增长和流动人口考虑不足，预测人口总是显著低于真实人口。在 1998 年人口就增长到预计的 2010 年人口，而 2000 年的真实人口比预测多 382 万人。人口密度非常高的城区无法容纳新增人口，解决土地短缺的唯一途径就是向农村蔓延，绿带规划也因此屡经修改。由于绿带边界可以随意划定且缺乏真正的空间屏障，导致规划绿带经常被新的开发侵占。

b. 没有考虑绿带地段当事人的利益，缺乏关键利益相关者的参与。北京绿带施行的行政框架采用自上而下的行政指令方式强制执行。绿带政策对居住其中的 88 万农民的利益影响最大，但是他们在决策过程中被完全排除在外。第一道大绿带的建设剥夺了他们赖以为生的主要资源。允许农民将土地卖给开发商也成为绿带规划的政策漏洞，由于快速发展和人口增长，北京的地价一直快速增长，2004 年超过 2000 万元每公顷，所以农民和开发商常常会合作进行更大面积的开发，基层城府由于可以增加税收也默许这种做法。所以在卫星图片上可以看到 1992 到 2005 年间，建成区明显增加，绿地仅占绿带的 40%。如果在规划方案时有农民参加，对农民有充分的补偿机制，且让周围受益的市民承担部分费用，结果可能会大不相同。

c. 绿带功能过于单一，从规划和实施看，过于强调隔离城市区域的作用。按照设计，绿带是围绕四环的限制地带。为了保护土地，绿带可以与积极的功能如游憩和保护结合；单纯的消极限定无助于消解开发的压力。倘若能让居民受益，政府更注意积极功能，那么侵占绿地的开发开发自然会减少一些（Kuhn M，2003）。

北京第一道绿地的案例说明武断的边界划分如绿带难以控制城市的蔓延，城市绿带的功能不应仅仅停留在限制城市发展，其他的功能如保护农田、提供游憩资源等也应受到重视，当绿带用作控制城市蔓延时，应该有与之整合的社会、经济措施相配套。

（3）韩国绿带政策研究（丁成日，2005）等

韩国的绿带政策被公认为是失败的，在实施后造成了诸多的城市环境和社会问题，根源在于这个政策建立在相互矛盾的英国规划体系和美国区划条例上，Park（Park，2001）、丁成日等（2005）对此进行了详细的政策分析。

韩国当代的规划体制源于 1934 年日本殖民者制定的用于控制汉城地区发展的规划法，这个规划法令的基本思想是区划（zoning）。1962 年韩国中央政府开始了第一个五年经济发展计划，为控制城市的无序发展并提高土地利用效率，其所制定的第一部城市规划法借鉴西方的土地利用分区系统。五年经济发展计划造成大量农村人口迁向城市，到 1960 年代末时汉城人口从 300 万增长到 500 万。为了控制城市无序增长，保护城市环境，防止土地投机和安排军事用地，韩国政府于 1971 年修订城市规划法，颁布了绿化带法案（RDZ）并予以实施。绿化带法令禁止绿化带内任何土地用途的改变，在没有相关政府的批准下，任何人也不能在绿化带擅自进行任何建设工程，包括重建或改变现有建筑的结构（丁成日，2005）。绿化带的划定有 7 个原则：

a. 绿化带必须高于海拔 100 米；b. 一些低于海拔 100 米的区域也可以包括在绿化带中，这些区域主要用于保护农业用地；c. 绿化带包括安全和军事用地；d. 绿化

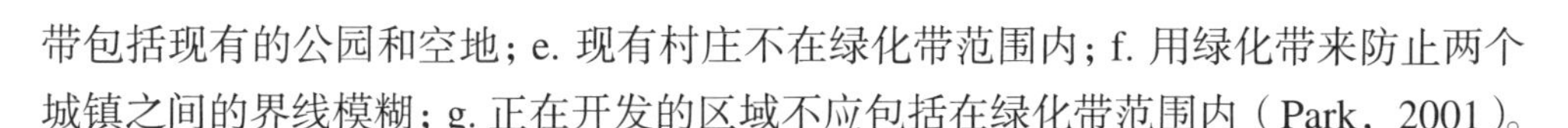

带包括现有的公园和空地；e. 现有村庄不在绿化带范围内；f. 用绿化带来防止两个城镇之间的界线模糊；g. 正在开发的区域不应包括在绿化带范围内（Park，2001）。

法案制定后两年，14 个城市先后设定了绿化带。绿化带的总面积达 5297.1 平方公里，大约占国土面积的 5.4%。在首尔，绿化带占可开发土地面积的 50%，但实际上绿化带内“绿地”的成分仅为 61.6%，反而小于全国土地中绿地的百分比 66%。绿化带绝大部分土地（77.6%）为私人拥有，只有 20.4%属于国有。一共有 742000 名居民居住在绿化带内，占全国人口 1.6%（丁成日，2005）。

绿化带的划定使得绿化带内的生态环境多年来得到保护，很多环保组织也认为该绿带作为重要的自然资源具有宝贵的价值。但绿化带政策造成了很多问题，因此被公认为一个失败的政策，体现如下：

a. 绿化带未能控制城市的蔓延扩张，还造成了系统性的资源浪费。由于绿化带的限制，新的城市扩张采用蛙跳开发，在城市周围形成交通分散的多个卫星城市（Gallent and Kim，2001）。由此带来延伸交通的基础设施费用、交通距离和时间的延长以及严重的空气污染。此外由于布局分散，工商业缺乏集聚效应也带来自然资源的浪费。绿带之外的土地资源无序开发，很多森林被砍伐，成为住宅和商业用地。

b. 绿化带同时造成土地价格昂贵和平价房屋短缺。绿化带减少了可开发的土地面积，如汉城周围 50%的可开发土地被划做绿化带。而非绿化带的空地开发压力大增，造成高密度开发和城市拥挤。此外，农村廉价土地供应也由此出现短缺（Park，2001）。

c. 绿化带政策造成了社会不公，剥夺了个人的财产权，破坏了市场的开放性（Gallent and Kim,2001）。绿化带的划定未经任何地方政府和居民意见征询的程序，居民对其土地被划分在绿化带内一无所知。由于限制开发，绿化带内的土地价值远比绿化带之外的土地价值低，平均约为 40%，房屋价格普遍偏低。

在韩国，土地所有权是个人集聚私有财富的重要手段，这种划分方式导致很多土地所有者一夜之间财产损失严重，但绿化带内居民的损失并没有得到任何补偿，由绿化带政策获利的则是绿化带之外的地产业主。

d. 绿化带并未有助于形成良好的城市边缘带形态，反而造成城市周围土地形态的支离破碎。绿带边界的确定是主观任意划定而没有考虑城市发展的压力，因此造成社区的分隔，往往保护的是生态环保意义不大的土地。由于植被覆盖率低，绿化带并没有很好地改善城市环境，而其外围在工业化和迅速的城市蔓延中，大片自然环境受到严重的破坏。

韩国的规划法采用类似美国的土地利用分区系统，只要开发计划符合分区规定，开发商无需批准就可以获得开发权。这种分区系统的初衷是界定土地开发以保护社会财富，避免无序开发如工业毗邻居住用地，造成空气污染、交通堵塞、噪音扰民和土地贬值。绿化带概念则是一个严格限制绿化带内土地发展的系统，这个系统与英国的规划体系非常像。英国根据1947年和1990年的城乡规划法，规定开发权和与之相连的价值归国家所有，即没有地方规划机构的批准，任何开发都不可以进行，开发获得批准土地开发的增值要部分上缴。这一系统给地方政府更多的权力。英国采用这种规划控制系统在于减少土地开发造成的土地价值不均、保护农村土地的开发、避免零散开发和保证城乡之间清晰的边界。韩国将英国体系中的规划手段应用在类似美国的土地分区规划框架的模式，其本身就矛盾重重（丁成日，2005；Park，2001）。韩国绿带政策的失败从规划体系上可以归结为将两个完全不同的框架的随意嫁接（Town and Country Planning Association，1999）。

当然，绿带政策的失败还有更为深刻的社会背景，也就是其得以形成并实施多年的根源。Park认为由于1910 ~ 1945年日本殖民的统治导致韩国的现代历史与过去脱节，即韩国社会主要由贫困的农民和极少数的中产阶级组成。缺少中产阶级意味着韩国社会没有机会建立自有的政府和立法体系，也没有足够的时间建立政府和民间畅通对话的社会机制，由于政府和立法体系引自西方，因此产生了殖民系统和西方系统混合的立法体系。民间力量的微弱，导致军政府可以独掌大权，绿带内的居民无法发出反对声音。直到1980年代中期，中产阶级的崛起和公众觉悟，韩国宪法修改，决策机制才趋于民主化。在1997年金大中为获得选民支持，誓言取消绿化带。绿化带内的人口已从1979年的124.6万人锐减到1998年的74.2万人。到1999年7月，突破以往绿带改革的法案出台，在进行详细评估的基础上，取消和放松了一部分绿带，重新划定了边界，采用利润收缴和经济补偿来分配由政策造成财富变化，保护自然资源等措施（Park，2001；丁成日，2005）。

对政策有效性（policy effectiveness）的评价涉及很多方法论层面的难题。政策评价在发达国家中对规划实践产生了重要的影响，其多角度的分析还促进了新规划思想和方法的出现（Laurian et al，2010），例如美国部分地区尝试开发权转移（Transferable development rights）以保护开放空间（Machemer，2006）。如何平衡经济发展和环境保护间的矛盾，如何尊重私有财产利用市场经济的手段来实现公共利益，虽然超出了规划设计领域的传统议题范围，但却是一个与开放空间可持续性密切相关的系统性问题。

2.5.2 服务水平与环境公平

城市公共设施服务的有效性也是评价公共政策成败的重要参考，对以公园为代表的开放空间而言，总量和人均指标（如公园面积、公园占地比例和人均公园面积）无法反映公园布局的合理性，更为精确的服务水平分析应该考虑城市公园的容量和性质、等级组合与空间布局、道路和交通方式等因素。如果考虑到公园使用者的性别、年龄尤其是收入、阶层和族裔，服务水平的差异问题还可以上升到社会公平的高度。自 20 世纪末，随着空间分析技术发展和基础数据完善，开放空间服务水平和公平性研究有了长足进展。开放空间布局的公平问题在过去十年中引起了国际社会的广泛关注，城市规模扩大、交通方式复杂，以及居住分层和隔离现象严重等所造成的开放空间分布不均在现代社会中日益成为城市政策分析者的重要议题。

（1）首尔城市公园的服务水平研究（Oh and Jeong，2007）等

韩国首都首尔的面积约 606 平方公里，2002 年时人口约 1028 万。首尔的城市公园面积 158 平方公里，如果采用公园面积比例（26.02%）和人均公园面积（15.25 平方米）指标来衡量结果是非常理想的。1991 年时，Ahn 等曾经以 GIS 的缓冲区（buffer）方式分析了首尔的绿带、河湖对于居住区的可达性，研究结果表明从居住区往外缓冲直线距离 700 米范围内覆盖了首尔 98.6%的开放空间，从这个角度看首尔的开放空间是非常充裕的（Ahn et al，1991）。实际上大部分公园都分布在外围区域，使用率很低，因此这种采用直线距离衡量公园服务范围的研究方法并不合理。基于面积指标的统计数据和实际情况的悬殊差异主要来源于公园布局的不合理。

为了更精确地衡量公园布局的合理性，Oh 等（2007）提出以公园布局的指标和可达性为基础的公园服务水平度量方法，包括公园服务面积与非服务区面积的比例（service area ratio）、公园服务区的人口占总人口比例（service population ratio）以及服务区范围内建筑面积与建筑比例（service floor area ratio），后者用来衡量商业区的公园服务水平。

在基础数据处理中，Oh 等采用基于路网和通行时间的可达性分析。以公园为中心，步行路线为网络路径，节点为路径的交点，并且根据路线的情况（如步行道、十字路口、地下过街道和行人天桥）设定了阻力值（impedance）。通过阻力的定义以更精确地计算步行者通过不同路径的时间，步行速度采用 1 米 / 秒，对过街天桥、地道和红绿灯也赋予额外的通行时间。由于平均道路宽度为 20 米，因此对线状的网络进行 20 米的缓冲，作为公园服务区。居住区公园的服务半径为 1000 米，作者将其转化为时间。在此基础上，采用 GIS 的网络分析模块分析公园的可达性和服务水平。

研究结果显示，就服务范围而言，采用直线距离缓冲区（1000 米）的公园服务范围为 493 平方公里，占整个城市的 81%，与采用网络分析（1000 米路径）结果相差近一半，即使包括公园面积本身，公园服务范围也仅为 249 平方公里，占

整个城市面积的 41%（见图 2-29，图 2-30）。

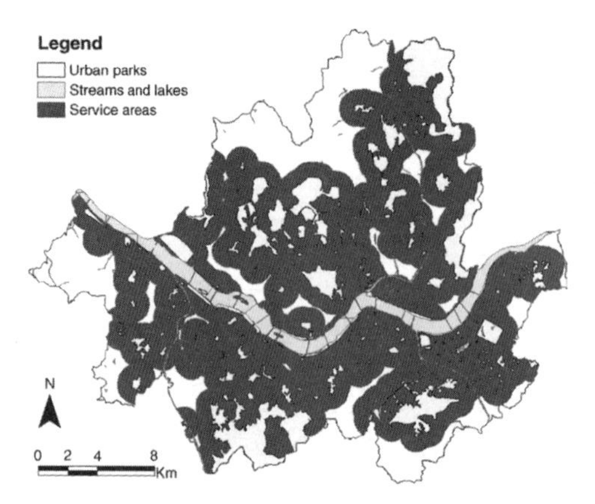

图 2-29 以缓冲区分析的公园服务范围
来源：（Oh and Jeong，2007）

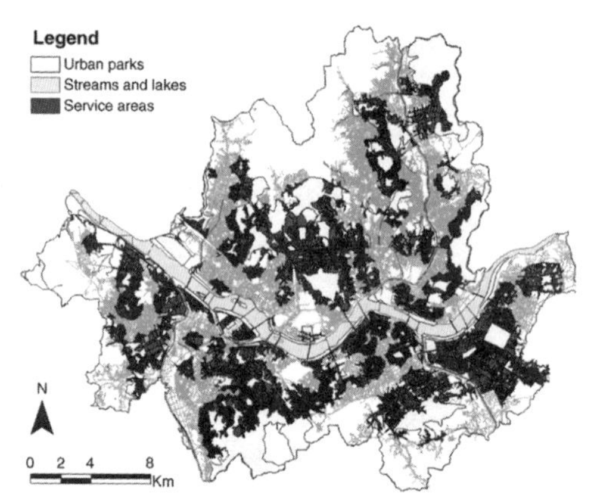

图 2-30 以步行网络分析的公园服务范围
来源：（Oh and Jeong，2007）

研究发现，基于网络的分析更详细地反映了公园的服务水平情况。服务面积比例和服务人口比例相关性较大，但是与公园面积比例和人均公园面积却没有直接关系，并存在明显的空间差异：东南区域的公园面积比例和人均公园面积虽然不高，但是服务面积和服务人口比例却是最高的，这与首尔 1970 年代政府采用的中心城区人口疏散政策有关，很多教育机构和公司从汉江（Han River）北岸迁到南岸。这也说明了公园的区位和布局的效果的重要性不亚于公园的规模，分布平均的小公园对于增加居民的可达性具有极大的助益（McAllister，1976）。

鉴于邻里公园（neighborhood park）对于社区的重要性，作者专门对邻里公园（即剔除了大型公园）的服务范围进行了分析，发现在北部和南部的居住区，由于快速路阻碍了居民与汉江的联系，大约一半的居民无法从其邻里公园受益，未来社区公园的建设应该优先在这些地方进行。

从 Oh 等的空间量化研究可以发现，首尔的城市公园布局并不合理。城市北部的公园服务水平问题尤其多；南部区域的汉江对居住区和商业区的公园布局以及其服务面积起到积极作用，城市公园布局存在着区域性的不均衡。

Oh 提出的分析方法考虑了公园位置的实际分布和人口、土地利用和开放密度情况，突出形态布局的空间效应以及居民的位置和出行情况，为更精确地评价城市公园的空间布局和合理布局提供了参考。

（2）洛杉矶公园布局公平性研究（Wolch，Wilson，and Fehrenbach，2005）

上述对韩国首尔的分析详细地计量了与公园布局、交通网络造成的空间不均衡，如果再考虑空间的社会属性，如从收入和种族等因素考虑，还可以对公园布局的公平性进行更为细致的分析，这在美国等种族和贫富差距问题较为突出的国家尤为重要。

在美国，环境歧视在过去十年中引起了广泛的政治和社会关注，并由此引发一系列强有力的社会活动以改进环境公平。1994 年，克林顿总统颁布了 12898 号法令（Executive Order 12898），要求所有的联邦土地管理部门在进行决策时必须考虑环境公平问题[1]。

洛杉矶是美国种族问题非常突出的城市，环境不公平是其反映之一。1965 年 8 月 11 日到 8 月 15 日的暴乱造成 32 人死亡，1032 人受伤，3438 人被捕以及 4000 万美元的经济损失[2]。联邦政府 1970 年对暴乱原因的调查发现，各种形式的社会不公是基本原因。在洛杉矶，公园和开放空间的可达性差异非常显著，不仅涉及不同族群（subgroup）在公园和开放空间可达性的不均等，还涉及源自有色人种社区由于物质空间和经济特征导致的不公平的游憩机会。大部分有色人种聚居区为缺少私人花园的多户建筑，而居民绝大部分没有财力在个人休闲和游憩上消费（如高尔夫、游泳、网球俱乐部、健身馆等）。

为了认识公园分布的不公平，Jennifer Wolch 等提出公平性分析（equity-mapping analysis）的方法，她结合公园布局、人口统计数据（图 2-31 ~ 图 2-32），以 GIS 为平台分析了洛杉矶不同族群、阶层到达公园的距离，以及政府近年来在公园投资上的空间布局。研究表明公园的可达性上存在明显不公，而政府投资更加剧了这种不公（Wolch，Wilson，and Fehrenbach，2005）。

从图上可以看出，白人聚居区域的公园可达性明显地高于其他族裔聚居区（图 2-33 ~ 图 2-36），平均达到每 1000 居民拥有 17.4 英亩公园，每 1000 儿童拥有 95.7 英亩公园。她的研究还发现，低收入家庭可以享用的公园资源比高收入家庭要少得多（表 2-10）。在 1990 年家庭年收入低于 20000 美元的 150 个人口统计区中，23 万名儿童中仅有 30% 的儿童可以较方便到达公园，而 16 万儿童则不享有这种可达性。平均而言，低收入家庭人均享有不到一半的城市人均公园面积（1.6 英亩公园每 1000 儿童）。在有 40% 人口（总共约 20 万居民）低于国家贫困线的社区，每千人仅拥有约 1 英亩的公园、每 1000 儿童拥有 3 英亩的公园，而极端贫困区的（总共约 30 万居民）情况更糟，其中 20% 的穷人无法方便地到达公园。与之形成鲜明对比的是，年收入 40000 美元以上的家庭则享有公园指标很高（每 1000 儿童拥有 109 英亩公园）。

[1] http://www.epa.gov/fedreg/eo/eo12898.pdf

[2] http://en.wikipedia.org/w/index.php?title=Watts_Riots&oldid=565331977

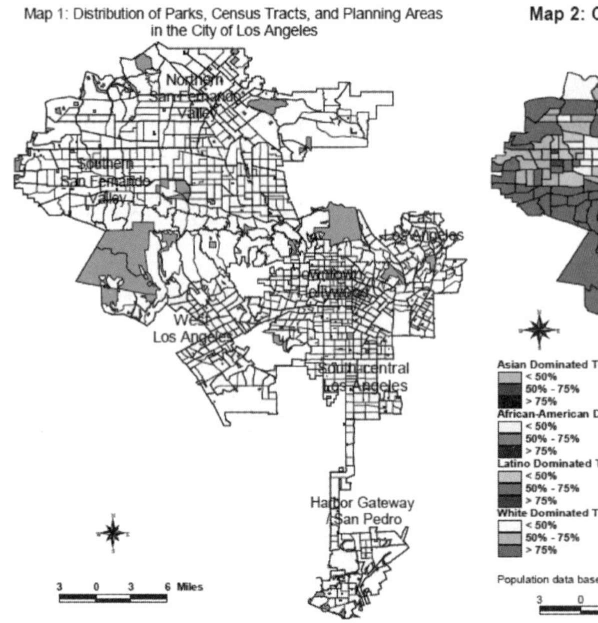

图 2-31　洛杉矶公园布局和人口统计区划分

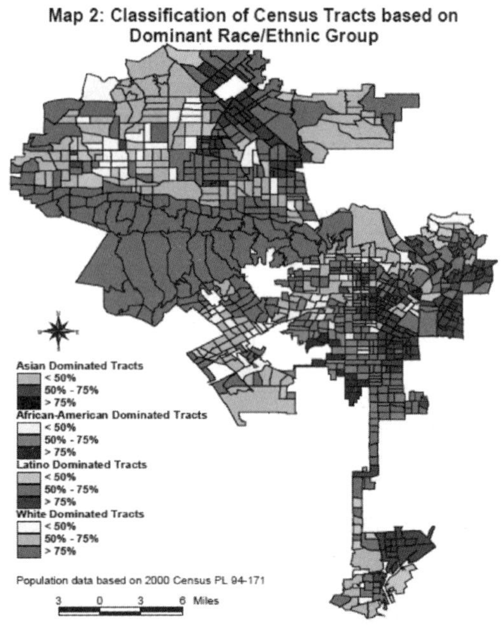

图 2-32　不同族裔主导的人口统计区

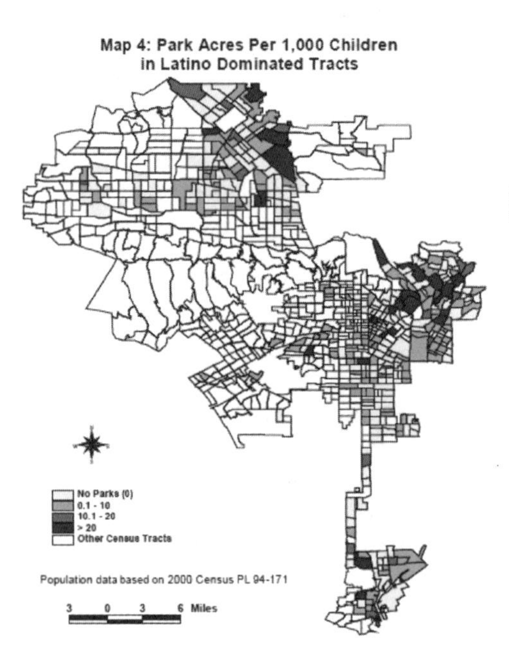

图 2-33　拉丁裔为主的统计区中，
每 1000 名少儿拥有的公园面积

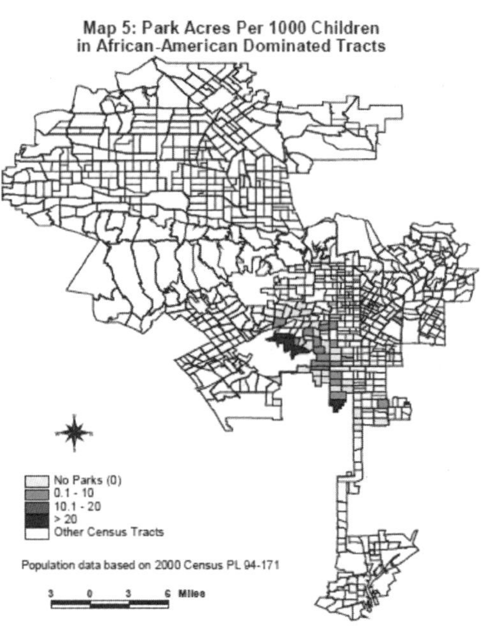

图 2-34　非裔为主的统计区中，
每 1000 名少儿拥有的公园面积

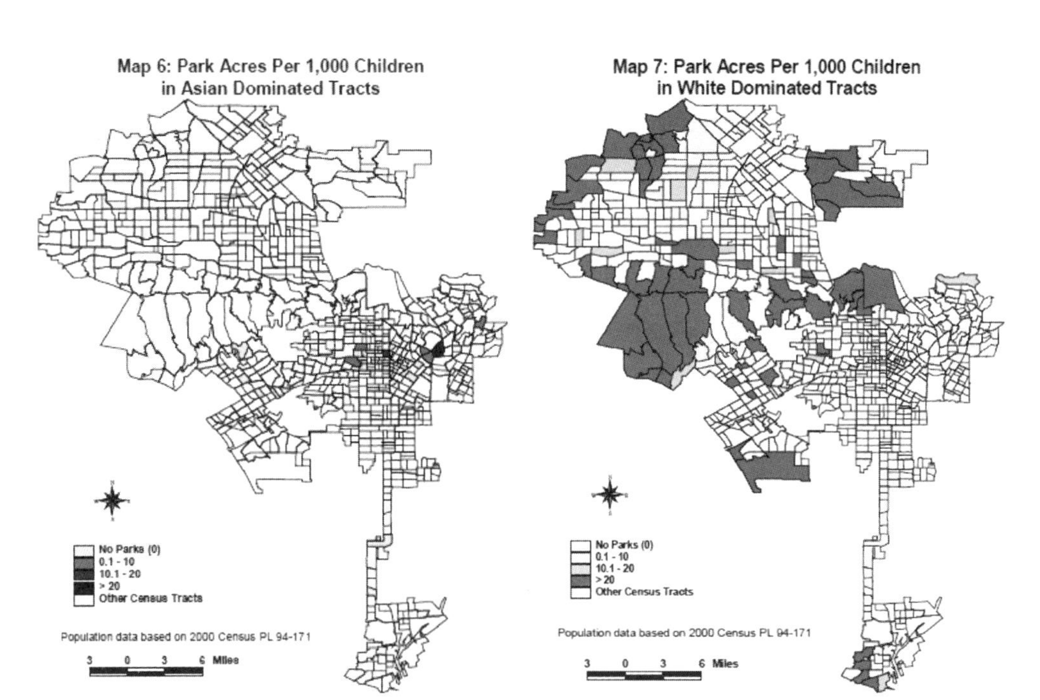

图 2-35　亚裔为主的统计区中，每 1000 名少儿拥有的公园面积

图 2-36　白人为主的统计区中，每 1000 名少儿拥有的公园面积

图 2-33 ~ 2-36 中，四个颜色等级由浅到深颜色深分别代表无公园分布、公园面积 0.1 ~ 10 英亩，10.1 ~ 20 英亩和大于 20 英亩，白色代表其他族裔人口统计区

来源：（Wolch，Wilson，and Fehrenbach，2005）

洛杉矶社会经济情况与公园可达性　　表 2-10

		位于公园 0.25 英里缓冲区内的人口	位于公园 0.25 英里缓冲区外的儿童数量	公园面积（英亩）/千人	公园面积（英亩）/位于 0.25 英里缓冲区内人口	公园面积（英亩）/位于 0.25 英里缓冲区内 18 水以下人口
1990 年家庭收入中位数	>$40，000	20.8%	136，595	21.2	102.9	517.0
	$30 ~ 40，000	20.4%	146，679	5.9	28.1	129.6
	$20 ~ 30，000	27.7%	195，991	1.4	5.0	17.7
	<$20，000	29.9%	160，353	0.5	1.6	5.2
1990 年贫困人口百分比	<10%	21.4%	172，353	18.9	86.8	451.5
	10.1% ~ 20%	20.6%	175，293	1.9	9.2	39.1
	20.1% ~ 40%	29.2%	250，772	1.2	3.9	12.8
	>40%	36.5%	40，802	1.0	2.8	7.7
汇总		24.8%	639，618	7.3	29.6	113.1

来源：（Wolch，Wilson，and Fehrenbach，2005）

Wolch 等认为，导致这种不均等和不公正模式的原因是历史性的。洛杉矶曾经规划为低密度住宅为主的城市，且每户都有私家花园，大规模的中密度多户住宅往往建在市中心。开发商不愿意留出用地作为开放空间，因此政府曾留出相当数量用地作为开放空间和公园游憩项目，尽管这些旨在改进公园布局以及保护城市边缘带海滨、山体的开放空间规划在 20 世纪初就开始实施，但最终以失败告终。随着城市扩张和人口密度增加，公园和游憩设施在低收入有色人种社区的贫乏日益加剧，这也是 1965 年暴乱的原因之一，并且这种情况在此后也并未明显改善，Jennifer Wolch 的研究还敦促规划部门对这种不公平的潜在危险予以重视，并建议在缺乏公园用地的情况下，可以结合空地、废弃河床等开放空间来改善这种不公平（Wolch，Wilson，and Fehrenbach，2005）。

以上几个案例研究表明，对开放空间的研究需要与其他类型的用地、人口分布等相联系，空间数据的整理和分析是理性研究的重要基础，政策框架、绩效评价和布局合理性都与形态研究密切相关，这些研究将形态与公共政策结合，为理解影响形态的因素和形态导致的多重结果提供了新的切入点。

2.5.3 城市管理中的视锥控制与视线分析

城市的风景规划起源于规划控制，为了保证广场得体的尺度和围合感，广场周围的建筑高度和体量往往需要精心设计。这些控制规则和设计导则着眼于城市风貌尤其是特色景观的保护，对于当代西方城市的开放空间布局也产生了影响。开放空间由于其开敞的视觉特点，常被作为重要的观景点、景观以及纪念物的背景，因此很多相关的规划和管理规定都与开放空间有着密切的关系。

英国的景观规划源于 1938 年对圣保罗大教堂以及伦敦大火纪念碑周边建筑高度的控制。伦敦眺望点（眺望点大多为标高相对较高、公众可达性好的公园、山体等场所）观赏到的景观，被称为战略性景观（strategic view）而加以保护的有 10 多处。战略性景观在英国被看作是国家重要的风景资源，其保护工作始于 1992 年。规划管理部门通过对眺望点及眺望对象的建筑高度控制进行风景保护，针对各景观具体设定以下 3 个分区：a. 景观视廊（view corridor），指眺望点与设定宽度为 300 米的地标之间的连接区域；b. 广角眺望周边景观协议区（wilder setting consultation area），指各眺望点设定的眺望边界两端点与对象地标左右两端连接构成的内侧区域；c. 背景协议区（background consultation area），从眺望点所看到的对象物背景所在区域。距离背景的深度各眺望景观有所不同，一般设定为 2.5 ~ 4km（图 2-37，图 2-38）（西村幸夫、历史街区研究会，2005：22）。

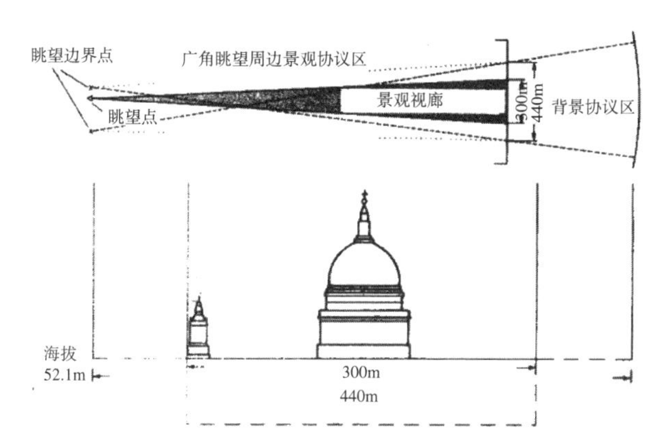

图 2-37　伦敦战略性眺望景观的规划控制区

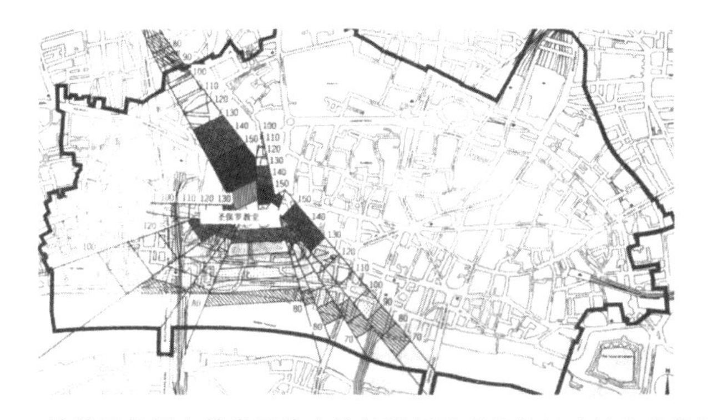

图 2-38　伦敦圣保罗大教堂周边实施的眺望景观保护的建筑高度控制图示

来源（西村幸夫、历史街区研究会，2005）

1993 年 1 月 8 日，法国的风景法（loi paysage）明文规定考虑风景为法定城市规划——“土地占用规划”的义务。在巴黎的土地占用规划说明书中明确“巴黎的景观是首都的本质特征之一。……巴黎的这种大规模的和重要、甚至是一种绝无仅有的特征，必须得到有效保护和利用”。巴黎将对纪念物景观分为三类，以不遮挡眺望景观视线为前提，根据不同类别对其前后区域内的最高高度加以分等级限制，并限定墙面位置线。截至 1999 年，巴黎市区已经划定 45 处景观保护点的纺锤形控制区。在巴黎的土地占用规划（POS）中所列举的纺锤形控制区总图，充分体现了由纪念性建筑构成的巴黎城市景观系统（周俭、张恺，2003；西村幸夫、历史街区研究会，2005：9，53，45，46）。

法国的纺锤形控制，就是在具有特别意义的景观中，防止障碍建筑侵入的控制方法。如果针对某历史纪念物，即以某一眺望点观察到的景观为保护对象，力求阻止损害该景观的建筑出现在其背景中。因此，将建筑体积放到由建筑屋脊线两端与眺望者构成的两直线形成的平面与其在地面的投影所组成的立方体，即纺锤形透视体即可（图 2-39）。1995 年《土地占用规划与景观——法律篇》，国土整治、设施和交通部建筑城市规划局规定了纺锤形控制在如下情况有效：

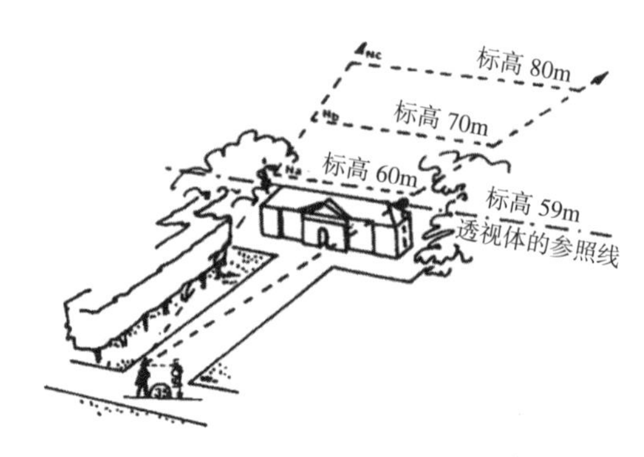

图 2-39　保护眺望景观的纺锤形控制

a. 从固定点或线形移动等可能的眺望点观赏到的全景视点景观的保护；

b. 对从各个眺望点所观赏到的远景的保护；

c. 为防止在历史纪念物的背景地带建造破坏其景色的建筑，而对其价值进行的保护。

巴黎市根据这些保护属性及景观的特殊性，采用了三种纺锤形控制（图 2-40）：远景（Perspective），指自一处或多处眺望点眺望历史纪念物或景观地，阻止景观障碍建筑入侵的纺锤形，通过纺锤形可对周围及其前景、背景进行控制；全景（points de vue），指在能望见历史街区，历史纪念物部分或整体景观的特殊地点设定眺望点，以保护眺望点与参照建筑群之间的前景为目的的纺锤形；在巴黎，眺望点主要设置于蒙马特勒山等山丘上，以俯瞰景观为保护对象，在开放空间的眺望点和纺锤形也对城市形态产生了影响；视廊即框景，指从一处或多处眺望点所眺望到的、街道及两侧街景所构成的峡谷般的景观，或是进一步在看到街景的同时所看到的历史纪念物或景观中“一部分”景观为目的的纺锤形，其特性基本上以参照建筑的前景为控制对象，且眺望点可以沿街移动（西村幸夫、历史街区研究会，2005：51–52）。

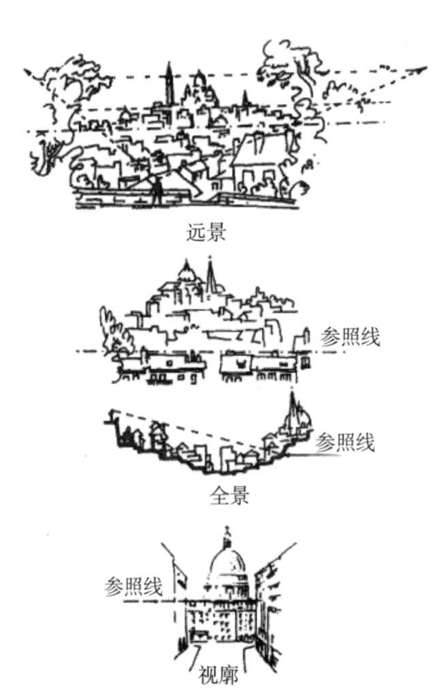

图 2-40　远景、全景、视廊的控制

1980 年代，意大利为解决日渐突出的环境问题，1985 年出台了《加拉索法》。时任文化环境遗产部副部长的加拉索提出不制定风景规划就不应进行开发的观点，并以 1984 年的部颁强制性条令为基础，制定了通常称为《加拉索法》（leggo Galasso）的法案。风景在意大利含义很广，包括所有可视物质和看不见的地下设施、动植物生态等综合环境整体。在贝加莫省和阿西西市制定的风景规划中，特别注意保护眺望景观，眺望点所在的地段为此受到严格的保护（西村幸夫、历史街区研究会，2005：68–69）。

在德语国家中，自然环境保护长期以来一直采用与城市规划不同的、相对独立的控制管理体系。近年来，重视农地、山林、绿带的保护，并与区域和城市景观的控制引导相结合这一趋势在德国、奥地利等国尤为显著。如德国在 1986 年的联邦自然保护法中规定，F 规划（即城市总规与风景规划）、B 规划（类似于修建性详细规划）与绿地整治规划的制定必须相互衔接。

德国除法兰克福等一些城市外，多依据历史上传承下来的人性化标准，严格控制建筑物的高度和体量。重视眺望景观和控制竖向高度的城市建设方式，在以平原地形为特色的德国北部城市风景中更为显著，如斯特拉尔松和吕贝克，在推进开发的过程中通过城市设计使历史文脉延续，优美的城市天际线受到了完善的保护。这种保护、改善城市眺望轮廓线的方法，是现今德国城市设计极为普遍的战略。

美国波士顿眺望景观的保护对策，特别要求确保与港口公园在视觉上的联系、确保重要纪念物的眺望景观，这种眺望规划的法律依据为地区区划修正案。在该法案中，为保持和保护历史街道的尺度、步行环境和历史建筑的品质，划定了 9 处保护区，均规定了建筑高度和容积率。

加拿大温哥华的眺望景观通过景观锥体（view cones）来实现，即从中心商业区南部丘陵地带，越过商业区能够眺望到北温哥华的天际线。蒙特利尔将曾经作为圣劳伦斯河上航标的皇家山作为城市天际线控制和眺望景观规划的基本参照。高层建筑的高度必须低于皇家山，并且高层建筑的天际线应与皇家山相协调。眺望景观中还包括主要街道与皇家山和圣罗伦斯河的眺望，大型开放空间成为城市形态控制的重要因素，也是城市意象的重要元素。

以上欧美诸国对眺望景观的保护包括对眺望点和地标景观之间范围的保护和由地标向外眺望景观的保护，力求保护代表城市特色的眺望景观，这些眺望景观保护区中大多涉及公园、广场等场所，因此相关的规划控制对开放空间的形成和保护产生了重要的作用。

2.6 多维视角的城市开放空间形态研究

2.6.1 多维视角的开放空间形态研究框架

随着城市化的发展，开放空间在现代城市规划中被赋予了丰富的内涵如保护自然、游憩、亲近自然、有益身心健康、社会交往、科学教育等。

开放空间的作用和价值有两个特点，首先只有当开放空间是置于城市环境脉络中才有意义，开放空间的作用只有通过其与周边环境的并置、对比才能显现出来。其次，对这些品质的认知、享用无法脱离使用这些空间的个体或群体及其感知、决策，因为这些感知因人而异，因阶层而异，因空间场所和时代而异（Lynch，1995）。开放空间的作用首先通过其物质空间形态来实现，并且这些特点随着社会的变化又反过来影响其空间、管理等。因此，我们应从城市的整体变化入手追溯城市开放空间物质形态的演变及其变化的驱动因子。

本章第1到第5节中概述了五个不同视角下有关开放空间的功能结构演变、外部影响因素、内在的物质与社会属性等，将开放空间置于一个多层面的语境下进行研究（图2-41）。借鉴与整合这些理论、概念和方法，有望形成一个新的综合多视角研究框架，以适用于我国本土城市开放空间形态研究。

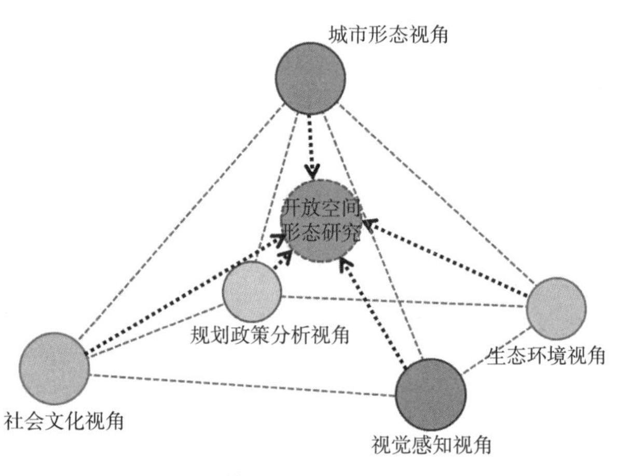

图2-41　开放空间形态与不同研究视角

如何将不同领域的研究综合成一个整体来分析变化中的城市开放空间，本文研究框架构建主要借鉴了形态学中关于形式、结构、功能的分析以及对局部和整体、演变过程的研究思路。而城市形态学领域的一些理论更具有直接的启发作用，如意大利地理学者Fairnell认为城市形态学研究对应着三个层次：第一层次，研究城市实体所表现出来的具体物质空间的形态，是现象的外观形式，这种思路属于描述性研究。第二层次，形态除了被看作是外观之外，还被看作是现象过程的产物，这种思路研究城市形态形成过程，属于成因性研究。第三层次，形态是主体、客体的历史关系所形成的，形态是观察者和被观察者之间关系的在历史演变中的累积结果，这个角度对应研究城市物质形态和非物质形态的关系，属于关联性研究（Sturani，2003）。借鉴Fairnell的理论，本文对城市开放空间形态研究从三个层面进行：

第一,是开放空间物质形态本身及其演变。主要研究包括界定开放空间的位置、边界、类型，以及其历时性变化，并尽可能总结出形态变化规律。此阶段描述性的研究主要基于历史事实，以精确地图和档案为依据，以精确的制图为主要成果，这也是其他关联性研究的基础。

第二，直接或间接导致开放空间演变的因素。演变是指新的开放空间实体的出现，新类型的出现或消失。当然，这些变化过程往往是渐进的、模糊的，如面积的减少、类型的转变需要历经时日积累才能引起质变。对城市开放空间而言，影响其演变的直接因素往往是政府的城市建设举措，其背后的经济、文化和政治因素也不可忽略。通过梳理演变因素，有助于透过表象发现影响开放空间变化的机制，以及人们所赋予开放空间的功能，从而理解形态过程的历史逻辑和社会背景。研究的切入点可以是不同时期城市规划决策中与开放空间有关的规划，不同时期的社会、文化、经济背景等。

第三，形态变化的结果推演。开放空间变化的结果包括多个方面如市民生活、城市景观、生态环境等。城市化过程中，开放空间的变化会产生很多环境效应。如开放空间的增减与交通、住宅分布等因素共同影响市民可达性，开放空间的变化可能导致栖地、生物多样性变化以及局地径流、微气候的变化等。对形态变化结果的分析拓展了我们对于形态的理解。对结果的分析与上述两个层面分析结合在一起，就可能促进我们更透彻地理解开放空间形态。

将形态、成因、结果三者作为串接不同视角的逻辑链，就可以将上述不同研究视角整合为相对完整的形态追溯、分析和解释的研究框架。

理解城市对应着描述性角度（substantive–descriptive），而规划城市对应着规范性和对策性的角度（normative–prescriptive）（Moudon，1992：363）。按照 Mondon 对研究视角的描述，本文整理的五个研究视角除了内容上的明显差别外，还暗含着从描述性和规范性上对开放空间的启发。社会文化、城市形态视角更偏重描述性，在规划管理方面如何进行实践操作并未有直接的启发，而上文中生态环境方面和规划政策分析尽管也是基于描述性的，但是与处方性的、规范性的实践有着更直接的联系，上文中感知与意象研究的几个方面则分别与描述性和规范性有较密切的联系。笔者也希望这个研究框架可以在完成描述性目的的基础上，对于更好的规范性和对策性的实践有直接或间接的作用。从形态、成因、结果这种逻辑关系和研究、实践两个层面看，这五个视角的研究可以整理如下：

（1）城市形态视角（表 2-11）

城市形态学的研究为开放空间提供了可以借鉴的背景知识和分析方法，如城市形态的整体演变、城市空间结构等，其研究思路中整体和局部结合、关注过程对于开放空间研究是一种深刻的启发。

城市形态学视角与开放空间研究　　表 2-11

议题	相关概念	研究方法归类	在“形态－原因－结果”中的位置	对开放空间研究和实践的启示（描述性和对策性视角）	研究数据、素材
形态复合理论	形态过程 形态复合体 形态基因	历史地理学，人文地理学	形态描述	●逐个地块研究以了解变化过程； ●结合周边地块整体地研究用地－风貌－格局的变化； ●城市风貌与形态复合体整体的关系 ●描述形态演变的制图和分析方法； ○规划建设中对形态复合体的整体考虑	地图、地籍等历史档案
类型过程	类型变异体 类型过程 城市肌理	建筑学（类型、历史），历史地理学	形态描述 原因分析	●城市由不同等级尺度的空间、构筑物组成，研究的分辨率与对应的概念 ●类型作为分析城市空间演变的途径； ●空间类型转变与社会文化演进 ○历史城市设计应遵从类型的历史特点	地图、地籍、建筑及场地平面图
边缘带理论	边缘带内蕴 建设周期	历史地理学	形态描述 原因分析	●大尺度开放空间与边缘带的空间形态规律 ●结合城市建设周期解释大尺度开放空间成因和转型过程 ●边缘带（包括其中的开放空间）作为生态或文化廊道的意义 ○对边缘带的保护	地图、地籍、社会经济数据

（●表示与描述性角度密切关联，○表示对策性角度密切关联，下同）

（2）社会文化视角

社会文化视角中，开放空间是城市公共生活的物质载体，是承载多元、重叠的社会文化价值的城市景观的重要媒介，其变化体现了人与自然、社会的关系。

社会文化视角下的公园、广场研究，揭示了社会阶段、生产关系与景观符号、空间理念传播对开放空间的研究，这种对社会、文化的分析为理解物质空间演变的社会动力和文化意义提供了解释（表 2-12）。

社会文化视角与开放空间研究　　表 2-12

议题	相关概念	研究方法归类	在“形态－原因－结果”中的位置	对开放空间研究和实践的启示（描述性和规范性视角）	研究数据或素材
公园的阶段类型	社会力量 模型建构 社会改革	韦伯社会学 社会历史学	原因分析	●美国公园形成的模型阶段与演变轨迹 ●现有公园是不同阶段模型的叠加和混合物 ●公园建设决策者、管理者与使用者对公园的不同认识	公园建设、使用档案，与社会背景有关的期刊、专著等

续表

议题	相关概念	研究方法归类	在“形态 – 原因 – 结果”中的位置	对开放空间研究和实践的启示（描述性和规范性视角）	研究数据或素材
广场的转变	景观与符号 景观价值 社会转型 公共空间私有化	人文地理学 社会历史	原因分析	●以景观为媒介和切入点认识空间所被赋予的符号意义 ●理解住区广场微观形态变化与社会转型 ●理解公园、郊区化在英国的形成及对现代城市的影响	与城市广场有关的历史档案、艺术作品与历史照片
文化传播与移植研究	文化传播 原型与变体	社会历史学，文化传播，跨文化比较研究	原因分析	●理解美国公园的扩文化传播过程 ●理解西方公共空间理念东方的传播和适应性 ●新空间理念移植与演变的社会因素、空间因素和文化因素分析	历史地图、艺术作品和文字记载

（3）生态环境

在生态与环境研究视角中（表 2-13），公园、水体等是城市生态系统的重要组成部分，对于城市建康有着重要的作用。历史景观生态研究通过考证、追溯地表覆盖和栖地类型的变化揭示人为环境对自然环境影响的过程和模式。微气候方面的研究揭示了开放空间与城市密集建成区模式所形成的微气候情况。在当前生态和可持续成为人居环境的重要议题时，这个视角的研究为描述城市化过程中环境变化提供了认识工具，也应在城市规划决策及其评价中起到重要作用。

生态环境视角与开放空间研究　　表 2-13

议题	相关概念	研究方法归类	在“形态 – 原因 – 结果”中的位置	对开放空间研究和实践的启示（描述性和规范性视角）	研究数据或素材
历史景观生态学	历史景观再现，景观异质性栖地连续性，生态恢复	景观生态学，历史生态学，恢复生态学，空间数据挖掘，空间分析	结果分析 原因分析	●追溯土地覆盖（包括开放空间）变化的模式 ●景观再现及现存环境形成过程解释 ●研究与再现历史景观的途径 ○生态敏感地区的识别和恢复途径	地图、地表覆盖数据，历史图片与文字记载、访谈等
微气候	微气候，空间形态，均质气候区	城市地理学 气候学	结果分析	●分析城市形态变化造成的微气候变化 ●城市建设与微气候变化 ●开放空间在微气候方面的作用 ○考虑微气候的城市规划	地图、地表覆盖和城市三维形态

（4）感知与意象

在感知与意象分析中，开放空间作为异质性的城市空间，对居民在密集城市建成区的感知起到调节作用。从空间序列角度进行的视觉连续分析为认识城市中虚与实的合理组织方式提供了一个简单而可信的方法；城市意象分析可以识别出市民感知的整体模式及基本元素，不同类型、尺度和功能的开放空间所关联的意象元素可以借此进行解读。结合空间分析技术的研究不仅提供了更加精确的方法，也为利用更多类型的数据提供了可能（表 2-14）。

感知意象视角与开放空间研究 表 2-14

议题	相关概念	研究方法归类	在“形态－原因－结果”中的位置	对开放空间研究和实践的启示（描述性和规范性视角）	研究数据或素材
视觉连续	视觉连续 节奏 渗透性	环境心理学 视觉序列分析 空间感知分析	结果分析	●分析城市形态对视觉感知的影响，空间节奏与不同尺度空间分析 ●城市空间的渗透性 ○规划设计时开放空间与其他空间的关系	实地调研与序列图像、地图
城市意象	城市意象	环境心理学 心智地图 问卷调查与访谈	结果分析	●分析城市形态与市民意象的关系 ●开放空间起到的作用 ○规划设计时开放空间与其他空间的关系	地图、受访者意象、城市空间结构
结合空间分析技术的感知分析	视觉感知 景观生态学 景观格局 空间句法	环境心理学 空间分析 问卷调查与访谈	结果分析	●市民感知对景观结构（植被情况）的感知，景观视觉属性与空间模式 ●开放空间在空间构形中对步行的影响 ○土地利用规划中，结合景观尺度形成积极有效的感知环境 ○结合开放空间与空间构形促进步行	地图、地表覆盖图、步行者分布、受访者感知、城市空间结构

（5）城市规划分析与评价。

在政策分析和评价中（表 2-15），既有对土地利用等的制度性、程序性因素分析以解释开放空间形态成因的研究，也涉及通过可达性、公平性来评价开放空间的布局。这些方面有助于我们弄清影响其布局的深层次机制，并通过可度量的指标来评价相关的政策。

城市规划分析、评价视角与开放空间研究　表 2-15

议题	相关概念	研究方法归类	在“形态－原因－结果”中的位置	对开放空间研究和实践的启示（描述性和规范性视角）	研究数据或素材
规划政策实施分析	公共政策	公共政策分析	原因分析	●现代城市规划语境下，理解开放空间形成、演变的直接原因	土地利用情况、城市规划、相关政策程序
环境公平分析	可达性 服务水平 环境公平	空间分析与统计	结果分析	●分析开放空间布局造成的结果 ○基于空间均衡的布局优化	地图、规划图、路网与公园布局、人口及收入的空间数据
风景管理与开放空间	视域保护 土地利用 天际线控制	空间视觉分析	原因分析	●理解历史保护区视线控制对开放空间的控制 ●开放空间与城市风貌的关系 ○历史风貌保护与开放空间结合	地图、规划政策、规程与导则、规划文本

需要说明的是，以形态－原因－结果这个逻辑链条来组织开放空间形态研究，是笔者根据文献阅读和专业实践进行逻辑推理的结果。一方面，期望可以采用多元且交叉的视角来认识开放空间形态、原因以及结果，具有理想化的成分，对于一个具体的城市展开如此多方面的研究需要大量的工作；另一方面，这个框架是开放性的，随着城市化的进行，新的问题和机遇会出现，每个视角的研究方法和深度、广度会更进一步，不同学科的扩展和交融，视角之间的交叉会更加频繁，当然还有其他前文未提及的视角或学科领域也会与开放空间研究形成联系。

2.6.2　基于历史地理信息系统的形态分析平台

近 10 年来，空间分析的思路和地理信息系统正从自然学科等扩散到社会人文学科。地理信息系统在推动社会科学与自然科学交叉以及社会科学内部各学科间的交叉领域研究方面中扮演了重要角色，因为 GIS 在整合、分析各种数据尤其是空间数据方面有独特优势（林珲、赖进贵、周成虎，2010）。对于城市研究者而言，地理信息系统最突出的优点是可以借助它精确地考虑空间和位置的影响，以地理学的角度去审视和发现空间问题，复杂的应用如空间统计学，简单如发现不同场所的变化。GIS 的这些优点对于认识和理解城市空间及其背后的其他因素提供了至关重要的工具和途径（DeBats and Gregory，2011）。

随着 1990 年后源于地理学科的 GIS 逐渐在历史研究领域发挥作用，结合时间维度的历史地理信息系统（Historical GIS）思想逐渐成形，并为众多人文、自然学科研究提供了新的契机。起到带头作用的是一些国家历史信息系统如 The US

National Historical GIS、The Great Britain Historical GIS，这些系统包括了随时间变化的空间信息如行政边界以及相应的人口等数据，通常时间跨度为两个世纪[1]。但小尺度的研究更容易往深度发展，如城市历史研究是最先与 GIS 结合并取得突出进展的，这是因为：首先城市历史研究一直有对地理要素关注的传统；其次是城市研究中往往给历史学家提供了丰富的空间信息资源如地图、地名、地方志和居民数据；第三，也是更为实际的问题是，城市区域尺度相对较小，因此研究需要的空间数据也就相对有限（DeBats and Gregory，2011）。

尽管在借助 GIS 进行城市历史和规划研究的成果在近 10 年来才初见端倪（A. Hillier，2010），但是其已经显现出强大的生命力。在 Web of Science 上以 GIS 和 urban planning 或 landscape planning、urban design、landscape architecture 检索可以发现相关的研究近年来呈现迅猛增加的趋势。2008 年后，结合 GIS 的城市历史研究的专著开始出现，如 Colin Gordon 的《Mapping Decline》（2008）、Jordan Stanger-Ross 的《Staying Italian》（2009），而 2011 年《Social Science History》期刊则出版了历史地理信息系统的专辑。这些研究证明了结合 GIS 对于城市和规划史研究者有着重要的价值：（1）形成关于空间的问题和概念；（2）形成对场地多重属性的发现，GIS 的附加价值主要在于可以结合多个特征（即属性 attribute）进行制图，从而将参考地图升华为专题地图。尽管专题地图几百年前就有，但是 GIS 可以使专题地图的制作和分析更为有效；（3）有助于识别空间模式；（4）使制图过程充满发现和形成有意义的知识。

常规的地理信息系统有两个要素，对象的属性和其空间位置，而现实中大部分对象还有第三个要素：时间。地理学者和历史地理学者如 J. Langton（1972）和 D. Massey（1999，2005）长期以来一直呼吁理解一个空间现象需要充分地理解上述三个要素的详细情况。Langran 和 Chrisman（1988）提出在很多情况下，度量这三个要素之一需要控制一个其他要素并固定第三个要素（表 2-16）（I. N. Gregory and Healey，2007）。

不同格式的地理数据 **表 2-16**

类型	固定要素（fixed）	控制（controlled）	度量值（Measured）
人口数据	时间	位置	属性
土壤数据	时间	属性	位置
地形图	时间	属性	位置

[1] http://www.hgis.org.uk/what_is.htm

续表

类型	固定要素（fixed）	控制（controlled）	度量值（Measured）
天气预报	位置	时间	属性
洪水	位置	时间	属性
潮汐	属性	位置	时间
航班	位置	属性	时间

来源：（I. Gregory，2007：8）

在传统地理信息系统中，时间是固定因素从而往往被忽略，而历史地理信息系统中增加了时间的度量，有助于更为清楚地理解场地变化的过程。历史地理信息系统的思想或体系是对场地的空间、时间和属性及其相互间交织作用的进行描述和解释的理想途径，因为如果仅仅关注空间容易忽略形成某种模式或形态的非空间因素，从而错失对过程和变化的洞察；如果忽略空间因素，仅仅注重时间和过程变化，容易想当然地认为变化在任何类型的场地都会发生而忽略场地特殊的空间属性（I. Gregory，2007：121）。

历史地理信息系统与传统地理信息系统最大的不同在于突出时间编码以及由此进行时间和空间信息的存储、查询和分析功能，虽然目前没有成熟的商用软件，但是很多欧美大学、研究机构结合现有软件开展了对历史地图的数据存档、分析、再现等科研工作和社会服务，如 Virtual Shanghai：Shanghai Urban Space in Time、Harvard World Map 等项目。

Langran 在展望历史地理信息系统的发展时，提出它应该能用于查询诸如“何时、何地发生”（where and when did change occur），发生了哪种类型的变化（what types of changes have occurred），变化的速率（what is the rate of change）以及变化的周期性（what is the periodicity of change）等问题（Langran，1993）。Peuquet（1994）提出 Historical GIS 的数据库应该能满足三类问题的查询：

（1）事物的变化，如其在最近两年中是否移动？它两年前的位置在哪？以及过去五年中，它发生了哪些变化；

（2）事物空间分布的变化，如土地利用的历史状况、在一定时间段是否发生变化，发生了哪些变化；

（3）多重地理现象在时间关系上的变化，如哪个区域在最近一周的暴雨中发生了滑坡？在新的支路修好后，哪些在新道路半英里范围内的农业用地发生了转变（I. Gregory，2007：126）？

可以看出这些设问以及对空间变化的描述方式与城市形态研究包括前文中 M.R.G Conzen 的制图方式非常接近，可以说在制图和可视化分析的思路上是一致的。受其启发，笔者认为在城市开放空间形态研究方面，以地理信息系统为工具、借鉴历史地理信息系统的思路将能更为透彻地分析如下几个问题：

（1）某时间段内，特定位置上用地是否变化，如其一直为开放空间，其属性或者说类型有没有变化；

（2）某时间段内，开放空间整体布局和具体位置上用地的变化情况；

（3）某时间段内，开放空间形态的局部变化或整体变化与周边元素的相关性，以及其演变轨迹；

（4）在哪些时间段，空间形态变化发生变化的频率较高。

以历史地理信息系统为数据平台，开放空间位置、周边环境，其历时性的变化及变化过程将通过精确的制图得以再现。上述四个关于空间形态的基本问题如能得到解决，其他相关的如议题如生态与环境效应、视觉与感知、环境公平等也可能被深入地分析和理解。

当然对一个城市而言，建立历史地理信息平台还有不少困难和挑战。第一，需要大量的时间建立数据库，前期工作量浩大，对我国而言，缺乏数据对研究者而言是短期内难以逾越的困难；第二，我国在基于 GIS 的应用社会科学研究（包括公共政策与规划）与国际上的先进水平还有比较大的差距，缺乏一个推动空间分析和 GIS 在人文与社会科学研究中应用的综合平台（林珲、赖进贵、周成虎，2010）；第三，GIS 中强调的量化（至少在空间上要明确位置）与一些人文学科如历史学科中与生俱来的不确定性难以统一，目前桌面地理信息系统软件缺乏记录不确定性的工具；第四，如何将非空间问题与形态研究或空间分析结合，也需要智慧和研究技巧，这些研究智慧和手段只有在具体的城市研究中才能得以进一步发展。

本章小结

要立体地理解城市开放空间演变，可以从开放空间客体、人类主体对其的感知和实践改造三个方面进行，扩展开来就是：开放空间的物质形式及其城市环境背景、开放空间的属性与功能、与开放空间有关的感知和体验、开放空间的社会文化过程、开放空间规划设计及实施。本章梳理了城市形态学、社会文化、生态与环境、感知与意象、城市规划分析与评价五个视角中涉及开放空间的实证研究的理论与方法，按照形态 – 原因 – 结果的思路形成一个多维视角的研究框架，并提出以历史地理信息系统作为开放空间形态分析的技术手段和数据平台。

第3章　南京城市开放空间演变历程（1900～2000年间）

3.1　南京开放空间历史背景

3.1.1　南京概况

南京位于经济文化发达的长江下游地区，现作为江苏省省会，是全省政治、经济、科教和文化中心，长三角经济核心区的重要区域中心城市，是国家重要的综合性交通枢纽和通信枢纽城市，也是国务院确定的首批中国历史文化名城和全国重点风景旅游城市，全市行政区域总面积6587.02平方公里，常住人口800万。

南京属北亚热带湿润气候，地貌特征属宁镇扬丘陵地区，由低山、岗地、河谷平原、滨湖平原和沿江河地等地形单元构成。地貌上形成宁镇山脉西端的三个分支：北支沿长江南岸向西延续，包括栖霞山—乌龙山—幕府山—狮子山，海拔130～286米；中支至南京城墙延伸入市区，包括钟山—富贵山—九华山—北极阁—鼓楼岗—五台山—清凉山，海拔32～486米；南支绕城东南部，包括青龙山—方山—牛首山—三山—云台山，海拔95～382米。

南京江、河、湖泊、沟塘众多，水域面积达11%以上。长江、秦淮河是对南京城市形成影响最大的两条河流，城内金川河、护城河、秦淮河各支流河道纵横交错，贯穿、环绕老城，玄武湖和莫愁湖分别位于城东和城西，此外还有紫霞湖、南湖、白鹭洲等小型湖泊和沟塘。这些水体大部分相通，构成了南京的城市水系。

3.1.2　南京城市发展概略及明代城市布局

作为中国四大古都之一，南京素有“六朝古都”、“十朝都会”之美誉，历史源远流长，文化底蕴厚重，各类遗存众多。南京城区筑城始于周元王四年（公元前473年）范蠡筑越城于古长千里，至今南京建城历史已达2480余年。早在公元前5世纪初，吴王夫差就在今朝天宫筑冶城。南京作为封建都城，历经东吴建邺、东晋建康、宋建康、齐建康、梁建康、陈建康、南唐江宁、南宋（留都）建康、明（京师）应天和明（陪都）应天、太平天国天京和“中华民国”，共 450 年（张泉，1984）（图 3-1）。

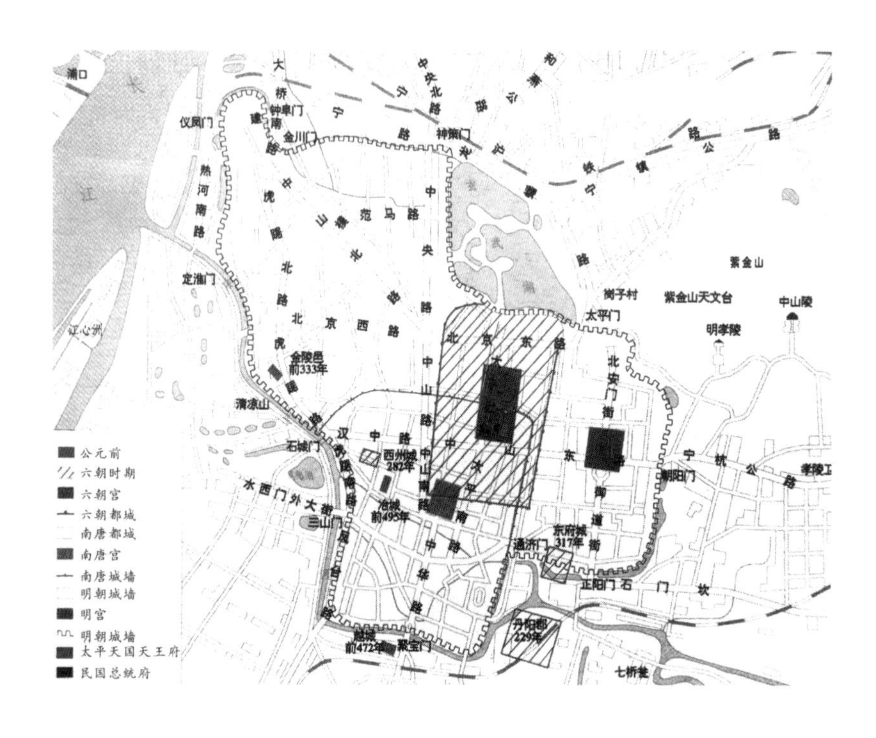

图 3-1　南京城邑变迁图

来源：（周岚等，2004）

明代洪武朝的规划、建设使得南京城的规模、人口和繁华程度超过了以往各代（南京市地方志编纂委员会，2008：1，77）。明应天府作为都城所形成的城市格局仍然是今天南京城的重要基础，今日的南京城市开放空间与明代城墙结合自然要素的布局有着密切的关系，因此为了说明 20 世纪至今的百年变化，需要将奠定其基本骨架的明代南京城作一个简明的交代。

公元 1366 年明朝建立后定都南京，迎来南京建城史上继六朝之后第二个鼎盛时期，当时南京是中国乃至世界上最大的城市。明朝南京城由外郭、京城、皇城、宫城四重组成，皇城、宫城遵循儒家周礼的礼制，形态上方方正正、中轴对称；而京城与外郭城垣顺应自然山水走势，并结合防御、旧城利用、风水、星象等因素修建而成，呈不规则形态。京城城墙即现今人们所指的明城墙，是世界上最大的砖石城，全长 35.267 公里（现存 23.25 公里），高 14 ~ 21 米，底宽 14 米左右，顶宽 4 ~ 9 米，包含的城市面积 41 平方公里（图 3-2）。外郭周长 60 公里，将京城外围一些重要的制高点，如钟山、幕府山、雨花台等全部囊括在外郭城内（曲志华，2007：5–6）。

明代南京城将依托山体、丘陵、河湖水系进行防卫发挥到了极致，这种格局奠定了近代以来南京城市格局的基础。明城墙与山水要素密切结合，这些自然要素在后来的城市建设中逐渐转变为开放空间，并与明城墙、周边的名胜古迹一同构成了城市风貌的骨架。高大坚固的都城城墙对于后来的城市发展和开放空间建设产生了重要的影响。

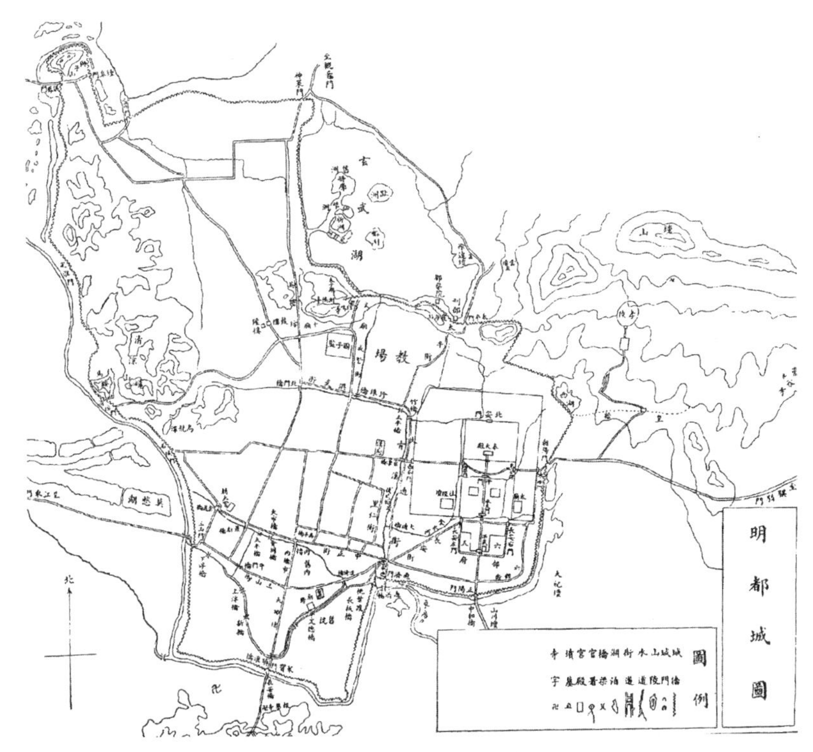

图 3-2 明代南京都城

来源：（朱偰，2006a）

明代南京城内主要由以下三部分功能区组成：宫殿区、市区和防卫区（图 3-3）。宫城区位于现逸仙桥以东的地方，即在历代旧城传统轴线（玄武湖和聚宝山）之东新设了一条轴线。皇宫区遵循传统礼制，前朝后廷、左祖右社，中央各官署整齐排列在皇宫南面御道两旁，为方正的政治中心区（张泉，1984：12）。

明代之前，在玄武湖——聚宝山之间这个区域是南京繁华的基础。元末时该区域的南部（大市街）是南京最繁华的区域，街道纵横、房屋密集，秦淮、运渎

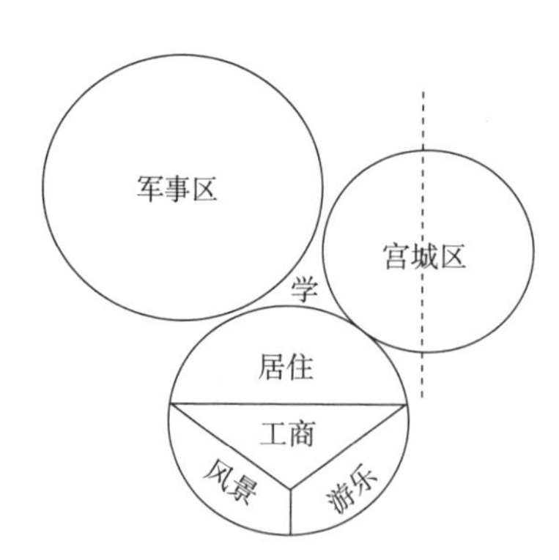

图 3-3　明初南京布局特征图
来源：（张泉，1984：51）

二水穿城而过，明代进行都城建设时，保留和利用了该区域作为商业和手工业集中的区域（张泉，1984：9）。

在今鼓楼以北为明代南京的防卫区，由于有濒临大江的险峻地形成为防守要地。该区是明代向北新扩张的部分，包括驻军卫所、校场、军事仓库等。按明初的驻兵屯田政策，驻军在都城内外广泛进行屯田活动，因此城北的广大用地也是屯田的场所。这个区域长期为军队控制，人口稀少，虽然早有农业生产，但整体上丘陵山体、水体等一直处于自然状态（南京市地方志编纂委员会，2008：81，93）。

明代南京人口主要集中在京城内的中部和南部，以秦淮河两岸和三山街周边最为繁华。在京城外的水陆码头如上新河至江东门、水西门也聚集较多从事商贸运输的人口，集市厢里密布。在下关龙湾一带，定淮门外中保村一带为龙江宝船厂，中华门外为烧制皇家特制的琉璃砖瓦发展起来的窑冈村，京城和这些外郭内的聚居区是明代主要的城市建设用地（南京市地方志编纂委员会，2008：89）。

3.1.3　明代南京的山水要素及风景游乐场所

明初建都南京时，为建紫禁城填平了燕雀湖的大部分，城墙等大体量人工要素也对原有景观产生了较大的影响。明城墙建设与自然地形充分结合，在视觉上和空间上城内外的分隔，都城范围及临近的自然地形如丘陵、山体仍维持原来的状况。封建时代农业为主的生产生活方式对城墙内部和外部的自然要素的影响都是非常微小的，相反，大尺度的、不易改造的自然要素影响着城市形态、公共生活方式等。这些自然要素中的大部分成为后来南京城市开放空间的骨架：

（1）水体。明代南京的水系较前代有一定的变化；长江向西退去，石头城不再屹立长江边缘；由于长江的西去，城市西南部形成莫愁湖，莫愁湖成为明代园林游览胜地。燕雀湖由于皇城及宫城的建设被埋大半，仅存钟山之麓的“前湖”和琵琶湖；明代修筑南京城，南半部以南唐金陵城为基础，秦淮水分内外两支以及运渎、潮沟、杨吴城濠的格局没有太大变化，城里新开有皇城、宫城护濠及小运河，城外主要有京城护城河与上新河等。除了这些水道，明初时还对原有河道疏浚、拓宽，另增建了玉带河、明御河及京城东段和外郭的护城河。城内与城外水系的沟通主要靠东西两座水关（朱卓峰，2005：14）。当时京城护濠是水运干道，宫城、皇城护濠主要是防卫性的，军事区中水系流经各仓，供军用运输，城区中沿河设市（图3-4）。内秦淮河由于两岸的特殊布局，盛行各种灯船、游船，因此除运输外还是一条游览水道（张泉，1984：39）。除了上述水道外，城外大片的水体如城西的湖沼和城北的玄武湖，由于远离市民聚集区，长期保持着自然的状态。

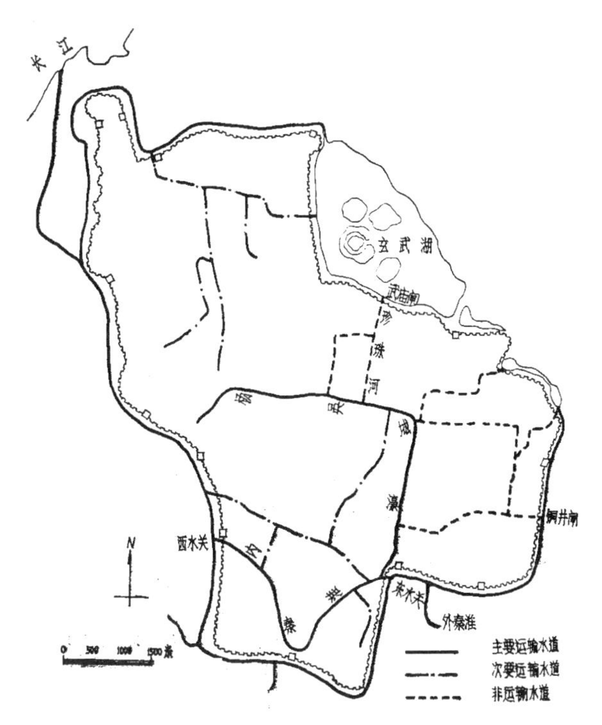

图3-4　明初南京都城水系图

来源：（张泉，1984：38）

（2）山体。明定都南京时，出于军事防御目的修建城池，其都城范围远迈前代，城墙从钟山西麓、玄武湖西岸向北延伸，至湖的西北角向西延伸并北抵狮子山，再向南将四望山、马鞍山、清凉山、石头城等括入，与西面临近秦淮河的城墙相连，形成了“东尽钟山之南冈，北据山控湖，西阻石头，南临聚宝，贯秦淮与内外”，与山水密切结合的城垣。该城垣不仅将诸多丘陵山体纳入城中，并且依山就势，蜿蜒曲折，都城城墙与周边丘陵山体密切结合，正所谓“国朝都城皆据冈陇之脊”（权伟，2007：75–77，81）。

与水体比较，山体更难于改变，或者说对其进行大规模的地形改造所带来的功用并不大。因此大部分山体长期以来维持较为稳定的景观，其体量高大，也成为礼制建筑、寺观以及风景的建设基址。寺观建筑在城内主要位于鸡笼山、五台山、狮子山，城外近郊的如雨花台、幕府山、钟山等（权伟，2007：75–77）。这些山体及依托它们的礼制建筑、寺观乃至陵墓等形成了自然人文景观的综合体，往往也是当时或后来风景建设和市民游憩的主要场所。

明初时，南京城内及周围的风景游乐场主要有以下三类：

（1）以自然风景为主的公共风景区。如城西城南诸山，植被环境较好，又有寺观错落其间，从北而南，有狮子山和卢龙观、天妃宫、静海寺、吉祥寺、清凉山和清凉寺、鸡鸣山和鸡鸣寺以及十一座祠庙，城南的聚宝山周围集中了数十座庙宇如著名的报恩寺、天界寺、能仁寺等。这些地方是当时主要的公共游览区。玄武湖在六朝时为市民游乐的名胜，明代成为贮存全国户籍钱粮的黄册库，作为历史上传统游览胜地的钟山成为孝陵陵园禁区。

（2）私家园林。莫愁湖、东园、南园、西园等多为功臣士大夫所有，凤凰台、杏花村一带（即今中华门内西南隅）也是私家园林集中的地方。这一带地形起伏，与闹市区有秦淮河相隔，是当时较为理想的私家园林建造场地。当然，这些私家园林只是供少数权贵士绅阶层游乐。

（3）街道集市。定都南京后，明太祖“以四海内太平，思欲与民同乐”，命工匠筑十楼于江东诸门之外，并允许民众在其周边设立酒肆。据《洪武京城图志》载有十六楼之名：江东、鹤鸣、醉仙、集贤、乐民、南市、北市、轻烟、翠柳、梅妍、澹粉、讴歌、鼓腹、来宾、重译、叫佛。酒楼“每座皆六楹，高基重檐，栋宇宏敞。”这些酒馆、茶楼、戏班与周边的街道、桥梁、河道以及丘陵林地等形成了公共休闲空间，由于大都临近交通方便的街市，是普通市民日常生活中的风景游乐场所。秦淮河南岸为人口聚居区，北岸为孔庙、衙署等，加上其作为城内重要的运输路线，在当时也是城内主要的风景游览区（张泉，1984：43）。

寺庙园林及游乐设施，旧城内如承恩寺（位于今内桥东南，王府园之南），是庙市合一的热闹场所，庙前是行业齐全、百货云集的地方，又是游艺杂耍中心。郊外的寺庙，则多位于历史悠久的风景胜地，古木参天、修竹夹径。在没有公园设施的古代，只有寺庙有属于面向社会各界开放的园林（南京市地方志编纂委员会，2008：93）。

3.1.4 明代南京城对后世开放空间的影响

明代南京城的范围和格局都远超过以往，都城城墙所限定的范围和功能区的划分对于随后几百年乃至今天的南京“山川形胜”的格局都有着深远的影响。明代的城市建设和规划对于后世的城市形态尤其是开放空间格局主要有如下影响：

第一，都城城墙作为尺度巨大的防御构筑物，明确地区分了城内和城外空间。由于城市范围很大，在相当长的时间内，城墙内有着大片的空地和未建设区域。城内南北繁华程度不同，城墙对城市发展的限定作用历经几百年逐渐凸现出来。都城城墙结合地形蜿蜒曲折，成为南京城市风貌的重要骨架，这些地方在后来成为重要的风景名胜或城市公园。

第二，城市功能分区和人口分布影响后世城市形态。如城南为人口密集的居住和商业区，城北长期处于空旷状态，城南的街道大部分仍延续了明代时的走向，城市肌理直到 20 世纪 80 年代前仍处于相对稳定的状态。城南城北聚居区密度的差异使得城市肌理与山水等自然要素的结合方式也有所不同。

第三，自然要素与城市风貌的延续。明代南京城对于自然要素的利用体现在城墙范围巨大而囊括诸多的山体以及城墙与自然要素结合，这种布局主要是从防御出发。这些自然要素对于城市形态起到了框架作用，在城内的山体、水体长期作为非建设地带，其中部分有少量风景建筑点缀，而成为后来城中的标志性景观。

第四，明代建设的一些标志性建筑和礼制建筑成为后来的城市标志。依托这些名胜古迹如鼓楼、朝天宫、明故宫、宫城和都城城门，逐渐形成了一些公共空间。城外的陵墓和禁地在一定程度上保护了植被环境，无形中为后来郊野游憩场所的开辟和建设奠定了基础。

明代南京的城市形态经历几百年缓慢变化后，于 19 世纪末 20 世纪初开始了剧烈变化阶段。

3.2　近百年南京开放空间回顾

从 1900 到 2000 年之间，中国经历了巨大的历史变迁，南京也历经区域经济政治中心、民国首都和江苏省会，政治、社会经济的变迁对南京城市的演变产生了重要的影响。

本节扼要地追溯 20 世纪南京开放空间特征、社会经济与城市建设背景。虽然开放空间的演变未必有整齐的时代节律，但是按照常规的历史时期划分能在相关资料零散、有限情况下，更概括地再现南京城市开放空间的阶段性变化。

3.2.1　1911年之前

（1）社会背景与城市建设

1645 年（清顺治初年），清军占领南京并将明应天府改名为江宁府，为江南省首府，置两江总督驻江宁，辖江南（今江苏、安徽及上海）、江西两省。作为清政府统治东南地区的中心，南京的变化与 19 世纪中叶开始清王朝经历的一系列历史变迁息息相关（南京市地方志编纂委员会，2008：107；苏则民，2008：196）。

1842 年（清道光二十二年），鸦片战争战火燃至江浙，英军 80 余艘舰只侵入长江南京下关一带水域，清政府派钦差大臣和两江总督在南京静海寺、上江考棚等处与英军议和。同年 8 月 29 日，清政府与英国签订了中英《江宁条约》（即南京条约），此后资本主义列强打开了中国的门户，并在军事、经济、文化上进行渗透（苏则民，2008:216）。1858 年（清咸丰八年），中英、中法签订的《天津条约》将南京列为沿长江首批开放的口岸之一，由于当时南京尚被太平军占领，而未能实施。

太平军自1853年（清咸丰三年）攻克南京后在此立都11年零4个月。在此期间，南京及周围地区时刻都处于战事之中，从政区设置到居民生活，全城实际上是一个庞大的政府机构和军营。城市建设的重点是城防、天朝宫殿和主要王府。当时鼓楼以北和城南长乐路以南均为军事城防区，城中区以南唐都城为界，是当时的政治、军事、经济中心区。1864年（清同治三年）7月清军攻占天京，复改天京为江宁府，隶属江南省江苏布政使，城市诸多王府绝大多数毁于兵火（南京市地方志编纂委员会，2008：100–104）。为了医治太平天国战争造成的创伤，清政府修复和新建一些建筑工程，南京一度略见繁荣。1864年10月，重建驻防城（苏则民，2008：224）。

太平天国和鸦片战争的打击，使清政府面临重重危机，以总理衙门大臣奕欣、两江总督曾国藩、直隶总督李鸿章、湖广总督张之洞为代表的洋务派提出引进西洋先进技术，以“中学为体、西学为用”掀起了一场洋务运动（苏则民，2008：218）。洋务运动兴起后，洋务派官员促进了南京的近代化城市建设和南洋劝业会的举办，南京一度成为我国近代工业相对集中的城市，如在1865年（清同治四年）开始建设的金陵机器制造局、1866年（同治五年）的金陵船厂、1884年（光绪十年）金陵火药局等。

由于明代南京城面积广袤，到清末时城市建成区绝大部分仍在明城墙范围内，下关的开埠使得南京这座一直沿着秦淮河两岸发展的城市走向长江（苏则民，2008：226）。除了1872年和1882年李鸿章和左宗棠在下关修建码头外（图3-5），1895年两江总督张之洞主持的一系列市政建设，尤其是南京近代第一条马路，使得南京城内和下关联系更加密切。该马路起于下关江边，经下关街道由仪凤门入城，经三牌楼、鼓楼、绕鸡笼山南麓、碑亭巷总督府，宽6 ~ 9米，可通行马车和人力车。同年为了衔接江边的交通，在惠民和龙江桥旧址上建成铁桥（图3-6）。1899年南京港作为通商口岸正式开放，清政府在下关设金陵关，并划定下关惠民河以西，沿长江五华里地域为中外“通商场所”，成为中外商轮集中停泊的港区，随后外商和民族资本开始在下关建造码头，市内交通量大增，除建商埠街、大马路、二马路外，贯通城垣南北的马路于1899年延伸至龙王庙终止通济门，1901年（光绪二十七年）延伸至贡院、大功坊、内桥，1903年（光绪二十九年）又东连中正街（今白下路西段），西接旱西门（今汉中门南侧），形成贯通城垣南北、东西的大道（南京市地方志编纂委员会，2008：228，229）（南京市地方志编纂委员会2008，108）。1907年（光绪三十三年）9月，两江总督端方奏请清廷批准在南京修建铁路，同年10月开工，次年12月建成，1909年（清宣统元年）1月通车，称宁省铁路，1911年更名江宁铁路。江宁铁路自下关江边，跨惠民河、入金川门、绕北极阁至中正街（今白下路）（苏则民，2008：229）。到1910年代时，下关已是码头林立，并且得益于密集的市政建设和商业运输业的发展，下关成为南京最繁华的地区，在惠民河和护城河之间形成了狭长的建筑密集区。

图3-5　下关码头
来源：（杉江房造，1910）

图3-6　1920年代惠民桥
来源：http://www.nationalarchives.gov.uk

1910年6月5日至11月29日，在南京举办了全国性的工农业产品展览会——南洋劝业会，这是我国首次举办的大型博览会，也被看作是南京走向城市近代化的标志事件（苏则民，2008：229）。南洋劝业会主要会址及办公管理机构和展馆，位于南起丁家桥、北到今模范马路、西接三牌楼、东临丰润门（今玄武门）的区域，占地约50公顷，中轴线大体位于今狮子桥（图3-7，图3-8）。会场内按展品内容和参展地区布置，还附设马戏场、动物园、植物园、剧场等，新建了不少旅馆、餐馆和店铺。南洋劝业会会址位于长期人烟稀少的城北地区，其举办促进了南京商业和近代交通的发展，对于城北的城市格局产生了一定的影响（苏则民，2008：230）。

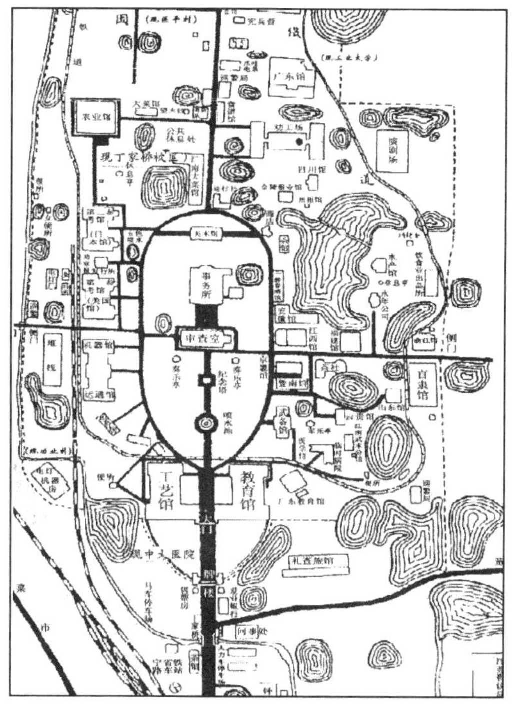

图3-7　南洋劝业会会址平面图
来源：http://www.xici.net/b950270/

图 3-8　1900 年代鼓楼街及远望南洋劝业会场
来源:（杉江房造，1910）

下关和南洋劝业会会址是当时南京变化最大的两个地区，而城内其他地方仍维持着多年来的城市格局与肌理。城北地区仍为大片的空地和农田、村庄，并有少量的衙署、书院、寺庙等，如水师学堂、陆师学堂、大佛寺、华严庵、格致书院等。虽然人烟稀少，但是城北此时的路网已经有明确的体系，在城东的平地上基本呈格网状，路网密度远较城南稀疏。在城西的丘陵山地上，道路顺应地形，连接寺庙、火药局、城门等。整体而言，城北西侧为丘陵山林，东侧是农田阡陌及流经其中的河流。

城市建成区集中在鼓楼以南的位置，秦淮河南岸（今白下路以南）的建筑和道路非常稠密，沿秦淮河两侧形成了平行和垂直河流的街巷，呈现出与城中、城北不同的格局。秦淮河西南地块路网最为密集和复杂，而东南侧较为稀疏和简单。城南地区尽管稠密，但仍有相当数量的空地、园地和水塘，如东侧白鹭洲及城墙内侧有大片空地，西侧胡家花园和城墙内侧有少量空地，内桥大街东侧与秦淮河相连的大片水塘，和水西门北侧的范家塘、东水关西侧的八府塘、锅底塘。

在秦淮河北岸到鼓楼的地段，路网基本上呈东西和南北向的格网状，建筑和街区沿路布置且密度较低，常常形成建筑群中围合或半围合水塘、空地的格局（建筑和空地比例各约 50%）。该片区有衙署、书院、会馆、寺庙如基督堂、毗卢寺、衙署、贵格医院、朝天宫、汇文书院、金陵医院、军械所等。中部东侧的明故宫周边大多为空地和农田，西侧和南侧为清城防驻地。

出于防卫管理的需要，清朝时仅仪凤、定淮、石城、三山、聚宝、通济、太平 7 座城门供居民出入，正阳、朝阳为八旗驻防城（即满城）的南、东两面通道，其他四座明代城门被封闭。清末时增辟清凉、定淮、草场三座城门，1909 年（宣统元年）通小火车后，为方便城北交通，在今钟阜路附近开小北门，同年为建公园即筹办南洋劝业会，在神策、太平之间开设丰润门（今玄武门）（南京市地方志编纂委员会，2008：107）。

在城墙之外除了下关形成了密集的建筑区外，在水西门和旱西门西侧出现集中的建筑群；而聚宝门南侧到雨花台之间形成了稠密的居住区，东侧为火药局；通

济门外为土药局所在。整体而言，城市的绝大部分仍位于明代都城范围内。

（2）城市开放空间

这个时期，城市人口集中在城南，明城墙范围内的山林、农田和荒地占一半以上。除穿过闹市区的秦淮河，城市内大部分山水要素与建成区并没有密切的关系。随着南京开埠和工商业的发展,出现了政府规划和建设的公园如玄武湖的环洲，这标志着新的城市开放空间类型的出现。

a. 公园

南京城内山水荟萃，在历代的文人墨客题咏和风景建设中，形成了一批知名的景点，如源于明代并形成于清乾隆时期的金陵四十八景中，有三分之一位于明城墙范围内。城内的部分景点和距离城区较近的山体、水体在士绅官员、僧侣的建设下，成为市民闲暇游玩的地方，如玄武湖和绿筠公园随后成为近代南京城市公园的雏形。此外，莫愁湖、白鹭洲、乌龙潭等虽然没有建成专门的公园，但也是当时知名的公共游览场所，这几处后来也都成为南京主要的公园。

玄武湖明代为皇家禁地，清朝开禁后逐渐成为商品鱼的供应基地和市民的郊游去处。1881 年（光绪七年），左宗棠修筑了连通孤凄梗与梁洲的长堤，游人可以不必乘坐舟楫就能游览玄武湖（南京市地方志编纂委员会 1997，173）。1909 年（宣统元年），由于南洋劝业会的举办，靠近会址处开辟了丰润门，并筑翠虹堤连通环洲建陶公亭、湖山览胜楼，将其辟为公园绿地（图 3-9）。这是南京近代首次进行正式意义的公园开辟和建设（陈嵘，1952：399；南京市地方志编纂委员会，1997）。

图 3-9　1900 年代玄武湖

来源：（杉江房造，1910）

1904 年（光绪三十年），端方由两江调任湖南前，见金陵城北因战争破坏，一

图 3-10　1900 年代绿筠公园
来源：（杉江房造，1910）

片荒芜苍凉，在城北建公园。至宣统元年时，面积 130 公顷（2000 亩）的绿筠花圃（也称绿筠公园）建成。园内小桥流水、亭台楼榭，引进中外奇花异草、玻璃花房、鸟兽动物，这是南京第一个完全新建的现代公园（图 3-10）。由于城内的第一条南北大马路与之相邻，市民游玩非常方便。

绿筠花圃的南部随后作为南洋劝业会会场，南起丁家桥，北至三牌楼，东邻丰润门（今玄武门）易家桥，西达将军庙口，东西宽二里，南北长四里，周约八里，全场呈椭圆形。后为了便于物质运送和参观者赴会，修建宁省铁路。会场各馆之间，种植奇花异卉，点缀山石池荷，既是陈列馆，又是大公园。彩灯、喷水池和焰火使得会场的夜景尤为引人，"火树银花盛极一时"，以至于如此之大的会场仍人山人海，水泄不通。南洋劝业会于次年十二月间闭幕后，会址与房舍原拟保存，定期继续举办，但由于政局更替，仅余湖南路部分房屋作为政府办公建筑。（叶祥法、俞宝书、王芷湘，1984）。

莫愁湖为历史名胜，同治十年（1871 年），直隶总督曾国藩修复湖心亭、胜棋楼、郁金堂、赏荷亭、光华亭等，并广植花柳及莲荷，成为莫愁又一景观（南京市地方志编纂委员会，1997），名列金陵名景第一。由于其临近人口稠密的城南，一直是传统的市民游览胜地，不过此时莫愁湖可供游览的仅限胜棋楼一带（图 3-11，图 3-12）。

图 3-11　1900 年代莫愁湖胜棋楼
来源：（杉江房造，1910）

图 3-12　1900 年代莫愁湖景
来源：（天津社会科学出版社，1999：41，42）

白鹭洲及周边原为明代重臣徐达后代徐天赐之东园，在正德至万历年间盛极一时，在万历后至明末随着徐氏家族颓败而衰落。到清朝嘉庆年间，东园大部分沦为菜圃，因山水骨架尚存，也有些古迹，仍是游人探幽赏景、品茗殇咏的去处。1823年（道光三年）的特大洪涝，使得园内的建筑和植物损失巨大，仅存遗址池沼和原有地形骨架。清末时，园林虽废，但疏朗野趣的自然景观仍吸引不少游人（图3-13）（南京市地方志编纂委员会，1997：353–354）。

明清后，城西的乌龙潭周边建有十来处达官显贵的园墅，早在清乾隆时就建有亭台楼阁，这也促进了乌龙潭景点的形成（南京市地方志编纂委员会，1997：620）。

b. 传统集市

秦淮河作为历代以来的重要漕运河道，两侧商铺云集，自六朝时就是南京最繁华的地区（图3-14）。内秦淮河北岸作为老城核心，分布很多的政府机构用地，如文庙作为江南乡试的考场，夫子庙作为传统文化中心，夫子庙西侧为政府机构用地，其中包含著名的古典园林瞻园。清末后科举废除，贡院为商埠取代，夫子庙地区也成为重要的商业集市和公共性场所（南京市地方志编纂委员会，1997：46；南京市城镇建设综合开发志编委会，1994：406）。除了夫子庙地区外，南京当时寺庙、道观众多，这些宗教场所也是节庆时市民聚集、娱乐的场地。

图3-13 明东园遗址
来源：（杨新华，2007）

图3-14 1900年代的夫子庙
来源：（杉江房造，1910）

c. 水体及滨水地带

在1910年代，南京水体的面积远多于今天，水系也更为完整。城内鼓楼以北有金川河及其支流形成的河网系统，并有大大小小的水塘散布于农田和空地中。城南有秦淮河、运渎、清溪形成骨架，并与进香河、护城河、珍珠河（杨吴城濠遗留部分）、明故宫护城河相连，在街区之中也不乏大大小小的水塘（图3-15，图3-16）。

图 3-15　1900 年代的乌龙潭
来源：（杉江房造，1910）

图 3-16　1900 年代的进香河和北极阁
来源：（杉江房造，1910）

秦淮河为历史悠久的运输河道，两岸建筑密集，其中又以临近夫子庙处最为繁华。作为南京水上游览的重要线路，秦淮河是市民的公共生活和节庆游憩的重要场所。秦淮灯船由来已久，至明代时，“灯船之胜，甲于江南。凡游秦淮，必乘灯船。”端午节的龙舟竞渡，也是秦淮河的一大盛事，如清光绪年曾发生数百人文德桥观看龙舟以至栏杆挤断，多人落水的事故（南京市地方志编纂委员会，1997：46）。

图 3-17　1910 年代南京老城的连片建成区和开放空间

3.2.2　1911 ~ 1937年

（1）社会背景与城市建设

1911 年（清宣统三年）辛亥革命成功，推翻了满清王朝。1912 年 1 月 1 日，孙中山就任临时大总统，国民政府定都南京。同年 4 月，由于袁世凯篡夺了革命政权，临时政府迁往北京，继之而来的是军阀混战和封建割据。在北洋军阀统治时期，南京多次遭受劫难，北洋军和直系军阀先后于 1913 年和 1924 年洗劫南京（薛冰，2008：88）。1927 年 3 月，北伐军攻克了上海和南京，4 月 18 日国民党在南京成立国民政府。1928 年到 1937 年间，虽有内忧外患，中国经济还是得到了长足发展。不计东北，全国工业增长率达 8% 以上，社会经济呈现快速上升趋势。1936 年，中国工农业产值达近代以来最高水平，其他各项现代化制度也都初具雏形。各方面建设发展被称为“艰苦建国的十年”，也被誉为“黄金十年”[1]。1928 ~ 1937 年也是南京近代城市建设的鼎盛时期，尽管 1932 年“一二八”事变后导致国民政府曾计划迁都洛阳，但随后的 5 月 5 日中日签署淞沪停战协定，因此对南京的首都建设基本没有产生影响（苏则民，2008：240；南京市地方志编纂委员会，1994：224）。

1927 年国民政府再次定都南京时，南京人口虽已大幅增加至 360500 人（宋伟轩等，2011），但比起上海、北京、武汉、广州等只能算是中小型城市。园林学家陈植在 1928 年的一篇文章如此描述南京都市景象：“南京繁华区域，除下关外，皆在鼓楼以南；抵三山街、大功坊、夫子庙一带，则行人如织，市廛栉比，几为全城精华所在。城北一带，则除一部菜畦麦垄，为园艺及农作之经营地外，余皆碎瓦颓垣，荒榛断梗，一仍昔日萧条耳。城北景象凄凉，自无审美之足云；城南街道狭小，咸兴行路之大难。”（陈植，2009：212）

一个“举目望去皆是颓败景象”的城市显然无法作为民族象征和未来城市发展的方向（王俊雄，2002：124），因此南京的城市建设对于政权刚刚稳固的国民政府至关重要。以《首都大计划》和《首都计划》为依据的大规模的城市建设，奠定了南京现代城市格局的基础（南京市地方志编纂委员会，2008：111）。

1928 年 8 月，南京第一条柏油马路——中山大道破土动工。从 1928 到 1935 年的 7 年间，南京城市道路有了较大改观。中山大道辟建后，新街口因接近政府机关和居民区迅速成为新的商业中心。山西路、鼓楼广场也有了一定的雏形。为了解决达官贵人的住宅需求问题，20 世纪 20 年代后期到 30 年代，在山西路、颐

[1] http://zh.wikipedia.org/w/index.php?title=%E5%9C%8B%E6%B0%91%E6%94%BF%E5%BA%9C&oldid=26811527

和路一带集中修建了高级洋房区（《首都计划中》称之为第一住宅区）（周岚等，2004：12）。在 1930 ~ 1937 年间，国民政府还修建了一批行政办公建筑和文教体卫设施。

到 1930 年代后期，南京城内除了历史悠久的城南夫子庙、太平路、中华路商业区外,新街口商业区和下关商业区也颇具规模。新街口商业区接近老城地理中心，自中山路、中山东路、中正路建成以后，这一带成为南京市内主要马路的交汇处、交通快捷；1936 年建成的中央商场和大华大戏院、新都大戏院、福昌饭店、交通银行等，使这里成为南京城内的又一商业中心。下关作为津浦线、沪宁线与长江航道的连接点，成为南京对外交通的北大门和全国重要的交通枢纽，1935 年长江铁路轮渡开通后，下关成为南北客运和重要物资转运的必经地，下关车站成为全国著名的铁路车站，大马路、商埠街和宝善街一带，车水马龙、商贾云集、洋楼林立，成为南京新兴的商业区（经盛鸿，2005：24）。

在这个阶段由于城市建设需要，明代都城城墙上新开辟了六座城门。1921 年开海陵门（即今挹江门）、1926 年开雨花门、1929 年开武定门、1931 年开汉中门和新民门、1933 年开中央门；朝阳门原为单券，外有瓮城，在 1929 年孙中山奉安大典前改名中山门，并于 1931 年进行了改建，拆除原门券及瓮城，挖低门基，改为三孔拱门（南京市地方志编纂委员会，1994：244）。新开的城门改善了城内外交通，并为以后的建设用地扩张提供了基本条件。

20 世纪 30 年代是南京有史以来变化最大的时期，持续多年修建城市道路，至抗战前已经形成了新街口为城市中心，中山东路、中正路（今中山南路）、中山路为东西南北中轴线的道路系统，对城市的改造、建设使南京突破了明清以来的城市格局，初步呈现出现代都市风貌。不过有着市区人口三分之二的城南地区变化并不大，大部分仍维持明清时的道路系统。新街口形成了新的城市中心，大行宫和太平路一带是繁华的商业区，在山西路和傅厚岗等建成了高级住宅区，城市公用事业也有了发展，城市已经初具规模（陈桥驿，2005：287）。

这个时期除了道路系统有明显的变化，鼓楼以南的建筑密度也明显增加，鼓楼以北的城市密集建成区除了沿着中山路有明显的扩张，在城东和城北地区也有增加。市区居民大部分仍居住在城南的门东、门西地区以及城中白下路、洪武路、建邺路、北门桥一带的明清旧式住宅（图 3-18）。同时有 20 多万的贫民居住在全市 300 多处、约 83 万平方米的棚户内，如鼓楼区的上海路、牌楼巷、驴子巷，玄武区的演武厅、晒布厂、沙塘园、汉府新村等，白下区的五老村、广艺街、龙王庙、宫后山、冶山道院、秦淮区的双乐园、下关区的小桃园、五所村等（南京市城镇建设综合开发志编委会，1994：112）。

（2）开放空间

图 3-18　1930 年代的城南地区

来源：（朱偰，2006b：24）

1917 年（民国 6 年），孙中山发表建国方略，对南京城市建设有所设想，认为南京“其位置乃在一美善之地区。其地有高山、有深水、有平原，此三种天工，钟毓一处，在世界中之大都市，诚难觅此佳境也。南京将来之发达，未可限量也”，“当夫长江流域东区富源得有正当开发之时，南京将来之发达，未可限量也”。孙中山对于南京山水格局的欣赏在此后国民政府对南京的历次城市规划中都有所体现（南京市地方志编纂委员会，2008：111）。

1920 年，南京督办下关商埠局组织编制《南京北城区（含下关地区）发展计划》，是南京现代规划史上最早具有总图的规划设计，包括区域分配计划和城市干路计划两部分。在区域分配计划中，从功能分区的角度对城市用地进行了大致划分，包括住宅区、商业区、铁路站场、公园、公墓区、要塞区和混合区，公园区主要位于玄武湖及周边的北极阁、台城、九华山和城西的清凉山区域（南京市地方志编纂委员会，2008：113）。

为筹划南京现代市政建设和城市发展计划，南京市政筹备处于 1926 年完成《南京市政计划》。在公园和名胜计划方面，计划在全市范围内兴建五大公园和五大名胜，即东城公园（利用明故宫古迹）、南京公园（利用贡院及夫子庙一带）、西城公园（利用清凉山、虎踞关、随园、古林寺一带）、北城公园（利用鼓楼公园并扩展至钟楼、北极阁、台城一带）和下关公园（利用静海寺外三宿崖风景区），以及秦淮河、莫愁湖、雨花台、玄武湖与三台洞等五大名胜（南京市地方志编纂委员会，2008：114；苏则民，2008：281）。

南京市政部门于 1928 年完成的《首都大计划》是民国时期第一部付诸实施的城市规划。首都大计划提出的指导思想是“把南京建设成‘农村化’、‘艺术化’、‘科学化’的新型城市”，其中农村化是当时城市主管者对城市“田园化”的另一种提法[1]。在《首都大计划》初稿（1928 年 2 月）中，分区规划包括旧城区、行政区、

[1] 当任市长何民魂在“第六次总理纪念周之报告”中提出：最近各国都市主张田园化运动。所谓田园化就是城市农村化。因向来以工商业为生命，现代大都市居民的生活往往过于反自然，过于不健全，所以主张都市田园化于城市设施时，注意供给清新自然之环境。（王俊雄，2002）

住宅区、商业区、工业区、学校区和园林区，园林区主要为城东连成一片的玄武湖、北极阁、九华山和钟山，城西包括莫愁湖、南湖等大片区域，比《南京市政计划》中的公园区要大得多（南京市地方志编纂委员会，1994：117；苏则民，2008：282）。

以上三个规划对公园的设想都是停留在设想阶段，但是对随后的《首都计划》产生了直接的影响。

1928年，国民政府定南京为特别市，同年1月由孙科负责的首都建设委员会成立，下设国都设计技术专员办公处，以林逸民为主任，美国建筑师亨利墨菲（Henry Kilam Murphy）和工程师古力治（Ernest P. Goodrich）为顾问，吕彦直为墨菲助手，主持编制《首都计划》。《首都计划》完成于1928年12月，次年由国民政府公布，这是南京历史上第一部比较系统的城市规划文件。《首都计划》采用欧美规划理论进行人口规模预测、城市道路系统、城市功能分析等工作，共编制了28项规划内容，包括人口预测、都市界定、功能分区、建筑形势、道路系统、水道改良、公园和林荫大道、对外交通、规划管理和实施程序等。

以建设"壮丽之都市"为理想，《首都计划》对公园、林荫道的规划充分考虑到人口、土地利用和城市传统格局。考虑到南京作为首都和工商业中心，对"自然变化及移住"分别计算，《首都计划》认为南京百年内人口约为200万人，根据《首都计划》拟定的分区条例人口密度的限制，并扣除需要保留的空地，南京城内人口宜为724000人，即"每英亩（0.4公顷）71人半"，而其他1276000人，都应住在城外（国都设计技术专员办事处编，2006：275）。《首都计划》规划的大型公园在城内合计704公顷（10560亩），包括第一公园（29公顷，435亩）、鼓楼北极阁一带公园（105公顷，1575亩）、清凉山及五台山公园（184公顷，2760亩）、朝天宫公园（9.8公顷，147亩）、新街口公园（29.6公顷，444亩）和林荫大道（347.6公顷，5214亩）。城外公园总计5427公顷（81405亩），包括雨花台（315公顷，4725亩）、浦口公园（551公顷，8265亩）、莫愁湖公园（212公顷，3180亩）、五洲公园（618公顷，9270亩）、中山陵园（3718公顷，55770亩）下关公园（12.8公顷，192亩），紫金山、玄武湖、莫愁湖和雨花台等距离老城不远，因此也可以调补城内公园不多的局面。按照这个规划，南京城内公园占地14.4%，平均每英亩（0.4公顷）公园453人，比伦敦、纽约、巴黎、芝加哥、柏林等城市人均公园面积都多，而大南京的公园指标为每137人占1英亩公园（0.4公顷）。

《首都计划》提出结合秦淮河和城内主要干道以及城墙形成林荫道系统，"以资联络，使各公园虽分布于异处，实无异合为一大公园"，从而便于市民到达，增加公园的利用率，规定林荫道的平均宽度为100米，并且可以结合周边情况适当变化，首都计划甚至还考虑将城墙作为可以通行机动车的环城大道，供市民驾车游玩和观赏城内外风光。

为了保证公园规划的实施，《首都计划》选址中除了利用现有的风景名胜，还结合当时的土地所有情况提出了相应的措施。如对公园和林荫道“复求其适合实际，所择之地点，非属于保留为其他项用途，即其地价廉贱，人口尚少者；而林荫大道，又多可辅助干道交通之不足者”。

《首都计划》对于城内的水道改良也提出了建议，在完善其运输和排水功能的基础上，还非常重视其作为开放空间的功能。《首都计划》指出城内的秦淮河由于沿岸居民倾倒杂物和建筑侵占，深度和宽度有限，加之道路交通日益发达，已经不宜作为运输之用，只适合作为市民游憩和排除雨水之用。为此，应该拆除紧邻河道的建筑，两岸辟为林荫大道，以联系市内的公园和名胜（国都设计技术专员办事处编，2006：98）。

《首都计划》的宏大设想虽然没有完全实现，但是此后十年间，南京市政府通过新建和扩建玄武湖、莫愁湖、白鹭洲等几个重要的公园，加上中山陵园及附属纪念建筑（特别是中山植物园）的建成，使得短短十年间南京的开放空间达到前所未有的规模。

a. 公园

第一公园 1909年，清人蔡和甫在复成桥东岸沿明故宫护城河辟建韬园，1920年，北洋政府江苏督军李纯（字秀山）自尽，其部下齐燮元为纪念他在原韬园基址上于1923年建成秀山公园。1927年，国民革命军克复南京后，秀山公园更名为南京第一公园，由南京特别市管理，管理处下设事务部、园艺部、图书部、博物部、艺术部、教导部，园中有博物馆、图书馆、植物园，占地约8公顷（120亩）。公园旁建起了南京最早的体育场——江苏省立南京公共体育场。1936年明故宫机场扩建，第一公园部分被机场占用（苏则民，2008:275;南京市地方志编纂委员会，1997：289–291）。

鼓楼公园 1923年以鼓楼为主体的鼓楼公园建成，鼓楼曾作为中央研究院测候所，后又作为中央天文研究所临时办公场所。1928年南京市公园管理处成立后，鼓楼公园归其管理。1930年，设鼓楼公园办事处，兼管清凉山、鸡鸣寺两公园。1934年鼓楼二层有向公众开放的茶社，1935年7月，公园内建成儿童娱乐园（图3-19）（南京市地方志编纂委员会，1997：329）。

玄武湖公园 1927年8月19日，玄武湖正式再次开放。1928年8月园名定为五洲公园：长洲改为亚洲，新洲改为欧洲，老洲改为美洲，趾洲改为非洲，麟洲改为澳洲。1934年五洲公园更名为玄武公园，五洲更名为环洲、樱洲、梁洲、翠洲、菱洲。

1928 年，梁洲开辟为公园，经过建设东、西、北三面初具规模。翠洲当时人口最少，土地征收和户口安插较为容易。当时环洲道路和横穿的道路已经完成，拟作为植物园。同年环洲由市政府斥资增葺后，“焕然一新，公园精华，尽在于斯”（陈植，2009：217）。除了梅岭得到重点修整，曾公堤也于同年完工，路面加宽，尚未敷设石子，由太平门可经其直达园中，因长约 5-6 里，拟沿途增加休憩亭 4 座。此外当时玄武门外的堤埂仅两丈，拟架设桥梁，并拟加宽为十丈，并筑栏杆，铺设草地栽植树木（陈植，2009：166–167）。

1928 年 9 月，玄武湖管理局在梁、翠二洲交界处增建动物苑（苏则民，2008：276）。1928 年 10 月 5 日，特别市市政府颁布兰花为南京市花后，市公园管理处采办梅花、牡丹、芍药等栽植于梅岭（今郭璞墩）。1929 年，市长令工务局加宽玄武门至亚洲（即环洲）堤路，建桥一座。同年 4 月启封鸡鸣寺后的城门，方便游人进出公园。

1930 年 1 月，玄武湖环湖马路建成，长 4032 米，宽 4.57 米。1934 年玄武门添建二城门。1937 年 5 月，建水上飞机码头。除了一般的园景设施增建，纪念性建筑和场地的建设也丰富了玄武湖的内容，如 1928 年建于非洲（即翠洲）的北伐光复南京阵亡将士纪念塔，1932 年于梅岭建成“一二八”淞沪抗日阵亡将士纪念塔。1937 年 3 月，为纪念诺那大师和加强汉藏民族友谊，柏文蔚在环洲东北侧建喇嘛庙、诺那塔，并勒碑纪念（图 3-20）（南京市地方志编纂委员会，1997）。

图 3-19　从南京大学看鼓楼（1920 年代）

来源：http：//library.duke.edu/digitalcollections/gamble_361-2061/

图 3-20　1930 年代时的环洲

来源：（Morrison，1946）

在公园设施改善的同时，1928 年后的一系列管理、节庆活动和建设举措使得玄武湖发生了明显的变化，如整理湖面、清除杂草，提供零食售卖，制定游览、垂钓规则等。

作为首都新建公园中的精华所在，玄武湖到1930年代时已经成为南京最负盛名的公园（陈植，2009：165），游人极盛，重要的节庆活动也在此举行，如1928年，南京首届菊花展在美洲（梁洲）举办，次年11月再度举办梅花展，1937年6月南京建市10周年庆祝大会在环洲举行（图3-21，图3-22）（南京市地方志编纂委员会，1997）。

图3-21　1930年代玄武湖鸟瞰
来源：（Morrison，1946）

图3-22　1930年代玄武湖鸟瞰
来源：（朱偰，2006b：172）

莫愁湖公园　19世纪中叶，莫愁湖畔的楼阁曾经毁于兵火，1871年直隶总督曾国藩修复湖心亭、郁金堂、胜棋楼等，并广植荷花、柳树。1912年，粤军北伐阵亡将士墓建于湖畔（江苏省地方志编纂委员会，2000：132），孙中山题碑"建国成仁"，黄兴撰"粤军殉难烈士之碑"碑文，粤军总司令姚雨平撰"祭文碑"碑文。1914年巡按韩国钧修葺莫愁湖的楼台，并于湖西南隅拓地造景。1928年12月，南京特别市市政府公园管理处接管莫愁湖，辟为公园，重修胜棋楼，1929年开放后，四时览胜，游人如织。1931年，郁金堂、曾公阁等名迹遭水淹。1932年，南京特别市重修莫愁湖竣工，市长石瑛撰《重修莫愁湖记》（图3-23，图3-24）（南京市地方志编纂委员会，1997：220）[1]。

白鹭洲公园　1924年，金巴父子在东园故址设立义兴善堂，当时士绅又集资开设一个茶社。同年修葺东园故址内的鹫峰寺时发现墙内有镌李白名诗《登金陵凤凰台》的石刻，茶社取名为白鹭洲茶社。后东园故址上又进行了拓建，修筑烟雨轩、藕香居、沽酒轩、话雨亭、绿云斋、吟风阁等，形成初具规模的小型园林，但后

[1] 见南京园林志和莫愁湖史事年表（http://www.njyl.com/article/s/581094-314512-0.htm）

来义兴堂经营不善，园林景观也渐趋凋零。1928年10月，南京特别市市长令工务局筹建白鹭洲公园，1929年建成，面积约2000平方米，并以春水垂杨、辛夷挺秀、红杏试雨、夭桃吐艳合称为鹭洲春日四景（图3-25，图3-26）（南京市地方志编纂委员会，1997：353–354）。

图3-23　1920年代莫愁湖

来源：（吴福林，2009：14）

图3-24　1930年代莫愁湖曾公阁

来源：（朱偰，2006b：252）

图3-25　1930年代的白鹭洲公园

来源：（朱偰，2006b：257）

图3-26　1920年代的白鹭洲公园与平民住宅

来源：（国都设计技术专员办事处编，2006）

秦淮小游园　坐落在夫子庙贡院街中段，北面明远楼，南临秦淮河，东连文源桥，西接奎星阁。明清时，此处为开阔地，每逢大比之年便是江南公园期考试子点名的地方。清末时科举废除，贡院为商埠取代（南京市城镇建设综合开发志编委会，1994：406）。1922年北洋军阀统治时期，在此修建公园，供市民娱乐。1928年秦淮小公园经过充实设备，在东北角筑有茅亭，设儿童运动器具，园内种植花草树木，道路两旁设置石凳，供游人休息（南京市城镇建设综合开发志编委会，1994：406），并在大门设岗警。1929年，南京市公园管理处接收秦淮小公园，随后交白鹭洲公园管理（南京市地方志编纂委员会，1997：292）。

燕子矶公园　燕子矶公园位于南京城北幕府山东北角，北临长江，东至矶下沙滩子三台洞，有燕子矶头、观音阁等景点，是江南闻名的风景名胜。1934 年 9 月，南京市公园管理处辟燕子矶公园（图 3-27，图 3-28）（南京市地方志编纂委员会，1997：259）。

图 3-27　1930 年代燕子矶
来源：（Morrison，1946）

图 3-28　1930 年代燕子矶
来源：（Morrison，1946）

绿筠公园　由于首都建设需要，绿筠公园被改建为苗圃，日军占领南京后作为日军停车场[1]。

b 广场

夫子庙前的集市仍为重要的商业集市和公共性开放空间。与此同时，一种新的公共空间类型——城市广场出现在南京，这些广场与欧洲城市中自发形成的广场不同，是结合道路建设时修建的环形广场，最有代表性的是新街口广场和山西路广场。

新街口广场　始建于 1930 年 11 月 12 日，1931 年 1 月 20 日完工，曾称为第一广场，位于当时南京的商业、金融和娱乐中心。广场平面外方内圆，长宽均为 100 米，面积 1 公顷，中心岛直径 50 米，环形车道宽 20 米，人行道宽 5 米。初建时布置为中心直径 16 米的草地，向外依次是 8 米宽的弹石停车场，9 米宽的

[1] http://news.jschina.com.cn/system/2013/01/24/016058868_01.shtml

草地（四角有进出路），20 米宽的沥青车行道，5 米宽的混凝土人行道（苏则民，2008:249）。当时机动车交通量较少，市民可以方便进入广场（图 3-29，图 3-30）。

图 3-29　1930 年代新街口广场鸟瞰

来源：（佐藤定胜，1937：499）

图 3-30　1930 年代新街口广场

来源：（Morrison，1946）

山西路广场　位于中山北路、湖南路、山西路交汇处，1935 年市政建设时将十字平交口改为环形广场，中心岛直径 48 米，环形车道宽 10 米，环岛内侧筑有路牙及 1.2 米宽人行道，环岛外侧为 3 米宽人行道并铺路沿石，外侧为 2.4 米宽的排水明沟（苏则民，2008：250）。

c. 中山陵园

1925 年，为了遵循孙中山先生归葬南京钟山的遗愿，在钟山第二峰中茅山南坡建陵。1927 年陵园计划委员会决定将陵园北以省有林地为界，东迄马群，西至明城墙，南沿钟汤路，包括周围的明孝陵、灵谷寺等景点均划入陵园范围。1929 年 3 月，连接中山门、四方城和陵园的陵园路建成，两旁栽植法国梧桐，1929 年 6 月 1 日举行奉安大典。陵墓整个工程至 1931 年底告竣，此后陆续规划建设陵园路和植物园、音乐台、体育场以及一批纪念性建筑和配套设施（苏则民，2008：275）。“园中路网密布，平坦如砥，绿荫夹道，景物宜人，乃首都郊外之惟一大公园，抑亦我国近代造园界之最大工程也”（陈植，2009：216），从这个时期开始中山陵园已经是南京的著名风景区（图 3-31）。

图 3-31　1920 年代的中山陵

来源：http：//b43670.xici.com/b950270/search.asp

d. 水体与滨水地带

进入民国后，秦淮河随着南京城市的不断扩大与商业的兴盛，秦淮河水污染日益严重。南京市政府于 1929 年设立“秦淮河设计委员会”，对该河道进行了规划治理，先后修建了东水关、西水关等水闸工程，疏浚了水西门外护城河（外秦淮河的一段），使秦淮河得到初步治理（经盛鸿，2005：10）。

1921 至 1949 年间，南京接连发生 3 次（1921、1931、1935）大水灾，其中以 1931 年那次最为严重，是历史上的特大洪涝灾害，以致半个南京城遭水淹。民国时，市政当局制定了首都排水计划，但因连年战争，规划未得实现，整个排水系统也并未形成，仅山西路新住宅区范围内建有比较完善的分流制排水道系统，另在几条干道下埋设了下水管道。1927 年，市政当局在东水关偃月洞口修筑内外水池，防御洪水，1935 ~ 1936 年加建东西水管闸门，调节秦淮河水位，以防水患（南京市政建设志，1995：199–205）。

这个时期，城市空地面积很大，城内的新增建筑基本都建于空地上，仅有少量水塘被填埋，因此整体上水体变化不大，类型和数量都很丰富（图 3-32，图 3-33）。城南的秦淮河两岸交通方便，成为新居住区建设的主要基址，一些新公园也临水而建，如第一公园和秦淮小游园。

图 3-32　1930 年代的惠民河
来源：（杨新华，2007：305）

图 3-33　1930 年代的新街口附近王府塘
来源：（Morrison，1946）

1930 年代时，在城内夫子庙附近的秦淮河两侧建筑密集，到了大中桥以北则视野开阔，可以遥望钟山。园林学家陈植对秦淮河的评价是“明时旧院，皆临秦淮，歌楼画舫，环列其间。游秦淮者必资画舫，六朝已然，连舫接舻，于今尤盛。河上几无隙地，舒转极感困难，谓之水上架屋，洵非虚语。惟过大中桥以北，柳烟荡月，荻穗摇秋，为清溪胜镜。遥望钟山，烟岚紫翠，偶泛小艇，容与其中，六朝烟水，尽在其中矣”（陈植，2009：215）（图 3-34，图 3-35）。

图 3-34　1930 年代的大中桥及南侧的通济门
来源：（朱偰，2006b：42）

图 3-35　1930 年代的秦淮河桃叶渡
来源：（朱偰，2006b：17）

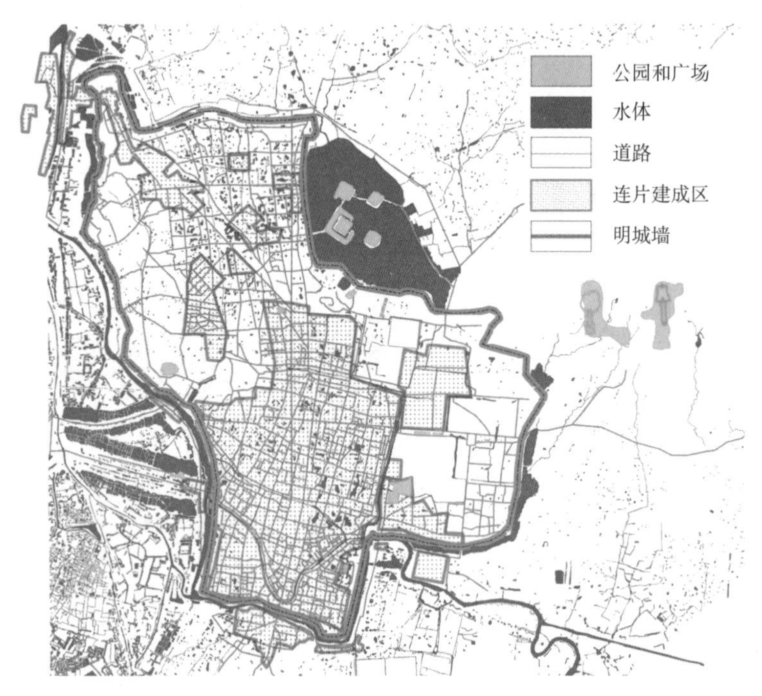

图 3-36　1937 年南京老城的连片建成区和开放空间

3.2.3　1937～1949年

（1）社会背景与城市建设

1931年日本发动侵华战争，在日本当局对中国实施的武力征服和战争恐怖威慑政策中，攻占南京被认为具有特殊的重要意义。1937年，日军占领南京，随后对南京城进行了惨绝人寰的大屠杀，南京城经受前所未有的劫难。

南京市内公共建筑和民居也在战火中损毁严重，南京最为繁华的三个商业区——市中心的新街口、中山路商业区，城南的中华路、太平路、夫子庙商业区以及城北的下关商埠区都被日军烧成一片焦土和残垣断壁。许多房屋在日军占领南京后遭日寇强占，导致市民居住条件大为恶化。1937年8月后，日军多次空袭“国立中央大学”（现东南大学四牌楼校区），并将其作为日军陆军医院，为防止抗日游击队袭击，还将周边的民房全部拆光。由西方教会办的金陵大学（现南京大学鼓楼校区）、金陵女子文理学院（现南京师范大学五台山校区）以及多所教会中小学校，在1941年12月日军发动太平洋战争后，也被日军占领、抢掠和破坏（经盛鸿，2005：579，826–827）。

日军进攻和占据南京期间对南京的历史文化遗产的破坏是多方面的，南京明城墙在此期间遭到严重破坏，中华门、光华门、通济门、水西门、中山门、雨花门及其间的城墙，在日军攻城时遭到狂轰滥炸。夫子庙的大成殿、魁光阁、得月台、思乐亭等建筑群全部被焚毁。规模宏大的静海寺也被战火所毁坏，愚园建筑几乎全部被毁。日军于1937年扩大明故宫机场，将第一公园夷为平地，当时尚存的明故宫西南角城壕也遭到破坏，西华门、社稷坛、棂星门和石坊等于1940年遭到破坏。

日本侵略军占领南京后，即搜罗汉奸、亲日分子组织汉奸政权，先后有伪自治委员会、伪中华民国为新政府督办南京市政公署和汪伪国民政府南京特别直辖市。日伪政府从未进行系统的城市规划和建设，只是将城市分区作为殖民统治和剥削的手段之一。

日军将南京市内最繁华的中心地区，北起国府路即今长江路，南到白下路，西起中山南路，东到长白街，将包括新街口、太平南路和中山东路在内的大片繁华街区，约220公顷范围，划为日人街，强行剥夺该地区内中国居民的住宅商铺财产，无偿供日本人使用，以吸引日侨定居，开办工商企业。短时间内日本侨民迅速增加，1939年，日军将日人街向全城各个街区扩张，任意霸占中国居民的房产（经盛鸿，2005：781–783）。

日伪当局出于防御和思想控制、奴化教育进行了少量的建设。日本侨民和日本驻军在南京城内外先后建起多家日本的神社。1939年10月，“中国派遣军总司令部”在南京建立后，日军总部立即着手在南京建造一座在中国规模最大的神社——南京神社，以尊崇日本天照大神，祭奠阵亡日本军人，暂时安放其骨灰。日本当局还希望此神社不仅供日军和日侨参拜，而且能吸引中国居民的尊崇和信仰。五台山是当时南京城内的制高点之一且临近清凉山的日军火葬场，被日军选为社址。南京神社建造施工始于 1940 年 2 月，1941 年底建成（经盛鸿，2005：781–783）。

日伪当局为了增加中国人民对日本殖民者的认同感，充分利用中国尊崇儒教的特点，如南京日伪当局在 1938 年夏下令将南京民国政府承袭下来的总理纪念周，改为孔子纪念周。由于夫子庙建筑群在日军进攻南京时严重损坏，1938 年 10 月 2 日，为了庆祝孔子诞辰，日伪当局将祭祀场所改为朝天宫，并将这个被日军损坏得千疮百孔的建筑也布置一新。1939 年初，日伪当局组织对夫子庙施工整修（经盛鸿，2005：785–786）。日军还十分注意利用各种宗教对中国民众的感化和控制，日军占领南京后不久，就迅速恢复了南京各佛教寺院的宗教活动，如毗卢寺、栖霞寺、古林寺、鸡鸣寺和灵谷寺等均香火鼎盛。1942 年 11 月，日军在武定门外为修建稻禾神社时，挖掘出唐代高僧玄奘顶骨和舍利的石函，日伪当局为扩大影响，大肆报道和宣传，并将玄奘佛骨分为五份，留在南京的那一份重新安葬在九华山（现为九华山公园），并仿西安兴教寺玄奘塔修建三藏塔（经盛鸿，2005：790–792）。

1945 年 8 月日本无条件投降后，从 1946 年 5 月国民政府还都南京到解放战争全面爆发期间，国民政府对南京进行了一些城市恢复和建设。首先进行的是城市道路的建设，如对中山路和下关热河路的路幅进行了拓宽，新辟北平西路，但是整体而言道路骨架不完整，干道不连接，尤其是城南地区仍以明清时道路系统为主，支路凌乱。其次是在新街口地区新增了一些大型公共和商业建筑，如鼓楼广场北面中央路与中山北路交汇处的中央银行南京分行大楼、太平南路的太平商场，形成新的商业中心。为了安置大量的政府机关人员及教师，在全市筹建了五个公教新村，总面积约 3.8 万平方米（南京市城镇建设综合开发志编委会，1994：112）。

1949 年 4 月 23 日，国民政府与军队全部撤离南京，次日凌晨，人民解放军入城，城内没发生战事，仅少量机构为国民党撤退时自行破坏。整体而言，南京城市没有受到破坏（薛冰，2008：103）。当时南京市有人口 100 多万人，累计住宅面积 743 万平方米，人均居住面积 4.83 平方米，南京城市道路总长 241 公里，面积 189 万平方米（南京市城镇建设综合开发志编委会，1994：112）。

（2）开放空间

日军占领南京期间，对于城市管理和建设主要出于殖民剥削和奴化教育的目的，大部分公园任其荒废，日伪政府也没有系统的公园规划和建设。抗战胜利后，国民政府还都南京后曾计划迅速恢复南京市政设施，为此对于公园也有多次规划。

1946 年，南京市园林管理处计划扩充原有公园（玄武湖梁洲、翠洲及莫愁湖、白鹭洲、鼓楼、燕子矶等公园共五区），增辟广场（新街口、山西路、鼓楼广场三区），布置林荫大道，完成全市绿化系统，建设现代化公园为当年的中心工作，同年编制出《白鹭洲公园计划大纲》。民国 36 年南京市园林管理处提出扩建雨花台公园和整理莫愁湖公园计划，同年还有建立南京市动植物园的计划，园址初选在玄武湖菱洲（南京市地方志编纂委员会，1997：680）。

1948 年，市园林管理处拟定了《园林工作纲要》。纲要鉴于“本京大小公园场地虽有多处……往往局促一隅，无由开展，长此以往殊非积极建设园林之道，且也地域不予确定，每举一事，甚易引起土地纠纷……”，首次提出，“京市应行规定之风景区域”划定界址范围，共有玄武湖风景区、莫愁湖风景区、雨花台风景区、燕子矶风景区、五台山风景区、汤山风景区六个。又拟请确定南京市动植物园基址进行第一期建设，认为“健全之公园绿地系统除隔绝各区外，必须互相贯通，至于绿面及绿带或组成环绕系统或组成放射系统或组成环绕放射混合系统”，纲要就当时城市绿化现状、绿地分类及设计雏议致南京都市计划委员会，报送了比较详尽的第一期资料调查表。其次对绿地进行了分类，一是园地，包括休闲公园、文化公园、运动公园、私人公园以及其他娱乐园场；二是林地，国家、省、市所保留之森林丛及有森林之山地；三是机场绿化隙地，四是保留旷地。设计纲要的总体构想是尽量利用山丘坡地湖泊河流，成为健全之绿化城市与独特之风景区域，提出九条设计原则：（1）尽快收购空荒及山丘地带；（2）多辟城区小型公园及广场；（3）实行山地植林；（4）建立玄武湖风景区，设计中之玄武湖风景区应包括一部分环湖山地，以环湖公园大道贯通，九华山、北极阁等皆宜在内；（5）开辟莫愁湖、古林寺、清凉山、五台山等风景区；（6）利用湖河水系统使成绿面及绿带；（7）开放学校、机关、运动场所；（8）开放公共机关园地旷地；（9）计划重植市内行道树。该报告还规划公园三年改旧观，完成整个玄武湖公园建设，增加环、菱、樱三洲公园 22.7 公顷，建立我国第一个动植物园，并疏浚玄武湖以增加蓄洪美化水上环境，完成儿童公园建设，拟以鼓楼公园之四周扩充园地增加设施，完成郊区公园建设，包括拓充莫愁湖公园、新辟雨花台公园，整理忠烈公园和拓展白鹭洲公园等。这个报告可以看作是南京绿地系统规划的雏形，但由于时势变化，多数设想没有实施（南京市地方志编纂委员会，1997：680；南京市地方志编纂委员会，2008：528，682；苏则民，2008：311）。

1947 年 1 月，任南京政府内务部营造司陈占祥及娄道信主持完成《首都政治区建设计划大纲草案》，面积约 5 平方公里的中央政治区以明故宫旧址为中心，东南两面以城墙为界，西沿秦淮河，北面自竺桥东经国防部至突出之城角为界。大纲草案提出“区内天然景物，与有系统之河流，及未破坏之古迹均应修缮保存。”在土地分配方面，提出“区之四周，沿秦淮河与城墙，以及旧有市立公园等地，均配置为园林地域，用以保存绿地，增益风景。”整个政治区内的公园及运动场，“除西南部旧有者外，拟将东南沿环区路以外城垣以内地带，全面配置。西部则利用秦淮河配置之。大运动场设旧有公园，小者利用其他公园之一部”（陈占祥，2005）。同年2月，南京市都市计划委员会制定了《南京市都市计划大纲》，内容包括范围、国防、政治、交通、文化经济、人口、土地八个方面。总体而言，《南京市都市计划大纲》只是一份纲要，不是完整的城市规划，并不包括直接涉及与开放空间有关的内容（苏则民，2008：295–296）。

之后解放战争，国民政府无暇顾及城市建设，城市发展处于停滞状态，上述这些规划所需款项浩大，绝大部分都没有实施，仅就几座旧公园稍事修葺。南京的开放空间尤其是公园经历了明显的衰落，至1948年底，全市可供游览者仅有玄武湖梁洲、中山陵园、灵谷寺、明孝陵几个景点，白鹭洲与莫愁湖的极小部分，其余皆沦为蔬圃菜畦、鸭塘鱼池、断壁残垣或垃圾堆（南京市地方志编纂委员会，1997：106）。如下为根据相关史料整理的该时期开放空间情况：

a. 中山陵园

日本军国主义当局了解孙中山在中国人民中的崇高威望，因此在发动侵华战争和在南京推行殖民统治政策时，始终注意利用孙中山的影响，日军在空袭和进攻南京时就注意避免攻击中山陵、孙中山任临时大总统的办公地址和其他重要遗址。中山陵园成为当时南京园林中唯一没有遭受日军破坏、保存较好的例外，但林木与花草缺乏抚育管理，如原二道沟观梅区在日军侵占期间成为一片荒芜之地。而紫金山上其他纪念性建筑如谭延闿墓、阵亡烈士纪念馆、航空烈士公墓和孙科陵园新村公馆等均遭到不同程度的破坏。1945年国民政府还都南京，加强钟山林木管理，大量增补各种花木和行道树，基本恢复原貌（南京市地方志编纂委员会和南京园林志编纂委员会，1997：113；南京市地方志办公室，2003：206）。

b. 公园

玄武湖公园　在日军侵占南京时，开武庙闸，泄湖水，摧毁建筑，砍伐花木（南京市地方志编纂委员会，1997:174），动物园被毁，汪伪时期于旧址重建，抗战胜利后梁洲建小规模动物园。1947年7月，南京市动植物筹备委员会成立，曾计划征用太平门至和平门间民地5.34公顷，但未实现（苏则民，2008：276）。1949年春，玄武湖仅梁洲、翠洲大部分和环洲的一部分为供市民游赏的园林绿地，其余仍是湖民村落、农田菜畦、果园和权贵宅院（南京市地方志编纂委员会，

1997：175，622–623）（图 3-37）。

图 3-37　1940 年代玄武湖
来源：（秦风，2005：208，209）

第一公园　1936 年 9 月，第一公园隶属于日伪南京市政公署事业局园林管理所，公园管理机构为第一公园办事处，办事处兼管政治区、白鹭洲、秦淮小公园（南京市地方志编纂委员会，1997：289–291）。1936 年，明故宫机场扩建，第一公园成为机场的一部分（苏则民，2008：275）。1939 年，第一公园被日军夷平建成机场列入"使用范围"，为扩建明故宫机场占用。

鼓楼公园　1937 年底，侵华日军占领南京后，伪政府设鼓楼公园办事处，兼管莫愁湖、五台山、清凉山及街道行道树。1946 年 5 月国民政府还都南京，设鼓楼公园管理所，鼓楼公园在日军占领南京期间损坏较轻（南京市地方志编纂委员会，1997：106，329）（图 3-38，图 3-39）。

图 3-38　1930 年代鼓楼附近
来源：（Morrison，1946）

图 3-39　1930 年代鼓楼公园
来源：（Morrison，1946）

白鹭洲公园　日军侵占南京后，1938 年 9 月，白鹭洲公园与秦淮小公园划归第一公园办事处管理，后公园内地痞流氓横行，成为藏污纳垢之地，园景也日趋荒凉，四时佳景不复存在。至新中国成立前，该园已沦为一片废墟，断桥残垣，荒烟蔓草，臭水一泓，大部分土地成为菜畦（南京市地方志编纂委员会，1997：353–354；南京市城镇建设综合开发志编委会，1994：405）。

秦淮小游园　1937 年底日军侵占南京后，秦淮小公园由第一公园办事处兼管，1939 年 6 月，秦淮小公园改为儿童乐园并移交教育局管理。1941 年 7 月，儿童公园被拆除，园址上修建商场（南京市地方志编纂委员会，1997：292）。

清凉山公园　1935 年 10 月，蒋介石曾"面谕辟清凉山、绣球山公园"（南京市地方志编纂委员会，1997：105）。1937 年底，侵华日军占领南京，山林与建筑遭到破坏。抗战胜利后，国民政府虽欲重建，却无能为力，拥有城市山林、六朝胜迹、清凉古迹诸称的清凉山，至新中国成立前夕仅剩一丘荒山和扫叶楼的断壁残垣（南京市地方志编纂委员会，1997：253）（图 3-40，图 3-41）。

忠烈公园　国民政府定都南京后，在中华门外石子岗辟建安德门公园。1937 年底，南京沦陷，侵华日军在此立"报忠碑"、"表忠亭"（图 3-42）以纪念战死日军，1946 年 5 月国民政府铲除日军所建碑、亭。1947 年 9 月 3 日国民政府将被日军杀害的九位驻菲律宾使节忠骸安葬于此，更名忠烈公园，颁发"南京市忠烈公园"牌匾。九烈士墓地占地 800 平方米，甬道两旁栽植龙柏，墓地四周种植石楠、女贞、龙柏（南京市地方志编纂委员会，1997：370–371）。

图 3-40　1930 年代的扫叶楼
来源：（朱偰，2006b：247）

图 3-41　1940 年代的清凉寺
来源：（Morrison，1946）

截至 1948 年，南京园林管理处共辖玄武湖（37.5 公顷）、莫愁湖（陆地 2.3 公顷）、白鹭洲（1.5 公顷）、燕子矶（2 公顷）、忠烈（13.3 公顷）、鼓楼（1.3 公顷）六处公园，当时园林管理处设址玄武湖梁洲（南京市地方志编纂委员会，1997：732）。

c. 广场

夫子庙地区作为老城的核心地区，夫子庙及周边的城市肌理没有发生变化，虽然大成殿等建筑遭到日军破坏，但是庙前的广场在抗战胜利后仍是城南主要的商业和公共空间（图 3-43，图 3-44）。

图 3-42　表忠亭

来源：（Morrison，1946）

图 3-43　1940 年代的夫子庙

（大成殿已经被日军炸毁）

来源：（Morrison，1946）

图 3-44　1940 年代的夫子庙

来源：（Morrison，1946）

新街口广场　1942 年 11 月 12 日，为纪念孙中山诞辰 76 周年，汪伪政府拆除新街口广场中心的喷水塔，将原中央军校内孙中山铜像移至广场中心（南京市地方志编纂委员会，1997：125），面向北方，同时将宽 8 米的停车场和宽 9 米的草地改造为混凝土路面及植树带，并修建四座小喷水池（苏则民，2008：249）（图 3-45）。

图 3-45　1940 年代的新街口
来源：http：//www.xici.net/b950270/

d. 水体与滨水地带

对比上个时期的地形图与此时期的航拍图可以发现，水体整体上变化不大。但是随着城市建设，城内很多水塘被填埋作为建筑用地，尤其以白下路、建邺路到鼓楼一带水塘减少最为明显，由于老城内的填充，秦淮河两岸的进一步稠密化导致一些与之相连的水体成为建筑群中孤立的水塘，秦淮河从串接大大小小的水塘逐渐变成一条单一的水渠（图 3-46，图 3-47）。

图 3-46　1940 年代的通济门与秦淮河
来源：（Morrison，1946）

图 3-47　1940 年代的石头城与秦淮河
来源：（Morrison，1946）

1948 年，市政当局对秦淮河进行治理，提出采取抽水、引水、疏浚、堵塞、铺设截留管等方案，除中段局部进行疏浚外，其他均未实施。南京解放时，秦淮河因年久失修，河水污浊，严重影响环境卫生（南京市政建设志，1995：199–205）。

3.2.4　1949 ~ 1979年

（1）社会背景与城市建设

1949 年后的短短 30 年，历经了新中国成立后百废待兴、抗美援朝、“大跃进”

和“文化大革命”以及拨乱反正几个阶段，可谓是中国近代以来最具波折的时期。

1949年时，南京城市人口，大多居住于鼓楼以南的老城区，以及中华门外和下关地区。鼓楼傅厚岗、山西路以北、西康路以南，逸仙桥以东，基本上还是菜地、丘陵和池沼。此时民国时期建成的城市路网，仍是南京城区的道路骨架（薛冰，2008：108）。解放后，国家把恢复和发展生产作为一切工作的出发点，进行了工业建设为重点的生产性建设。1950年，朝鲜战争爆发，党中央组织志愿军抗美援朝，并制定了边打、边稳、边建的方针，在国防开支优先的前提下，对经济建设采用重点进行和有计划推进。到1952年，全国的国民经济得到全面恢复，南京也迅速从大量人口的流失中恢复到256.18万，与国民党撤退前持平（256.7万）（周岚等，2004：20）。

1953年开始，我国执行第一个五年计划，标志着大规模的有计划的社会主义建设和工业化的开始。南京虽然不是一五建设的重点，但是城市在这一时段也得到长足的发展。1952年南京成为江苏省会后，随之设立的部委、厅局等各种机构使得城市基本人口增加；同年的大专院校调整，全市大专院校从解放初11个，迅速增加到1954年的56个（含军事院校），教职工和学生达12.3万人；解放初，工业企业58个，工业用地59公顷，到1957年工业企业总数增加2.2倍，职工增加8倍，工业用地增加7.3倍。机关、大专院校和工业用地是当时南京城市扩张的主要内容，这使得南京迅速从消费型城市演变为一个生产型城市（周岚等，2004：20）。1958年“大跃进”开始后，很多工业项目纷纷上马，城市建设用地处于失控状态。南京建成区的面积在短短三年内增加了27平方公里，几乎增加了50%。这个时期贯彻先生产后生活的政策，住宅建筑大为下降。

经过一五时期的建设，南京在1957年的城市建成区面积从1949年的42平方公里增加至54平方公里，建成区人口从67.6万增加至99.7万人，全市总人口从256万增加到300多万。这个期间的住宅建设，过于强调“充分利用”，导致住宅和市政公用设施降低标准（周岚等，2004：21）。

1958 ~ 1960年的“大跃进”时期，南京工业建设速度过快，规模过大，城市和城市人口过分膨胀，加重了旧城负担。工业基建投资占城建总投资的70%，工业用地重量和比例急剧上升。之后，长江大桥通车，交通便利、工业基础以及人才优势，使得南京成为国家化工、冶金机械、建工等重工业的重点投资区。这一时期，南京的城市扩张除了在老城内填平补齐外，以工业企业为主体，开始跳出老城向北部扩张。这个期间贯彻先生产、后生活的方针，导致住宅建设严重不足，只占城市建设总投资的5%。“文革”初期下放的20万知青、干部在“文革”后期大规模返城，又加剧了住房供需的失衡（周岚等，2004：21），其中很多返城居民已经失去原住房，为解决他们住房问题，大量的简易住房修建在城墙两侧甚至城墙上（薛冰，2008：112）。

从 1966 年到 1976 年的“文化大革命”期间，城市建设处于极度无序状态，除了绿地、文物古迹遭到严重破坏和侵占，还到处见缝插针进行建设。到 1978 年，除明故宫和城北的少量丘陵地带没有形成稠密建成区，老城内的填平补齐已经完成。此外，在老城外的建设用地也大量增加，下关、中央门以北已经形成连片发展，城南的雨花台已经被建成区半包围并与通济门、正阳门外的建成区呈相连之势，紫金山北麓的板仓、锁金村也颇具规模。

这一阶段，历史上对南京城市空间起到重要限定作用的明代城墙遭到大规模、长时间的拆毁，13 座明代城门被拆除 9 座，城墙被拆毁超过一半。城墙拆除始于 1954 年大雨造成的墙体坍塌事故，但随后由于基建用砖需要，开始拆除没有险情的城墙（曲志华，2007）。1958 年“大跃进”开始，拆墙完全失控。1960 年开始的三年困难时期，城建基本停滞，拆墙取砖暂时告停。“文革”期间城墙受到更严重的破坏，不仅拆除若干处城墙，还在城墙中开挖防空洞。1970 年代开始的道路建设如模范西路、建宁路以及后来的城西干道，拆除了大量城墙（薛冰，2008：108–112）。大规模的城墙拆除为后来的城市无序扩张清除了障碍。城市发展对交通提出更高的要求，新道路的增加，城墙的拆除和城门的增建，瓦解了古都的格局，也进一步促进了城市的扩张。

（2）开放空间

1956 年，国家建委领导视察南京指示“城市由内向外，填空补白，紧凑发展比较适合南京的实际情况”，市规划部门据此完成了南京市城市初步规划草图和总体规划的修订。

20 世纪 50 年代以来，南京市规划和建设部门以苏联的城市绿化理论为指导，陆续编制了一些专项绿地系统规划。1953 年，南京市政委员会规划处组织编制南京《城市分区计划初步规划》，参照苏联模式与定额指标，于 1954 年完成《城市分区计划初步计划》以及“城市用地分配图”。其中在绿地系统部分，提出玄武湖、莫愁湖和雨花台为全市性文化、休息公园，紫金山为森林公园，与河道干道绿地共同构成城市绿地系统（南京市地方志编纂委员会，2008：140–141）。

在 1956 年，市城建局组织编制了《南京城市规划（初稿）》，在城市性质中将南京定位为全国交通工业城市之一、文化中心、军事和政治中心，并提出“南京因自然及历史条件所形成，而具有风景名胜古城的特色”（南京市地方志编纂委员会，2008：143）。规划中城内大型公园绿地分别位于胡家花园、白鹭洲和城东南城墙转角处、五台山、原第一公园、西流湾、九华山、北极阁以及沿金川河、秦淮河的带形绿地，城外主要有莫愁湖、绣球公园、雨花台、清水塘和紫金山。

1956 年，由市建设局园林处编制的《南京绿化规划初步意见》中，将城区绿地分为城市公用绿地、城市专用绿地、郊区森林公园、苗圃四类进行阐述，提出开辟城南雨花台、城西莫愁湖两个大型公园，在居民区内适当分布花园和小花园的设想（南京市地方志编纂委员会，2008：500）。1961 年 4 月市建设局园林处编制绿化系统规划，拟定远景规划和 1961 ~ 1963 年的三年内初步计划，提出“大中小型绿地及绿化点线面的有机结合，有步骤地使南京成为绿彩香洁净的城市”的发展目标；规划远期公共绿地拟扩大为 1476 公顷，其中市级公园 4 处，区级公园及小游园 36 处，按城区 100 万人，公共绿地面积扩大 138 公顷，达到 380 公顷和人均 13-15 平方米。市级公园将继续扩建莫愁湖、玄武湖和中山陵，并在近期扩建四条风景线，分别是广州路、西藏路、北京西路风景线，北京东路风景线，秦淮风景线，城西沿护城河风景线，规划面积为 60 公顷。充分利用小块废弃地及原有古迹名胜，发展巩固居民区内小型绿地，约 10 公顷。近期扩建林荫道及绿化广场 5 公顷，为延伸北京东西路林荫道，新建太平门、北京西路和西藏路的绿化，拟开辟玄武湖北岸的环湖林荫路。规划还对防护林带提出具体要求，沿城墙建设环城防护绿带，滨河和滨江绿带分别要达到 60 和 100 米（南京市地方志编纂委员会，2008：503–504）。

1958 年 10 月，在大跃进的形势下，为了配合人民公社大炼钢铁，南京编制了一市三县轮廓规划和城区干道、广场的规划。1960 年又以三个月时间编制出《南京地区区域规划》初稿，为了配合工业大跃进，南京开始跳出城区向外扩张，进行外围城镇建设，规划部门以“一切为生产服务”为指导思想，随要随划拨，同时贯彻先生产后生活的方针，导致住宅严重短缺。1960 年 11 月，国家计划工作会议宣布三年不搞城市规划，第二年中央要求大力压缩建设规模，南京市政部门随后提出严格控制城市人口和土地，并进行持续三年的退地工作，但城市外围的松散布局已经定型。在 1966 年夏，“文化大革命”开始，南京城市建设与管理受到严重干扰，机构撤销，人员下放，各种管理制度基本废弛，这种局面直到 1970 年代晚期才得到控制（薛冰，2008：107–113）。

从“一五”计划的整体规划和切实建设，到“大跃进”期间脱离实际的规划设想，再到之后的恢复，整体而言，这段时期南京的城市开放空间如公园和广场在历经波折后有所充实，但是城市的无序扩张基本导致老城再无可能形成整体性的开放空间结构。现将历史文献中与开放空间有关的变化整理如下：

a. 公园

玄武湖　南京解放后，南京市政府按照大型文化休息公园的目标建设玄武湖，为便于管理，于 1951 年 5 月施行门票游园制度，在 1951 年迁移湖民、疏浚湖床，并拓宽沿城绿地与翠虹堤，连通台菱堤，扩大菱洲。1954 年，菱洲动物苑开放，到 1956 年公园陆地面积由建国初期的 35.26 扩大到 49.19 公顷，建成樱洲景区和台城景区。"文革"期间，玄武湖的自然景观和人文景观均遭受到空前的破坏，公园压缩花草面积，种植蔬菜、围湖造田，十里长堤的 3000 多株观赏树木被拔除，一些纪念性建筑损坏。一些单位也趁机挤占公园绿地，公园景观受到严重破坏（南京市地方志编纂委员会，1997：174–175）。文革后，园内道路建筑得以修缮，花木和游览设施也得到恢复。

莫愁湖 新中国成立后，南京市政府于 1951 年将莫愁湖列为第一区人民公园，在 1952 和 1955 年修整了胜棋楼、郁金堂等建筑。1958 年开始浚湖，在湖中造湖心岛 2600 平方米，陆地上堆山筑路、广植林木，并对建筑和部分景区进行改造，从此莫愁湖景观大变。1966 年"文革"开始，园林景物遭到严重破坏，建筑、花木等均遭到破坏，粤军墓也被炸毁；到 1976 年，经拨乱反正，公园开始恢复重建，并征西区和北区土地以扩大规模（南京市地方志编纂委员会，1997：221）。

郑和公园（原太平公园） 太平公园原址系明航海家郑和宅第后花园，民国时期为奉直会馆，新中国成立后荒废为菜地。1953 年市政府对秦淮河疏浚，以废弃河泥垫高地平 30 厘米，拆迁 80 余家住户，修整原池塘，1956 年池塘上建木桥两座，并在北面入口处建垂花门，1957 年堆砌假山和驳岸，修木质紫藤架。"文革"期间，垂花门被拆除，建筑和绿地被毁，园景破坏严重，周围也建起楼房。1977 年后开始恢复整建，对原有布局有所调整，将大门移至西北角（南京市地方志编纂委员会，1997：346–348）。

午朝门公园 南京解放时，午朝门四周为菜地，新中国成立后，政府拨款修缮午朝门，1956 年明故宫遗址被列为省级文物保护单位。1958 年成立午朝门公园，建园时，有石圆拱、石水缸、石鼓座等明代遗物出土，布置在公园北侧陈列。1980 年为迎接日本名古屋市访华代表团，公园四周建仿明清栏杆，增补花木（南京市地方志编纂委员会，1997：174–175）。

白鹭洲公园 1951 年，市政府组织对白鹭洲公园进行了抢救性维护，并拆除了危房吟风阁和绿云斋。1952 年结合秦淮河整治，公园疏浚扩地，建成以江南山水园为主格调的文化公园，增建话雨亭、曲廊等建筑和桥梁。1957 年，征用附近土地 1.33 公顷，建成秦淮区少年之家，并正式对游人开放。1959 年拆除园中小铁路，扩大水面堆筑白鹭岛，新建芳桥和翠桥。1961 年，公园面积扩大到 10.6 公顷。"文革"初期，公园遭受破坏，拆除花房，园景荒芜。1972 年开始对公园闭门整修，1976 年 5 月 1 日重新开放（南京市地方志编纂委员会，1997：353–354）。

和平公园　民国时期，该处为考试院旁的小绿地，日据期间建成钢筋混凝土的魁星阁。1956 年,市政府在此建成小型公园。“文革”期间民国时建设的“卍字”亭被改为“工字”亭,花草树木遭到破坏。之后树木补植、建筑修复,面积 1.84 公顷，水面 2386 平方米，一直为免门票公园（南京市地方志编纂委员会，1997：341）（图 3-48）。

九华山公园　九华山原为古代皇家园林——乐游园的一部分，历代均于山上营造风景林。日军侵占南京期间，山上建有三藏塔。新中国成立后，市政府在此设置景点，整修旧庙。1964 年，政府重建已经倒塌的小九华寺，但“文革”期间九华寺又遭到破坏。之后，整修三藏塔，修建了上山主次蹬道，并改造林相，山下建花房和苗圃，1978 年 7 月该公园正式开放（南京市地方志编纂委员会，1997：343–345）。

绣球公园　绣球公园陆地原为护城河畔荒地，民国期间沦为贫民窟，日军侵占时为兵营和集中营。1952 年，市政府鉴于此地山水自然景观优美，决定辟建绣球公园，1953 年底公园建成。“文革”期间，公园成为造反派集会场所，花木遭到摧残，长满荷花的 3 公顷莲塘被填平作为会场，公园中还建起砖瓦厂。1974 年又恢复为公园,1979 年重新开放并开始售门票(南京市地方志编纂委员会，1997：365–369）（图 3-49）。

图 3-48　1960 年代和平公园

来源：http：//www.xici.net/b950270/

图 3-49　绣球公园

雨花台烈士陵园　雨花台自古风光秀丽，国民政府定都南京后，在 1930 年代中期开始大规模植树造林。雨花台也是民国时处决共产党人和爱国志士的主要刑场，1949 年 12 月 12 日，南京人大通过了在雨花台建设烈士陵园的决议。到 1960 年，陵园土地总面积达 113.7 公顷（南京市地方志编纂委员会，1997：157–160）。

菊花台公园　在1950年由刚成立的雨花台烈士陵园管理，在“文革”时受到破坏，一直处于无人管理的状态。1972年划入天隆寺林场，1978年8月，恢复为菊花台公园（南京市地方志编纂委员会，1997：370–371）。

清凉山公园　民国政府定都南京后曾多次在清凉山植树造林，在南京被日军占领后，山林毁坏严重（经盛鸿，2005）。新中国成立后，政府开始封山育林，并修缮古建筑，到1950年代后期初具文化公园的规模，1960年正式开放，面积73公顷。1969年，南京市革命委员会撤销清凉山公园管理处，并将公园地域划归市自来水厂进行水厂建设，园林景观不复存在。1976年3月，市革命委员会批复恢复清凉山公园管理处，随后恢复重建工程开始，到1979年10月，扫叶楼和主要绿化工程竣工，随后又恢复了崇正书院、清凉寺等古迹和服务设施。但是直到1986年，自来水厂、硫酸厂等才从清凉山、石头城迁出（南京市地方志编纂委员会，1997：253–254）。

瞻园　瞻园始建于明初，为徐达私人府邸。太平天国期间为东王杨秀清府邸，天京沦陷后为清江南布政使司界。民国初年为江苏省长公署，1927年为国民政府内政部衙署。1958年，辟为太平天国历史博物馆，同年由刘敦桢主次修建工作，1966年竣工，1978年瞻园开放，其首次成为公共性游览场所（南京市城镇建设综合开发志编委会，1994：402）。

b. 广场

夫子庙　作为传统的商业中心，一直是南京市民最喜爱的休闲娱乐场所。“文革”时，孔庙、学宫作为四旧被拆除，至此夫子庙三大古建筑群所剩无几（南京市城镇建设综合开发志编委会，1994：363）。

新街口广场　仍是南京最主要的广场，1966年“文革”开始后，新街口成为“破四旧”重点区域，造反派甚至要将广场中心的孙中山铜像“扫”出新街口，搭建红色宫灯形牌楼（刘溪，2009：58）（图3-50）。鼓楼广场在解放时只是一个环岛交通广场，周边建筑不多，南下黄泥岗一带均为空旷地。1959年，鼓楼广场扩建，中心岛南北长112米，东西宽60米，广场外廓南北长172米，东西宽112米，车道也加宽到18米，增建人行道宽度8米，占地17.76公顷，为原大的三倍。1969年，鼓楼广场中建起一座检阅台，用以当时频繁举行的游行、集会、公判、批斗活动（薛冰，2008：108，112）（图3-51）。

c. 中山陵

1949年4月南京解放后，中央政务院接管中山陵并成立中山陵园管理委员会，随后交由南京市政府代管。此后，南京市开始对中山陵封山育林，并恢复中山陵、明孝陵和灵谷寺三大景区。除“文革”期间，陵园林区缺乏管理外，陵园及周边山林一直得到较好的保护和管理，景区得以不断充实如 1957 年开始建设的四级景区（南京市地方志编纂委员会，1997：110–113）。

图 3-50　1960 年代新街口广场

来源：http：//www.xici.net/d155504131.htm

图 3-51　1970 年代的鼓楼检阅台

来源：http：//www.xici.net/d113930640.htm

d. 水体与滨水地带

从 1949 年到 1979 年间，南京老城区及周边的水体有明显的变化，城市建设和爱国卫生运动填平不少水塘，农田水利和防洪工程也改变了一些水体的形态。

为改善居民居住区，1949 年夏和 1950 年夏，市军管会和市政府先后发动群众，开展以清洁大扫除、环境卫生教育为主的全市性卫生防疫运动。1950 年夏，全市有 4 万余人参加城市卫生运动，填平污水沟塘 9.21 万平方米，洼地 920 平方米。1952 年，全市民主党派、人民团体和科学普及学会、科学工作者协会发表声明，谴责美国在朝鲜战争中撒布细菌的罪行。随后，新成立的市防疫委员会领导和组织市民进行反细菌战和卫生防疫运动，除大规模清除垃圾、整治环境外，也疏通沟渠 479 处，计 356 公里；填平水塘、洼地 3886 个，计 9.91 万平方米。1953 年，全市的该国卫生运动逐步转入经常化、制度化。据统计，在 1950 年至 1959 年，全市共填平洼地 122 万平方米，疏通沟渠 118.5 万米。1960 年 1 ~ 5 月，上百万人次投入春季爱国卫生运动，疏通沟渠 37 万平方米，填塘垫洼 4 万多平方米。1970 年 6 月，全市有 100 多万人次投入卫生突击活动，疏通沟渠 1300 多条（南京卫生志编委会，1996：88–89）。

新中国成立后，由于大量高校、工厂和机关部门迁入南京，不少水体也被填平，以争取更多的建设用地。对河道、湖泊的疏浚，以及桥梁的修造成为城市建设的重点。在 1952 年编制的《南京市整治秦淮河五年计划初步方案》、《南京市城南区秦淮河整治计划的讨论》中对秦淮河整治方案的基点，是将其作为运输干道与生活污水排放水道看待。由于整治秦淮河经费浩大，上述计划仅部分实施，如 1953 年建设的武定门节制闸和对秦淮金川河的清淤工作（薛冰，2008：105）。1958 年，市政府组织实施了金川河的主流河道改道工程，由西瓜圃桥经安乐村到铁路桥，新开河道 2095 米，改变城北河道弯曲、排水不畅的现象。

解放前，玄武湖、莫愁湖杂草丛生，淤浅不堪。解放后市政府对玄武湖和莫愁湖进行了拓浚疏深，其中玄武湖挖土 200 余万立方米，使湖底降 1 米，并筑有新堤，修路建桥，完成了台城经菱洲到环洲新堤西南湖的改造工程，使五洲连为一体。长期泥沙淤积的莫愁湖经过拓浚疏深后，湖面扩大至今天规模，风貌大为改观（程楚斌，2000：36–37）。河西地区长期为沼泽地带，1960 年代后大规模兴修农田水利，水体也有明显的变化。

“文革”期间，部分河道由于长期缺乏管理，大量污水、垃圾和粪便流入河流，致使河道淤塞严重。原来的一些河道，如扬吴城濠珠江路段、金川河丁家桥段、进香河段都分别被填塞、壅断、盖板改做道路，致使整个完整的城市水系变成不能完全贯通的河道。原来已经变清澈的秦淮、金川河又回复到污浊恶臭的水质，两岸卫生、环境也大大恶化（程楚斌，2000：37）。

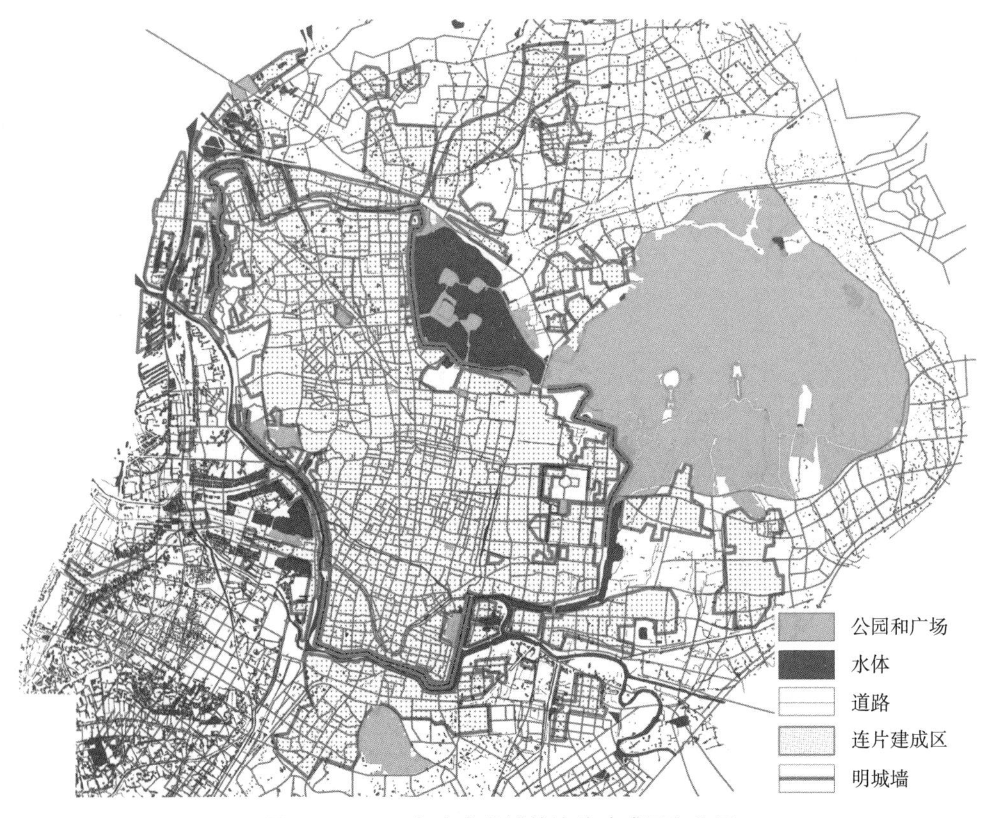

图 3-52　1979 年南京老城的连片建成区和公园

3.2.5　1980 ~ 2000年

（1）社会背景与城市建设

1970 年代后期，“文化大革命”结束，社会经济秩序逐渐恢复正常。此时南京老城内已经基本成为建成区，城外也有多处以工业为基础的卫星城，城市的有序发展亟需规划引导和控制。1978 年 10 月，南京规划局正式成立，1979 年南京市规划局组织编制了《南京市总体规划》（1981-2000）。1983 年 11 月国务院批准该规划，并特别强调了南京“环境优美”和“有古都特色”。规划提出圈层式城镇群体结构的总体布局思想，即市—郊—城—乡—镇，构成圈层式城镇群体，使全市大、中、小城镇组成网络。市区建设实行改造、提高、配套的方针，不再安排新建单位，郊区为蔬菜、副食品基地和风景旅游区，也是市区与主要卫星城的隔断地带，不得突破。市区之内的功能分区同样也按照圈层的设想，以鼓楼到新街口的椭圆形地带为核心区，核心区外围的环形地带为机械加工、仪表、纺织工业和相应的住宅区。环形地带的外侧东部为风景区，西部为蔬菜和副食基地，南北为市区对外的交通枢纽和仓库（薛冰，2008：116）。这部规划在当时是国内水平较高的总体规划，也是执行最好的一部规划。

从 1978 到 1990 年间，南京城市建设改变了之前的“重生产、轻生活”方针，重点在于解决市民居住问题。为了用最少的资金解决最多人的住房需求，最充分地利用老城已有的基础设施条件，住宅建设主要集中在老城内的填平补齐。在 1990 年前，住宅建设主要以政府投资为主，整体而言，居住区的建设规模较大，首先开发的是老城内剩下的开阔地带如明故宫周边的后宰门小区和瑞金新村，之后开始对老城实施旧城改造，采用增加建筑高度，将传统院落改建为兵营式住宅楼群，采用拆一建多的方式。这在很大程度上改变了传统的城市肌理（周岚等，2004：22）。

20 世纪 90 年代后，我国的社会主义市场经济体制逐步建立，房地产业的发展、第三产业的发展以及大量外资的引进加快了老城的变化，老城内的工业企业用地大部分转化为住宅用地和其他产业用地。1997 年开始的住房制度改革，货币分房取代实物分房，房地产由于利益巨大成为左右“城市更新”的主要动力。

地毯式的大拆大建成为一种常态，规划确定的历史文化保护地点、文物点、古河道等，由于缺乏政策保障措施，处于不同程度的消失和损毁中，多处自然景观被蚕食，城区内的小丘陵屡屡被推平供开发建房，多条河流被填平；多处历史街区被整片拆除，如夫子庙地区的开发过分强调商业环境，为了建设宾馆竟将秦淮河与白鹭洲之间的大小石坝街这一保存相当完好的历史街区完全拆除，南捕厅附近建造的多栋高层建筑，将周边天际线完全割断（薛冰，2008：124）。

由于缺乏有效引导和控制，高层建筑布局散乱，对南京老城的传统风貌和空间轮廓造成破坏。1993 年，南京市人民政府工作报告中曾提出主城内建设 100 栋高层建筑，形成具有时代特征的城市风貌，到 2002 年，老城区 8 层以上的高层建筑总量就达到 956 栋，占主城内高层建筑总量的 80% 以上，这些高楼大厦基本都是通过拆迁旧房屋、老街区建造的。这一阶段，南京古都风貌遭到史上少见的急剧破坏（薛冰，2008：124）。

1983 年批准的城市总体规划中提出的圈层式规划是为了在计划经济体制下对主城规模进行控制，1980 ~ 1990 年间，开放型经济得以发展城市快速扩张，这些使得原规划无法适应新的形势，1989 年南京市规划局组织城市总体规划修编。1995 年国务院批复同意《南京城市总体规划》（1991 ~ 2010），该版规划中突出了南京历史文化名城和古都风貌的重要性，明确"城市建设的重点应有计划逐步向外围城镇转移"、"集中建设河西新区、调整改造旧城"（南京市地方志编纂委员会，2008：166–167）。在 20 世纪 90 年代南京实际的城市建设中，老城的人口持续增加，城市功能进一步向老城集聚，城市建设的重心仍集中在老城，以外迁工业和住宅开发为导向城市新区开始向河西、苜蓿园、宁南等老城以外的地区发展，河西新区也没有起到接纳主城人口增长和承接城市新增功能的作用，形成了迄今仍非常突出的传统文化保护和现代化建设的矛盾（周岚等，2004：24–25）。到 2000 年后，河西新区的发展才使得南京主城区大大跳出明城墙的框架，同时，仙林和江宁作为新区也快速发展。

随着老城区人口和建筑密度的增加，交通亟待改善，道路的拓宽和路网的优化也是这个时期市政建设的重点。截至 1990 年底，南京市区建成主干道 25 条，次干道 37 条，广场 13 个，道路 979 公里，面积达 947 万平方米，先后开辟了虎踞路、滨江路、明故宫路、凤台路，拓建了龙蟠路、建宁路、和燕路、水西门大街、平江府路等（薛冰，2008：117），已大致形成以新街口至鼓楼为中心，基本建成的经线 3 条、纬线 5 条为骨架 90 条主次干道纵横贯通的方格式道路网络，使整个道路系统得以改善和发展（南京市政建设志，1995：31）。不过，老城内道路的改进不少是以历史街区、文物古迹和公园绿地被损坏为代价的，南京明代城墙和城门遗址首当其冲；再如 1997 年为了缓解城市中心区的交通压力，竟以砍伐两排悬铃木的办法拓宽中山路（李金蔓，2009）。

1980 年代初，保护明城墙已经得到多方共识，1982 年南京市政府发布了《关于保护南京城墙的公告》，同年南京明城墙被列为江苏省文物保护单位，此时基本完好和半损害类的城墙总共 21.3 公里，1988 年南京明城墙列入国家文物保护单位。尽管如此，城市的快速发展建设还是在一定程度上对明城墙造成了冲击。为了改善

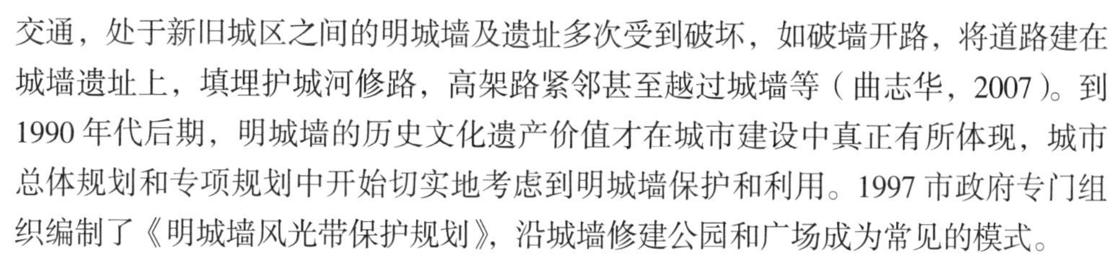

交通，处于新旧城区之间的明城墙及遗址多次受到破坏，如破墙开路，将道路建在城墙遗址上，填埋护城河修路，高架路紧邻甚至越过城墙等（曲志华，2007）。到 1990 年代后期，明城墙的历史文化遗产价值才在城市建设中真正有所体现，城市总体规划和专项规划中开始切实地考虑到明城墙保护和利用。1997 市政府专门组织编制了《明城墙风光带保护规划》，沿城墙修建公园和广场成为常见的模式。

（2）开放空间

1979 年南京市规划局组织编制的《南京市总体规划》（1981 ~ 2000）中，最主要的总体布局思想就是圈层式结构，风景区、蔬菜和副食基地成为圈层结构的重要组成部分。作为与该总规配套的《绿地系统规划》（1983 年），内容包括公园和绿地、市郊风景区、南京地区组织风景点和实现大地园林化三个方面。市内公共绿化规划要求充分利用山体、河道水面组织绿地，通过市区主次干道的街道绿化形成绿化网络；结合名城古迹恢复，新辟小公园，做到每个生活居住区至少有一块公园绿地，共计增加 13 个公园；在市区河道两侧及明城墙内外，各保留不少于 10 ~ 15 米宽的绿地，结合内秦淮河整治，以夫子庙为中心开展水上游览，恢复历史上的秦淮风光等。近期（1985）、远期（2000）人均公共绿地分别达到 6.18 和 9.73 平方米，城市绿化覆盖率分别达到 30% 和 50%。规划提出以中山陵、玄武湖、雨花台、清凉山等块状绿地或名胜为基点，通过带形绿地分别组成城东（从玄武湖、鸡鸣寺、九华山、富贵山、白马动物园至紫金山），城西（经清凉山通过外秦淮河及环城绿地北接古林公园，西与莫愁湖，东与乌龙潭、五台山体育馆公园相连），城南（雨花台、菊花台、三烈士墓和浡泥国王墓等），城北（燕子矶滨江公园、栖霞山、幕府山等）四大绿化片，开辟环城滨河绿地，整治内秦淮河、珍珠河水系，恢复古秦淮河水系林荫带（南京市地方志编纂委员会，2008：508）。

在 1995 年的《绿地系统规划》中，结合城市布局扩大和城市性质的转变，更注重城市自然景观和城市大环境绿化。规划提出以主城绿地系统为核心，以都市圈绿色生态防护网为基础，以道路、水系绿带相贯穿的城乡一体、内外环抱、经络全市、外楔于内的绿心——绿网——绿带构成的绿色生态系统。绿心为主城绿地系统，着重突出“山水城林”交融一体的特点，以明城墙串联主城内各风景区及沿城墙、城河的各个公园，形成环城公园；以风景区为主体，以中小公园、街头绿地以及居住区绿地、专用绿地为基本，以纵横分布的滨江滨河绿地、道路绿化、防护林带为纽带，形成主城点线面结合的绿化系统。绿网和绿带主要针对的是都市圈和市域空间，在此不再详述。

在老城和周边地带，规划除了提出形成明城墙内 15 米和护城河外 15 米（有滨河路以滨河路为界）的保护地带和发展明城垣公园，还提出在宝船厂遗址建设龙江公园，惠民河口建设老河口公园，石头城、汉西门等风景名胜公园，建设天妃宫、朝月楼、静海寺等游憩性公共绿地。绿地指标要求主城公共绿地近期 2140 公顷，人均 10.7 平方米，远期 2764.7 公顷，人均 13.2 平方米。

2001 年的《南京市绿地系统规划》按照国内园林城市和国际生态城市的标准，提出绿地规划的合理规模，以保证相当规模的绿色空间和绿地总量。规划主要着眼于市域生态骨架和组团隔离绿地，在主城绿地系统的规划中，强调城市绿地结构的整体性和系统性，突出绿地在城市生态环境中的作用。强调利用一切可能，实现从见缝插绿到规划造绿的跨越，保证 80% 以上的居民步行 10 分钟能到达一块公共绿地，计划增加公园 55 个，街头绿地 88 处，绿化广场 88 处，规划主城公共绿地 792 公顷（南京市地方志编纂委员会，2008：515–516）。

作为历史文化名城，城市规划部门在对文物古迹的保护和利用中往往也涉及园林、绿地，明城墙由于其体量巨大、价值特殊而有着包括开放空间在内的整体保护规划。

1984 年的《历史文化名城保护规划》中要求，城墙两侧，特别是城河之间要全部辟为环城绿带，城墙内侧 15 米内，外侧与护城河范围之间均为保护范围，要逐步拆除与景观无关的建筑（南京市地方志编纂委员会，2008：410）。1995 年的《城市总体规划》中的《历史文化名城保护规划》中更加重视明城墙周边环境的控制，要求明城墙外以护城河 15 米绿带为界，城内以城墙所依附的山体外围坡脚为界，无山无水及无自然、人文景观地段的城墙，向内外墙面各外延 15 米为保护范围，并外延 50 米作为建设控制地带。1998 年，南京市城市规划设计研究院编制的《南京明城墙风光带规划》（次年由市政府批复同意）中，提出全方位保护明城墙和整体开发明城墙风光带的设想，开发是将明城墙，包括现存城墙、城墙遗迹与城墙遗址作为一个整体开发，以形成环城绿色生态圈，并组织专项旅游（曲志华，2007）。

2002 年的《历史文化名城保护规划》要求依据 1997 年的《南京明城墙风光带规划》划定城墙的保护范围，由保护范围再外延 50 ~ 100 米作为建筑控制地带。该版历史文化名城保护规划还强调对山形水态格局的保护和对自然景观风貌的保护，钟山、富贵山、九华山、鸡笼山、五台山、清凉山、狮子山等都在重点保护范围内，水系保护突出保护秦淮河水系、金川河水系、历代都城的护城河水系以及玄武湖、莫愁湖、前湖等。

20 世纪 90 年代初，大连、上海等城市在全国率先兴建了一批兼有绿地性质的广场，全国很多城市兴起一股广场建设热潮。1996 年，南京市政府开始建设鼓楼市民广场，次年随着国家园林城市的创建和评定，以及旧城中脏乱差地区的大规模综合整治，南京加大了城市广场的建设力度。1998 年南京市规划局委托市规划设计研究院编制《南京主城广场规划》（图 3-53），规划以明城墙风光带及主要干道为串轴，规划在 2015 年时主城广场达 40 个左右，总用地 70 ~ 80 公顷，其中三分之二集中在明城墙附近和城内的中心城区。

图 3-53 1998 年南京主城广场规划图

来源：（南京市地方志编纂委员会，2008：522）

在快速城市化过程中，上述关于开放空间的规划仅部分实现，尤其是老城内开放空间的保护与建设有着巨大经济压力。不过整体而言，这个阶段城市开放空间建设取得了较大成就，老城及周边的主要变化如下：

a. 公园

玄武湖公园 1990 年代后，市政府对于玄武湖公园进行了持续的更新和改建，除了公园内部的景点建设和设施改进外，2000 年后环湖路以及周边小广场的修建使得这个大型公园与城市结合更加密切（图 3-54，图 3-55）。

莫愁湖公园　1990 年后，增建了抱月长廊、儿童广场、中日友好鸢尾园等，在原南门入口修建了和平广场（李蕾，2003）（图 3-56，图 3-57）。

图 3-54　玄武湖公园鸟瞰

图 3-55　玄武湖公园入口——玄武门

图 3-56　莫愁湖南门和平广场

图 3-57　莫愁湖南门和平广场

白鹭洲公园　1989 年，公园内增建环湖沥青路，1991 年建儿童乐园，1993 年为丰富公园文化内涵修复鹫峰寺。为了增加白鹭洲、秦淮河与周边的视线联系，还修建了一系列小广场（南京市地方志编纂委员会，1997：353–354）。

清凉山公园　“文革”期间清凉山公园划归市自来水厂进行水厂建设，1976 年后开始逐渐恢复为公园，修建了扫叶楼、崇正书院等，但直到 1986 年，自来水厂、硫酸厂等才从清凉山、石头城迁出，使得公园规模得以扩大，1990 年虎踞路西侧土地划出筹建国防园（南京市地方志编纂委员会，1997：253–257）。

古林公园　古林公园因其地原有古林寺而得名。古林寺最早称观音庵，为梁代高僧宝志创建。南宋淳熙中改称古林庵，明清期间几经兴废，至建国初期，古林寺颓废不堪，成为农民菜地。1959 年为省级机关园艺场，1980 年代初在原古林苗圃基础上建园，1984 年 4 月 23 日纪念南京解放 35 周年时对外开放（南京市地方志编纂委员会，1997：265）。

郑和公园　1983 年太平公园开挖荷花池时，发现郑和府第遗物。在 1985 年为纪念郑和下西洋 580 周年，太平公园更名为郑和公园，园内增设郑和雕像和纪念馆，并增植花木草坪，增建园路，并开始征收门票（南京市地方志编纂委员会，1997：346–348）。

图 3-58　乌龙潭公园

白马公园　位于玄武湖和紫金山之间，面积 28 公顷，建成于 2000 年 12 月，公园收集了展示南京历史的历代石刻文物，公园中还建有小型高尔夫场等设施（李蕾，2003）。

乌龙潭公园　乌龙潭三国时为运渎和潮沟交汇入江处，以其清幽典雅、岚影波馨的自然景观名闻遐迩。明清以后，达官显贵于其周边辟筑园墅，可考者就有十余处。新中国成立前夕，淤积不堪，周边景点破败。1982 年市政府批准在此筹建公园，恢复名胜古迹，1989 年，乌龙潭公园建成开放（南京市地方志编纂委员会，1997：331–333）（图 3-58）。

环城墙公园带　1990 年后，明城墙的历史文化价值受到重视，结合明城墙修建了月牙湖公园、神策门公园、武定门绿地、东水关公园、小桃园、狮子山景区等公园绿地，沿明城墙形成了中华门、台城 – 九华山、神策门、狮子山石头城五处一级景区，东水关 – 白鹭洲、中山门 – 月牙湖、前湖 – 半山园、琵琶湖 – 富贵山、绣球公园、挹江门 – 小桃园、汉西门、石头城等二级景区（图 3-59 ~ 图 3-63）。

图 3-59　神策门公园

图 3-60　武定门绿地

图 3-61　中华门东侧沿城墙绿地

图 3-62　小桃园

图 3-63　狮子山阅江楼

此外，自 20 世纪 80 年代以来，原国民政府总统府大院中的机关单位陆续搬迁，1998 年在总统府旧址之上，市政府开始筹建南京中国近代史博物馆，如今已经成为重要的文化游览场所。瞻园二期扩建工程于 1987 年竣工开放，2008 年后再次扩建（南京市地方志编纂委员会，1997：299–301）。

到 20 世纪末，南京的绿地建设取得较大进展，园林绿地面积较 1990 年增加 13.8 平方公里，其中公共绿地面积增加 6.63 平方公里，人均公共绿地面积增加 1.7 平方米，1997 年南京被授予国家园林城市（薛冰，2008：126）。

b. 广场

这一时期，变化最为突出的就是城市广场的兴建，1996 年开始建设的鼓楼广场是这时期最早的广场，随后山西路市民广场、北极阁广场、汉中门广场等陆续建成，这些广场主要分布在明城墙附近以及明城墙范围内，这些广场有的结合商业环境、有的结合文化遗址，成为南京市民重要的户外公共空间。到 2002 年全市共有市民广场 66 个，总面积超过 198 万平方米（南京市地方志编纂委员会，2008：520）。其中明城墙周边及城内的规模较大的广场有：鼓楼广场、大行宫广场、山西路市民广场、汉中门广场、水西门（图 3-64，图 3-65）。

图 3-64　西安门广场

图 3-65　水西门广场

除了专门的广场，一些公园入口或边界处增建了街头绿地或广场，如莫愁湖公园南侧的和平广场、绣球公园北入口的广场、神策门、明故宫广场等。此外，1983 年，南京市人民政府开始恢复夫子庙古建筑群，1983 年起分批实施，到 1990 年时已经实施项目 104 个、总建筑面积 17.6 万平方米，夫子庙成为著名的步行商业街，历史上具有集市、公共空间功能的夫子庙前广场经过整修后成为重要的市民空间。

c. 紫金山风景区

1990 年代后，南京市政府对紫金山风景区进行一系列的扩建，形成了中山陵、明孝陵、灵谷寺为主的景点群。2005 年紫金山与周边景点的整合开始，2006 年，紫金山景区的梅花谷、琵琶湖对外开放。

d. 水体

1980 年代后，南京市政府逐渐重视城市水系建设的作用，投入大量人力物力整治河道，发展水利，其中以治理两河一湖（秦淮、金川、玄武湖）为重点（程楚斌，2000：38–39）。

在 1980 ~ 2000 年这段时间，老城内的水系变化不大，但是城中不少水塘被填埋，如山西路广场以北很多小水塘被填平，西家大塘的面积也大大减小，城北的金川河部分消失或者被建筑挤占。老城周边变化明显的如惠民河和河西地区，1999 年惠民河变成暗涵，上面建成惠民大道，1980 年代前河西地区主要以农田水体为主，随着城市向河西的建设力度增大，首先是农田水利的渠化，随后城市建设使得水体大面积减少，莫愁湖和城南水体也明显减少（图 3-66，图 3-67）。

图 3-66 中央门长途车站旁的护城河

图 3-67 面积极度缩小的西家大塘

秦淮河作为与南京老城联系最密切的河流，在 1980 年代后由于环境污染等问题受到重视。南京市启动秦淮河环境整治项目，涉及水利、环保、市政、园林、交通、旅游等多项子工程。1980 年代初期主要是水利和环卫方面主管。1982 年市政主管部门编制了《南京市内秦淮河整治工程计划》。1985 年实施的内秦淮工程主要有疏浚、驳砌河道，改建闸站、桥涵，引水冲释河道，改善水质，治理和截留污水、废水，二期工程为东水关至中华门段的河道清淤，三期工程为珠江路段的竺桥——逸仙桥——大中桥整治工程。1988 年建成西水关排涝泵站（南京市政建设志，1995：208；程楚斌，2000：38–40）。2000 年后，“让秦淮河重新成为一条流动的河、美丽的河、繁华的河”成为秦淮河整治的目标。2002 年 4 月，市政府启动外秦淮河的综合整治，市规划局综合各方意见于 2002 年 7 月形成了《外秦淮河水环境综合整治规划》，作为外秦淮河整治工程的实施依据。整治工程分两期，其中一期工程为主城段（三汊河口——运粮河口）16 公里作为整治的重点，于 2005 年完成。

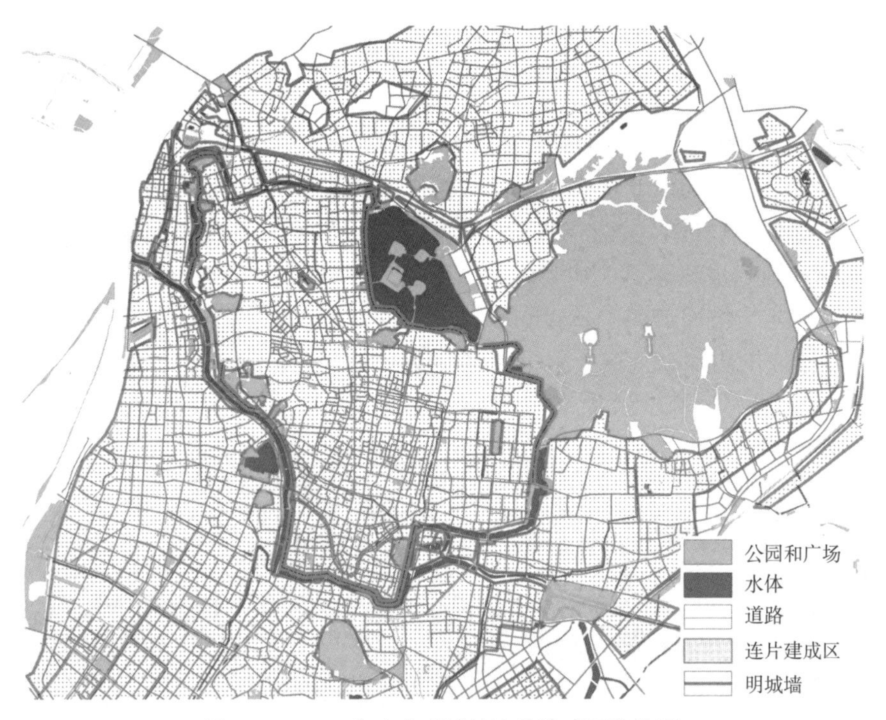

图 3-68　2000 年南京老城的连片建成区和公园

3.3　南京开放空间演变分析

在 1900 ~ 2000 年这百余年时间中，南京的人口从 1901 年的 22.5 万人增加到 2010 年底南京常住人口为 800.5 万人，老城内的人口在 2000 年达到 132.93 万人，占当时主城人口一半以上（周岚等，2004：26）。城市建成区也从城南秦淮河一带发展到整个老城并向外围大规模蔓延，在建筑和道路日益密集的过程中，开放空间也经历着复杂的变化。

本文以地理信息系统为平台，校正了大量的历史地图，重绘了 1911 年、1937 年、1949 年、1979 年、2007 年等时间断面的公园、广场、水体、道路等要素，在此基础上结合对规划档案、文史资料的整理，作者追溯了这三种开放空间的演变、社会背景和城市建设情况。

3.3.1　公园和广场

回顾百年，公园作为一种新的城市空间类型出现于清末民初。公园多依山傍水，沿明城墙内外分布较多，在老城的人口密集区（城南）较少。从百年来南京老城及周边主要公园的位置变化可以看出，其最初发端于人口稀少的城北地区，最主要的公园玄武湖和莫愁湖均为历史悠久的风景名胜。到 1937 年，南京的公园达到较大的规模，此后历经战争、政治变迁等一度处于停滞状态，在 1980 年后又有明显的增多，整体上，沿明城墙周边为公园分布较为密集的地方。

南京早期的公园大都有着突出的自然环境特征，在百余年来作为兼有自然要素与公共空间的场所，作为开放空间的主要类型，不仅数量多，建成后一般受影响较小。

南京现代意义的广场始于新街口广场，但是相当长一段时间内广场的数量很少，且多是道路环形广场的模式，对于公共生活的影响不大；而那些传统集市、寺庙等周围的场地由于商业和宗教活动影响，曾经是市民公共活动的主要场所，如夫子庙、朝天宫、鸡鸣寺周边等。在 1990 年后，广场数量迅速增加，除了鼓楼广场、山西路广场等规模较大的广场，还出现很多中小规模的广场，这些广场与公园构成了老城内市民休闲活动的主要场所（图 3-69）。

3.3.2　水体

城市中自然元素中变化最为明显的莫过于水体。在上个世纪初，南京城内的水体类型多样、规模可观（1910 年代时，城墙内水体面积不少于 2232402 平方米[1]），各个河流的连通性也比较好，1960 年代开始大规模填埋水塘，此后城市建设中不

[1] 城墙内水面 2232402 平方米系以 1930 年代民国军用地图重绘后计算的。清宣统的金陵省城测绘图上的池塘较民国时期乃至 1960 年代明显要少，不过从图面上依然可以看出在 1909 年城北的线状水体较 1930 年及以后的更为连贯。鉴于文献中没有民国后大量开挖水塘的记载，笔者推测清末时水塘应较 1930 年代更多，可能是当时地图测绘者在制图时未加重视而略去。

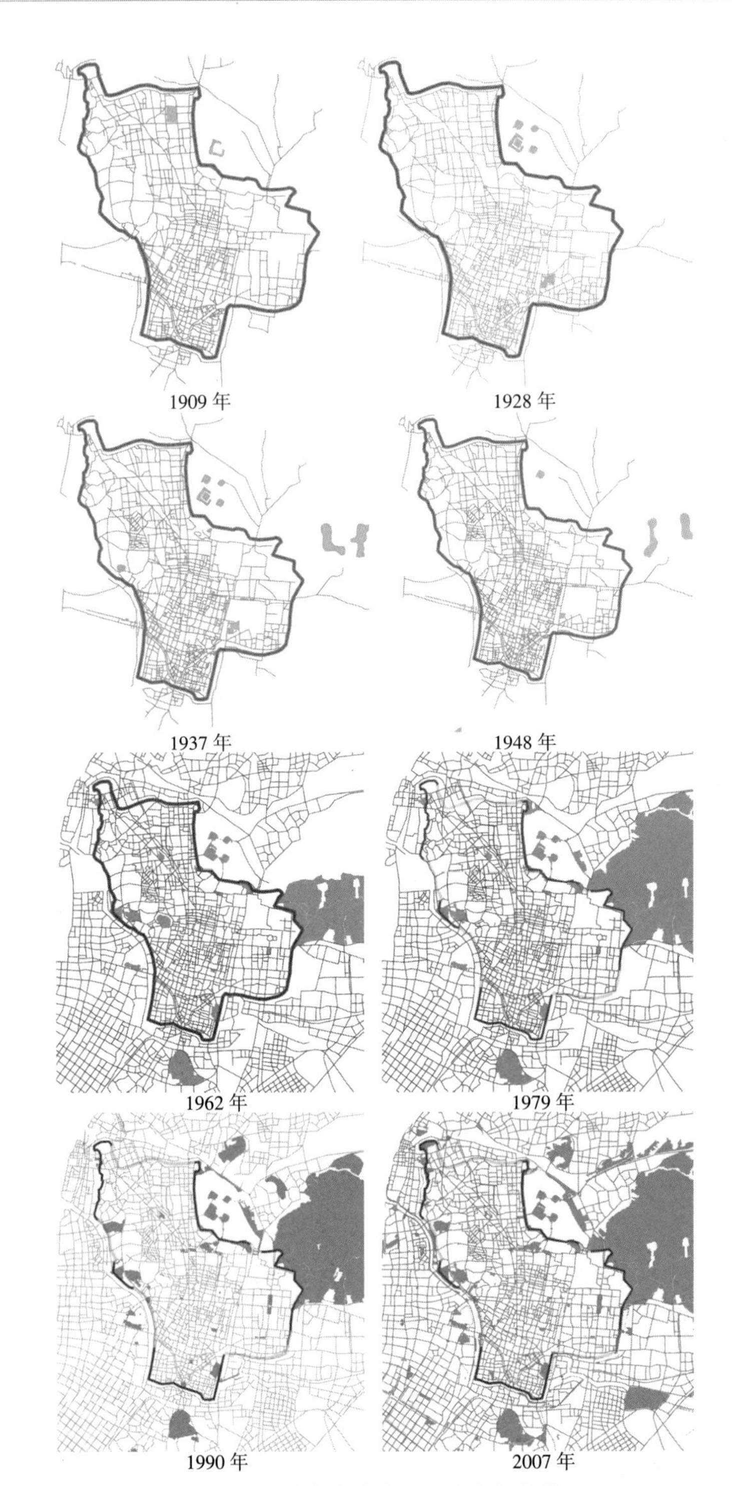

图 3-69　南京老城内公园和广场变化

断填埋水体，一些河流转为地下甚至断流，水体面积急剧减少（到 2010 年仅余 582032 平方米），城外尤其是西部和南部的水体面积减少更多（图 3-70 ~ 图 3-73）[1]。

1910 年代水体面积 6394740 平方米　　1930 年代水体面积 7543009 平方米

1962 年水体面积 6852261 平方米　　2007 年水体面积 4863293 平方米

图 3-70　南京水系变化

[1] 鉴于不同历史地图范围不一，其中 1909 年金陵省城测绘图地图范围最小，为了便于纵向比较，笔者以明城墙往外 500 米范围统计了其中各期水系的变化。为了比较各期水体面积的变化，笔者参照精度最高 1930 年代军用地图、1962 年军用地图和 2007 年地形图在 ArcGIS 中重绘了水体范围，同时为了便于反映整个时段的变化，对较粗略的金陵省城测绘图（1909）上的水系也进行了重绘。

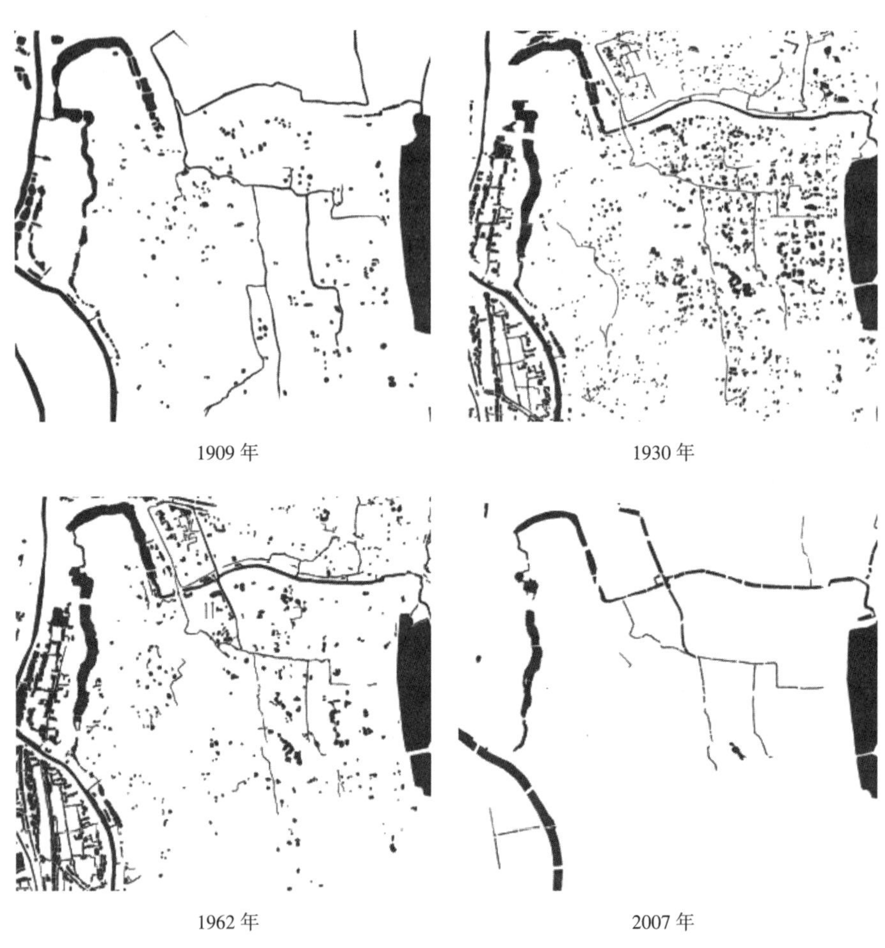

图 3-71　城北的水体演变

图 3-72　河西的水体演变（一）

图 3-72　河西的水体演变（二）

图 3-73　城东的水体演变

除城北外，河西、城东地段水体也大量减少或者有结构性变化。惠民河、进香河、金川河部分、内秦淮河北段、清溪河、上新河、紫金山沟、九华山沟等均被覆盖。伴随着水体面积的减少，水体周边的建筑密度也明显的增加，因此以水体为主的开放空间不仅在面积上缩小，其风貌景观上也有了明显的变化。

本章小结

罗马诗人 Cicero 将自然界分为两类，第一类自然原始自然（Wilderness），表现在景观方面是天然景观。景观的形成依赖地质、水文、气候等自然因素，人类活动没有对它产生太多影响；第二自然（second nature）是人类生产生活改造后的自然，是由人类活动创造的文化景观。16 世纪时，意大利历史学学家、人文主义者 Jacopo Bonfadio 说明了还有第三自然（third nature）[1]，是美学的自然，是比文化景观更进一步的园林，是人们在实用功能之上为了追求美学、欢愉的新世界，人类的智慧、技术被激发起来营造一个自然和艺术交融的环境（Cuthbert，2006：183–184；王向荣、林箐，2007）。

南京老城及周边近百年来开放空间的演变基本可以看作是第二自然逐渐减少的过程，同时在城市化历程中部分第二自然转变为第三自然。第二自然大幅度减少，作为第三自然代表的公园零星出现；在城市开放空间中，人工建成的开放空间是随着人口、建成区的增加而逐渐增加，并且空间分布上日渐分散；而水体、山林的面积是减少的，在城市密集化过程中这类开放空间逐渐萎缩。到 20 世纪末，随着城市发展，近自然的场地即第二自然几乎完全消失。

南京的城市公园始于南洋劝业会时期的绿筠公园和玄武湖，此时公园建设既有对传统风景名胜的传承，也包含着城市开发的尝试。在 1920 ~ 1930 年代，国民政府进行首都建设时公园初具体系，新街口广场作为新的开放空间类型出现。在城内尚有大片空地和农田，水体的连通性和数量远胜于今天的情况。日军的侵占使南京城市开放空间发展缓慢。新中国成立后，公园数量增加，与此同时大量水体被填埋作为建设用地，特殊时期城市的无序扩张使得老城迅速填充。1980 年代后老城向更高更密发展，公园数量有所增加，水体大规模减少，1990 年代后城市广场数量明显增加。100 年来老城内逐渐填充并不断蔓延的过程中，公园和广场从无到有，整体呈增加趋势，并随着历史变迁而波动。与此同时，城市中的自然元素和近自然场地如水体和滨水地带明显减少。

[1] http://en.wikipedia.org/wiki/Jacopo_Bonfadio

第4章　南京城市开放空间形态变化规律、成因和结果分析

4.1　开放空间的形态规律

在第3章中对南京开放空间演变历程的追溯，可以初窥南京城市形态演变的大体情况，城市建成区的空间形态与社会经济政治背景对开放空间有着错综复杂的影响，开放空间与其他类型城市空间的转化以及开放空间的转型都受到时代变迁的影响。

按照Garrett Eckbo和Peter Clark等学者的观点，公园、广场属于人工性的开放空间，水体属于自然的开放空间（Eckbo，2002；Clark and Jussi，2006）。公园、广场的出现及其变化是城化过程中人们改造自然以适应社会发展进程的典型活动之一，其形态的变化对于解读城市中人与社会、自然的关系具有重要的意义。随着南京城市人口的增加以及现代城市规划的发展，公园、广场等形式的人工开放空间随密集的聚居区增加而增加。作为自然开放空间代表的水体，是随着城市化进程而逐渐减少的。整体而言，在南京近百年的开放空间变化过程中，水体的变化呈单一减少趋势；广场到1990年后逐渐增多，之前少量的广场对整个城市的公共空间影响甚小；而公园的出现和演变贯穿了百年历史，并随着城市化逐渐增加和升级。因此本节针对公园及周边形态变化的考察来分析开放空间与城市的关系，将从局部尺度、整体尺度及其类型的转变三个方面进行。

4.1.1　形态复合体变化

对于历史城市的形态变化，康泽恩（M.R.G.Conzen）以详细的地块调查和地籍资料为基础，从平面布局（town plan）、建筑肌理（building fabric）、建筑和土地利用（pattern of building and land utilization）三个层面来分析，这三类元素相对独立又有所关联，是理解和表达市镇景观历史与空间结构的主要载体（M. R. G. Conzen，1960）。在特定的城市区域，这三个层面一起构成了有别于周围其他城市环境的形态复合，即市镇景观细胞（townscape cell）。这些市镇景观细胞组织成为

城市景观单元，不同的市镇景观单元进一步发展成为不同规模和等级的城市内部地区。城市景观单元（landscape unit）或形态区域是历史长期发展的结果，是历史和现代的叠加物。这种以形态复合体的分析方法来理解城市形态、景观演变过程已经在康泽恩本人及其众多追随者的研究中应用，这些研究案例也表明该方法在分析不同文化背景下的城市演变的适用性（Whitehand and Gu，2007）；这种形态复合体方法对认识形态变化背后的社会经济情况和规划举措也具有直接的参考价值（陈飞，2010；Whitehand，1994）。

近 30 年来，康泽恩学派的追随者继承并发扬了这种方法，对很多欧洲、亚洲城市进行了研究。不过这些城市形态学者的研究聚焦于以建筑、街道为主的建成区，很少涉及开放空间（Whitehand and Gu，2007；Chen，2012；Whitehand，Gu，and Whitehand，2011）。开放空间是对城市的土地利用系统以一种非限定方式补充使之完整的空间类型，表现为与其他城市空间相反的、松散的、扩散的状态（Lynch，1995）。尽管发生在开放空间中的社会经济活动较少，但是这种“公用的”、“虚空的”空间类型仍有一定的演变规律。采用形态复合体分析的思路不仅有助于解译开放空间演变的内涵和时序，还可以将其与周边环境变化结合起来进行整体性的分析。下文针对南京公园、广场的形态分析将从平面布局、风貌特征、使用功能及相关环境背景因素这四个方面展开。

玄武湖公园与城北片区　本片区位于南京城东北部，目前主要的开放空间有玄武湖公园、鼓楼公园、鼓楼广场、北极阁公园和广场、白马公园、鸡鸣寺和九华山公园，是最能体现南京“山水城林”一体景观的地段。玄武湖公园是南京面积最大的公园，在 1909 年举办南洋劝业会前仅梁洲部分建成公园，如今已经扩大到整个湖面及周边地区。鼓楼公园依托鼓楼，在 1920 年代时建成，与大钟亭一起成为该地段的公众游憩场所，现有的鼓楼广场和北极阁广场分别建于 1990 年代后和 2000 年后。百年中，该地区平面格局变化最突出的是道路，如中山路、小铁路的修建和拆除，北京东路的修建和拓宽以及鼓楼交通环岛的扩大；其次是建筑大量增加，并有相当数量的高层建筑；再次，道路的修建，地形平整导致自然要素的减少、弱化，如水塘的填平以及北极阁山体为建筑所包围甚至侵占。

景观风貌上，20 世纪 20 年代和 90 年代是明显的分界线，20 年代时主要是道路交通带来的风貌变化，50 年代太平门及周边城墙被拆除，90 年代后建筑迅速增加尤其是高层建筑的增加使得原本优美的天际线和自然风貌受到破坏。

玄武湖面积广袤，清末时为著名的市民郊游场所，1909 年，由于南洋劝业会的举办，靠近会址处开辟了丰润门，并筑翠虹堤连通环洲建陶公亭、湖山览胜楼，将其辟为公园绿地（江苏省地方志编纂委员会，2000：129）。这是南京近代首次进行正式意义的公园开辟和建设。国民政府 1927 年定都南京后，对湖中各洲陆续增建园林设施和道路，并举行各种活动，到 1930 年代时已经成为南京最负盛名的公园（图 4-1，图 4-2）。日军侵占南京时，部分建筑、花木遭到破坏。1949 年春，玄武湖仅梁洲、翠洲大部分和环洲的一部分为供市民游赏的园林绿地，南京解放后，南京市政府按照大型文化休息公园的目标建设玄武湖，为便于管理，于 1951 年 5 月施行门票游园制度，在 1951 年进行迁移湖民疏浚湖床，并拓宽沿城绿地与翠虹堤，连通台菱堤，扩大菱洲。到 1956 年公园陆地面积由建国初期的 35.26 公顷扩大到 49.19 公顷，建成樱洲景区和台城景区。“文革”期间，玄武湖的自然景观和人文景观均遭受到空前的破坏，一些单位也趁机挤占公园绿地，公园景观受到严重破坏。“文革”后，园内道路建筑得以修缮，花木和游览设施也得到恢复，公园范围逐渐扩大。1990 年后，市政府对于玄武湖公园进行了持续的更新和改建，包括修建情侣园、环湖路、玄圃等。2000 年后，在湖的北面修建了一系列小广场与城市道路相连。

玄武湖公园及周边平面布局、风貌特征、使用功能及背景环境分析如表 4-1。

玄武湖公园与周边形态复合体及背景环境分析　　表 4-1

分析要素		1900 年代	1930 年代	1970 年代	2000 年代
平面布局	入口、边界	通过长堤可进入趾洲（今翠洲），边界物为城墙、水体	玄武门和长堤可到达各洲，边界物为城墙、水体	有明确的、数量确定的入口，边界物为城墙和公园围墙、水体	新增广场式入口并与城市道路相连，边界物为城墙和公园围墙、水体
	水陆关系	自然岸线	自然岸线	水面面积减少，局部岸线人工化	人工化岸线占绝大部分
	内部道路、建筑	几乎没有	建筑密度小，主要道路为沿明城墙和岛上少量道路	建筑密度增加，玄武湖各洲建成环岛路	增加大量新建筑；岛上道路长度增加；增加了环湖路
风貌特征	主题、景观	自然风光、佛教、历史遗迹、城墙	自然风光、佛教、历史遗迹、城墙	自然风光、历史遗迹、城墙	自然风光、佛教、历史遗迹、城墙、体育娱乐、少量商业，主题多样化
	天际线、标志物	城墙、城门、鸡鸣寺	城墙、城门、鸡鸣寺、九华山寺庙、紫金山	城墙、城门、九华塔、紫金山	城墙、城门、鸡鸣寺、九华塔、高层建筑和立交桥、紫金山
	植被、自然化程度	自然植被	以自然植被为主	人工种植增加，种类明显增多	植被茂盛，更加人工化，自然程度降低

续表

分析要素		1900 年代	1930 年代	1970 年代	2000 年代
使用功能	主要功能、管理方式	观光，免费进入	观光，娱乐游憩免费进入	观光、娱乐游憩、大部分收费	观光，娱乐游憩，体育，商业设施增加，玄武湖公园免费
环境背景	城墙	城墙完整	城墙完整	新辟解放门，太平门及周边城墙被拆除	1990 年代后太平门附近城墙被进一步拆除
	外部道路与建筑	几乎没有建筑和道路	建筑密度很小，为低层建筑，以单位用地为主；道路密度低，西侧北侧为城市主要道路	建筑密度增加，多为低层建筑，单位用地较多；道路增加	建筑密度进一步增加，高层建筑增多，居住区用地明显增加；道路长度增加，增加了立交桥

莫愁湖公园与城西片区　本片区位于城西南，目前主要的开放空间有莫愁湖公园、汉中门广场、水西门广场和南湖公园及护城河。其中莫愁湖公园临近城南人口密集地区，为南京历史最为悠久的公园之一。汉中门和水西门广场为依托原明代城门旧址修建的市民广场，南湖公园为 1980 年代中期建成的南湖小区的配套设施，在 2003 年时扩建。

一百年中，该地区平面格局变化最突出的是城墙的拆除、莫愁湖和南湖水面变化以及建筑的大量增加。整体景观风貌上，1960 年代前由于城墙的存在和建筑密度的差别，城内城外的区别明显，城外水面连绵广袤。到 1980 年代前，城外农田增加、水面明显缩小，如今整个区域已经成为典型的城市密集建设区。

莫愁湖为历史名胜，由于临近城南人口密集地区，为市民游览胜地。在《首都计划》中，将其列为城南重要的公园，该规划也包括水面。不过直到 1949 年前，陆地面积仅 2.3 公顷。新中国成立后，南京市政府于 1951 年将莫愁湖列为第一区人民公园，按照当时“文化休息公园”模式建设，在 1952 和 1955 年修整了胜棋楼、郁金堂等建筑（南京市园林管理处，1955：30）。1958 年开始浚湖，在湖中造湖心岛 2600 平方米，陆地上堆山筑路，广植林木，并对建筑和部分景区进行改造，从此莫愁湖大为改观。1966 年“文革”开始，园林景物遭到严重破坏，建筑、花木等均遭到破坏，粤军墓也被炸毁。1976 年后，公园开始恢复重建，并征西区和北区土地以扩大规模（南京市地方志编纂委员会，1997：221）。到 1980 年代，公园范围外的水体基本填平，中心水面扩大，水面、陆地、湿地交错的情况转变为较为简单的水陆关系，并形成环湖绿地，2000 年后周边建筑高度增加。同时莫愁湖也经历了较大规模的改造，如南侧增建了和平广场。

莫愁湖公园及周边平面布局、风貌特征、使用功能及背景环境分析见表 4-2。

莫愁湖公园与周边形态复合体及背景环境分析　　表 4-2

		1900 年代	1930 年代	1970 年代	2000 年代
平面布局	入口、边界	开放式，很多个不确定入口；边界为道路和水系、农田	开放式，很多个不确定入口；边界为道路和水体、农田	公园入口明确，入口位于南侧；边界为公园围墙、水体、道路、农田	公园增加北侧入口，大部分边界为公园围墙，南侧为小广场
	水陆关系	散布着大量大小不等的水体，自然岸线	散布着大量大小不等的水体，自然岸线	莫愁湖和南湖水面扩大，周边小水塘被填平很多，部分为人工岸线	湖岸线更加平直，水体岸线人工化
	内部道路、建筑	胜棋楼和曾公阁，道路长度很短	公园中建筑主要为胜棋楼和曾公阁，道路长度很短	莫愁湖胜棋楼保留，建筑密度增大，道路长度增加	莫愁湖北面扩建为公园，形成环湖道路
风貌特征	主题、景观	观光、游憩自然湖泊、名胜古迹	观光、游憩自然湖泊、名胜古迹、纪念场地	观光、游憩娱乐、儿童游乐、少量商业、湖泊、名胜古迹	观光、游憩娱乐、儿童游乐、园艺、少量商业、湖泊、名胜古迹
	天际线、标志物	自然野趣，以湿地风光为特色，渔村荷塘，田园风光	城墙，城门以及湖面，胜棋楼、渔村荷塘，田园风光	胜棋楼、湖岸线、农田	胜棋楼、城门遗址、沿湖高大乔木，高层居住区
	植被、自然化程度	莫愁湖为自然野趣，以湿地风光为特色	莫愁湖为自然野趣，以湿地风光为特色	莫愁湖南岸以公园景观为主，北岸为农田	整个莫愁湖公园植被繁茂，种类增加，有明显人工痕迹的城市湖泊
使用功能	主要功能、管理方式	渔业生产，风景名胜，可以免费进入	兼作渔业生产、开放空间和纪念场地，可以免费进入	观光、娱乐、游憩，莫愁湖公园收费	观光、娱乐、游憩，莫愁湖公园收费，汉中门广场和水西门广场免费
环境背景	城墙	城墙完整，有旱西门	城墙完整，增辟汉中门	城墙拆除，保留旱西门	旱西门旁建汉中门广场，护城河变窄
	外部道路与建筑	建筑和道路稀少	建筑、道路密度都很低，仅一座桥梁与内城相通	周边建筑密度明显增加，以低层为主，湖南北侧各一座桥梁连接城内与城外	周边建筑密度大，高层建筑破坏天际线，道路加宽，路网加密

白鹭洲公园与城南片区　本片区位于老城东南，这个地段人口密集，一直以来就是南京的繁华地区。目前主要的开放空间有白鹭洲公园、夫子庙前广场、东水关遗址公园、大中桥绿地、护城河及滨河绿地。夫子庙为历史悠久的市民活动场所，夫子庙到泮池的空阔场地可以看作是具有广场功能的传统集市；白鹭洲公

园原为明代贵族园林，1929 年建成公园，1949 年后面积扩大，为城南主要的公园；秦淮河的滨河绿地最早可以追溯至 1928 年的秦淮小公园，但较大规模的滨河绿地和环城墙的绿地则是 1990 年后才开始出现。

一百年中，该地区平面格局变化最突出的首先为武定门的开辟、东水关以北城墙和通济门瓮城的拆除。其次是道路的变化，小铁路的修建和拆除，道路拓宽和增建（如小石坝街和城外的新增道路）。再次是建筑大量增加，在 1990 年代时居住小区对于工业用地的置换，很大程度改变了沿护城河的天际线。最后，水系与绿地的变化，如白鹭洲与秦淮河的通船、为水利需要的开渠建闸，以及公园部门出于造景考虑对白鹭洲水系的调整，周边水塘被填平导致水面大量减少；在 1990 年代后，结合历史遗迹新建了一些绿地，一些棚户区（护城河旁）甚至住宅楼（白鹭洲公园西入口）也被拆除作为绿地。

景观风貌上，1960 年代和 1990 年代是明显的分界线，1960 年代主要是小铁路、城墙的拆除以及公园扩建和水系变化带来的风貌变化，1990 年代后，建筑迅速增加尤其是主干道修建和居住建筑的增加使得城墙外地块发生明显的变化。

白鹭洲公园原为明代东园故址，至嘉庆末年时，已大部分沦为菜园。清道光三年时的特大洪涝，园内建筑和花木损失巨大，但遗址池沼地形尚在，并形成了独具野趣的自然景观。1928 年 10 月，南京特别市市长令工务局筹建白鹭洲公园，1929 年公园建成，面积约 2000 平方米。日军侵占南京后，1938 年 9 月，白鹭洲公园与秦淮小公园划归第一公园办事处管理，园景日趋荒凉，逐渐沦为一片废墟，大部分土地成为菜畦（南京市地方志编纂委员会，1997：353–354；南京市城镇建设综合开发志编委会，1994：405）。1951 年，市政府对公园进行了抢救性维护，并拆除了危房吟风阁和绿云斋。1950 年代结合秦淮河整治，公园疏浚扩地，调整水系并增建园林建筑。1959 年拆除园中小铁路，扩大水面堆筑白鹭岛，新建芳桥和翠桥。到 1961 年，公园面积扩大到 10.6 公顷。“文革”初期，公园中的建筑和植被都遭受破坏。1972 年开始对公园闭门整修，1976 年 5 月 1 日重新开放。1989 年，增建环湖沥青路，1991 年建儿童乐园，1993 年修复鹫峰寺，白鹭芳洲也成为新金陵四十景之一（南京市地方志编纂委员会，1997：353–354）。2000 年后，公园除了本身设施的增加，还有两个明显的变化，一个是入口处拆除了居住区作为公园用地，通过增建沿河绿地和街头绿地，大大增加了白鹭洲公园西入口与秦淮河和平江府路的连接性。另一个明显的变化是，在白鹭洲公园内新增了以餐饮休闲为功能的水街，水街的水体与公园水体相连，但是有专门的入口，陆路与公园中道路互不相通，形成相对独立的商业餐饮场所。白鹭洲公园的平面布局、风貌特征、使用功能及背景环境分析见表 4-3。

图 4-1　白鹭洲水街

图 4-2　白鹭洲水街

白鹭洲公园与周边形态复合体及背景环境分析　　表 4-3

		1900 年代	1930 年代	1970 年代	2000 年代
平面布局	入口、边界	开放式，边界为道路、水系和城墙	开放式，边界为道路、水系和城墙	每个入口都很明确，边界为公园围墙和城墙、护城河	每个入口都很明确，边界为公园围墙和城墙、护城河
	水陆关系	自然水系，水塘数量较多	自然水系，水塘数量有所减少	公园面积扩大，水体形态有较大调整	部分水体消失，岸线人工化
	内部道路、建筑	主要为鹫峰寺，几乎没有道路	建筑密度低，主要为鹫峰寺，道路长度较短	道路增加，为公园内连接各岛的园路	鹫峰寺重建，建筑密度和道路长度显著增加
风貌特征	主题、景观	观光、佛教、废弃园林、近自然湿地、名胜古迹	观光、佛教、公园、近自然湿地、名胜古迹	观光、水景公园	观光、游憩、娱乐、园艺花卉、少量商业、水景公园
	天际线、标志物	城墙、城门、鹫峰寺	城墙、城门、鹫峰寺	城墙、城门、居住区楼房	城墙、城门遗址、鹫峰寺、高层建筑
	植被、自然化程度	自然，植被疏朗，以湿地风光为特色	自然，植被疏朗，以湿地风光为特色	人工种植增加，种类显增多	植被繁茂
使用功能	主要功能、管理方式	废弃私园、寺庙，可以免费进入	公园、寺庙，可以免费进入	公园，收费进入	公园、寺庙、遗址纪念、特色餐饮，需付费进入
环境背景	城墙	城墙完整	城墙完整	东水关以北城墙拆除，武定门开辟	以城墙为主题，建成东水关广场
	外部道路与建筑	建筑很少，几乎无道路。	建筑、道路密度都很低	道路增加，建成由武定门出城道路，建筑密度增加多为低层住宅	道路加宽，城市主干道建于城墙遗址上，建筑密度更大为多层住宅

玄武湖、莫愁湖、白鹭洲是南京历史最为悠久的公园，其本身及周边形态复

合体变化由于各自的区位、环境背景不同各有特点，但同时也有一些共同的特征：

城市扩张导致空地与建成区之间的格局关系发生了变化，由于道路、建筑增加使得开放空间的连续性降低、碎片化，开放空间的类型分异明显，人工性开放空间与自然性开放空间有完全不同的变化趋势。在这个过程中公园与聚居区从一种疏离的或者说相背的关系转变为紧凑、混杂的关系。公园面积随着城市发展扩大的同时，边界特征也日益明确，从以自然地物为边界到以围墙为边界，再到周边密集建筑形成明显的视觉阻挡。公园的景观特征越来越受到边界处建筑的影响，公园与其外围的边界面往往是城市形态变化最突出的地方。

20 世纪早期，公园或其前身以自然景观为主，与周边环境非常相近，如今公园中内容也更为复杂，其内部水陆关系常常有明显的调整，道路建筑和植被的改变增加了景观的复杂性，公园与周边环境形成了鲜明的对比。

结合自然山水而建的明城墙，与周围不适合建设的山体湖泊唇齿相依，才能较好地保存至今，今日明城墙又似其周边开放空间免受城市建设扰动的一道护身符，且在其周边也新建了不少开放空间（街头绿地、广场）。在历经变迁的百余年中，明城墙及其周边的开放空间受到了很大的冲击和破坏，但仍对南京古城风貌的延续起到了巨大作用。

将开放空间与周边地块关联研究，有助于更概括地分析城市中密集与虚空、人工与自然的关系以及其映像——开放空间及周边的风貌变化，也初步建立了与城市形态研究的联系。理想的研究应该结合两个方面：一是对开放空间内部的形态学研究，二是其周边城市环境的形态学研究。当然上述只是粗略地对开放空间进行形态复合体的分析，由于缺乏详细的地块和地籍资料，无法进行更细致的分析，如用地类型、建筑布局与开放空间的互动关系，但是这种研究思路对于整体地、动态地理解开放空间与周边城市的变化是非常必要的。

4.1.2 边缘带与开放空间分布

城市发展过程中的边缘带现象已经在不同历史文化背景下发展起来的城市中得到验证。按照康泽恩学派的解释，城市边缘带形成的原因主要有两个方面：较为明确的城市核心区和社会经济周期。古代城市形成过程中，具有防御功能的警戒线（cordons）如城墙、河流、山谷等对于早期边缘带即内边缘带的形成具有直接的影响，康泽恩学派也把城墙等对城市形态起到框架性作用的物质实体称为固结线（fixation line）。位于老城周围的内边缘形成大多与城墙等固结线有关，其形状一般较为简单且接近闭合。社会经济的周期性变化导致城市蔓延的阶段性在城市建设投资类型的空间分布上有明显的体现，城市周期性向外扩张过程中形成的比中心商务区和郊区化住宅区密度更低、更开放的区域为中边缘带或外边缘带，中边缘带和外边缘带形状一般不完整状（Whitehand，1988；M. P. Conzen，2009）。

对南京而言，明代城墙体量巨大且很多地方护城河宽阔，长期以来起到了限定城市范围的作用，可以说是典型的固结线，城墙外的自然要素如玄武湖、紫金山等又会强化其作用。与欧洲的很多中世纪城市相比，明代南京都城 41 平方公里是异常广袤的，其中鼓楼以北的明城墙范围内为卫戍区和大片的农田、空地，明故宫为皇家禁地，鼓楼以南的城南部分为工商业和居住集中的片区。南部的城墙和鼓楼以北的军事管理对于限定城市建设区起到了框架性作用，城墙及军事管理区影响了内边缘的形成。

从社会经济周期来看，南京城市建设的波动在近代大体可以分为五个时期：（1）19 世纪中叶到 20 世纪初，太平天国战争和清末的衰败导致南京城市建设整体上处于低谷时期（下关地区除外）；（2）1920 年代后期到 1937 年日军占领南京前，首都建设和工商业的发展对南京城市扩张起到刺激作用，可以说是建设的高潮时期；（3）从 1937 年到 1950 年南京成为江苏省会前，日军破坏和掠夺、解放战争使得南京的城市建设再次陷入低谷；（4）“一五”计划期间（1953-1957），南京向生产型城市转变，加之高等院校调整，南京的机构用地和工业用地增加明显，城市建设再次兴起，但随后的特殊时期导致城市建设处于无序状态；（5）1980 年后至今，南京城市建设持续发展，尤其是 1990 年代后更是处于加速扩张阶段。由于这百年来，频繁的社会变迁甚至动荡所造成的形态变化比相对平稳状态下的西方城市要复杂得多，边缘带也呈现出更加不规则的形状。

边缘带大多由功能上对土地需求量较大、同时与商业中心无需密切联系的用地组成，如低建设密度的公园和园林、运动场、公墓、工厂和公共设施，因此其内部的道路往往不太发达。基于这个特征和南京的发展阶段，虽然缺乏各个阶段地块级别的地籍资料，但是结合历史地图、城建档案和现场考察，仍可以发现明显的边缘带特征——公用土地较多、开敞度较高。边缘带的特征随着近年来的快速城市化有所削弱，内边缘带尤其如此。

从 1910 年的地图可以看出，南京城的主要建成区整体上位于鼓楼以南，城南沿城墙周边仍有大片的空地，一些园林、衙署用地等也位于城墙内侧附近。鼓楼以北为大片空地，环绕着建成区周边的为书院、寺庙、园林等，这些用地类型往往需要较大的面积或者疏朗的环境，对于交通的便捷性要求不高，以上这些都是明显的边缘带特征。南京城市边缘带与西方大部分城市不同之处在于，西方城内的内边缘带多围绕着城墙等固结线，而南京城由于城墙范围巨大，因此其内边缘带在城南部分是和城墙毗邻，但是在内边缘的北侧是在鼓楼、北极阁一带。

在 1928 ~ 1937 年间的首都“黄金十年建设”使得南京城北也开始有明显的发展，内边缘带发生了明显的变化。最初的变化是土地、建筑利用以及建筑形态的变化，新的机构用地如政府接替了上个时期的衙署用地，少量的建筑改造和增建。随着现代公共机构用地（institutional land use）如中央大学（今东南大学，图 4-3）、金陵女子师范（今南京师范大学，图 4-4）、金陵大学（今南京大学，图 4-5）、考试院（今南京市政府，图 4-6）的建设，新道路的修建带动了内边缘的填充，其平面格局（town plan）也有了明显的变化。另一方面，中山北路和中央路的修建带动了鼓楼以北地区的发展，城北由此开始发展，一些对土地需求较大的建筑类型逐渐扩张，如大使馆、汽车修理厂、学校等。城南空旷的内边缘带没有明显的变化，到 1970 年代这些内边缘带又被工厂、军队等进一步填充，1990 年代后部分工厂被居住用地置

图 4-3　1930 年代的东南大学鸟瞰

来源：http://b43670.xici.com/b950270/search.asp

图 4-4　1920 年代的金陵女子师范（今南京师范大学）

来源：(Morrison，1946)

图 4-5　1920 年代的南京大学及后面的鼓楼

来源：http://library.duke.edu/digitalcollections/gamble_362-2070/

图 4-6　1940 年代的考试院及中央大学

来源：(Morrison，1946)

换，内边缘带的形态更加不完整，其本身的开放性（openness）也大大减少。

更外一圈的中边缘带的位置与明代城墙也有着密切的关系，尤其是在城西北部和明故宫以东的位置。这层边缘带的形状更加不规则、不连续，不仅受城墙、玄武湖的影响，多变的社会经济也导致城市建设的不规则波动。1937 年前这圈边缘带基本为空地、农田，仅有少量的交通设施。1937 年到 1949 年间的战争、社会动荡使得这些位置几乎没有新的建设。1952 年后，南京成为江苏省会，高校、工厂和军队用地激增，城市开始大幅度越过城墙发展。到 1960 年代时，除了西部丘陵地带和明故宫南侧，沿明城墙周边已经出现大片的建成区，当然相当部分仍是工厂、军队、学校等具有边缘带特征的公共机构用地，部分因城墙的拆除而交通便捷的位置迅速地填充。直到 2000 年后，这层中边缘带遗留的土地利用特征仍是比较明显的，当然明城墙的拆除以及城市快速发展后，其形状已经不再完整而呈现为斑块状。[1]

无论是内边缘带还是中边缘带，其形态特征就是建设密度明显低于内侧和外侧的“年轮状”圈层，与城市其他区域相比具有较高的开放性。边缘带往往也是各种开放空间较为集中的地方，其中公园与边缘带的密切关系在南京的边缘带现象中也可以发现（图 4-7）。直到 1962 年，内边缘带仍有连片的公园、空地或菜地（如城南沿城墙内侧）。由于其临近商业中心，面临的冲击最大，如今内边缘带中遗留下来的开放空间为白鹭洲、愚园、北极阁等。中边缘带也就是城北为主的明城墙内外侧如今也是南京公园分布最为密集的区域（图 4-8）。

虽然资料缺乏使得对边缘带的用地性质变化进行梳理并制图，进而精确识别南京城市边缘带位置非常困难，但是从上述分析中仍可以发现城市周期性的发展以及明城墙对边缘带的影响。

大学校园、公共机构、工厂等用地与公园相似，对交通便捷性要求不会特别高且建筑密度较低，因此它们形成了具有松散肌理的边缘带，边缘带的建设密度明显低于城市中其他地区。随着城市发展，不同土地利用类型在经历社会经济周期的变迁尤其是近年来快速城市化过程中有了明显的分异。公园和大部分高校仍旧维持原空间规模，建筑密度有所增加；工厂逐渐迁至城郊（退二进三）后其用地大多转变为居住用地，这使得建筑密度大大增加，边缘带中的开放空间与周边的肌理对比更加悬殊，公园则是在边缘带这一大的形态框架中较常见的、持续存在的一种用地类型（图 4-8）。

[1] 关于南京城市边缘带的最新研究请参阅 JWR. Whitehand and Kai Gu，“Urban fringe belts：evidence from China” [J]. Planning and Design B，Vol. 42，no. 6，pp. 1-20，Oct，2015.

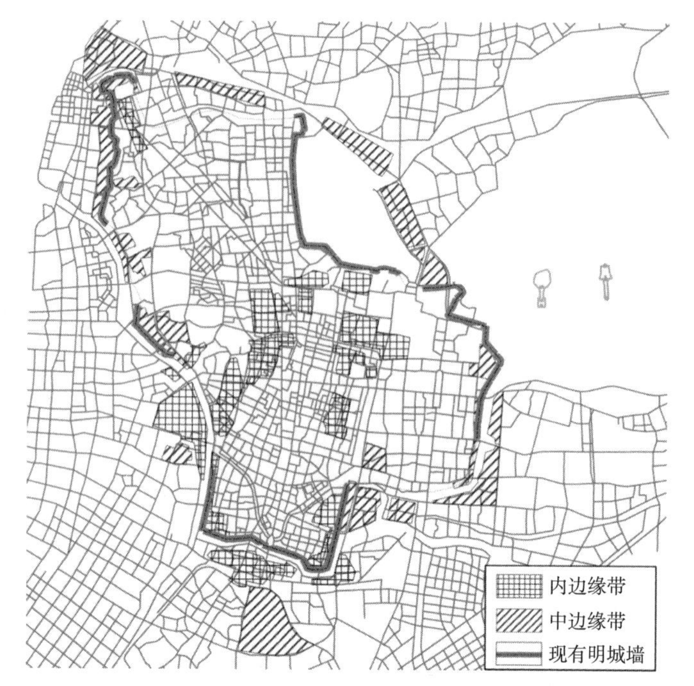

图 4-7　南京城的内边缘带和中边缘带

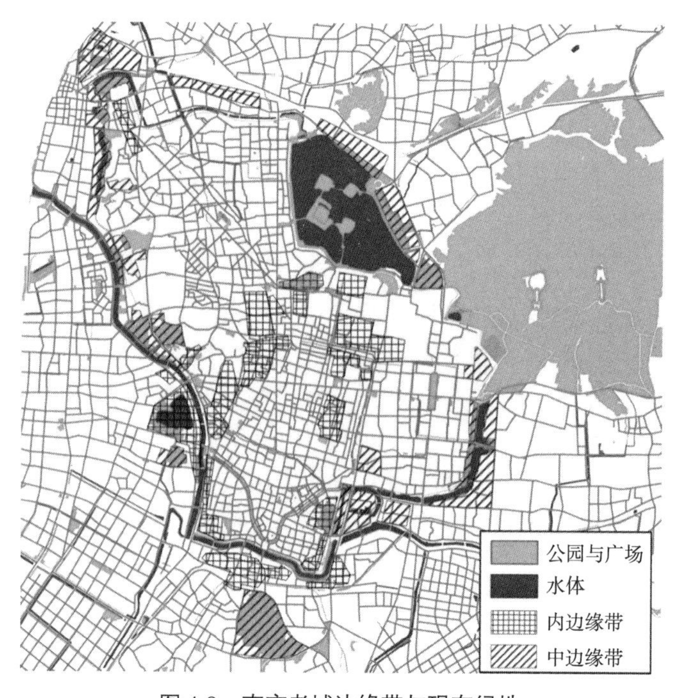

图 4-8　南京老城边缘带与现有绿地

本次研究的开放空间重点在公园、水体、广场，实际上如果将开放空间界定地更广，即大学校园、具有大型绿地的单位也计算在内的话，就会发现其在今天内边缘带地区开放空间所占比例也是非常高的，具有明显的圈层特征，其内部大尺度的或连续性的开放空间，即使历经多年仍有相当部分的遗留，其较高开敞度的特征与周边密集的城市肌理形成鲜明的对比，其存在在整体上是对密集建设城市地区的调节。

这种大尺度的开放空间连续体或者说有着较高开放性的城市区域也是城市风貌较为突出的地方，其作为文化遗产廊道和生态环境廊道的作用在人口稠密的老城内尤其应引起重视，采取相应的保护措施延续其开放性的特征。另外，大学、单位绿地对社会的开放将会使开放空间更为连续，发挥更大的效益。

4.1.3　类型阶段的变化

如同城市历史地段中不同类型的建筑反映了不同历史时期的社会、政治、经济和文化的特殊要求一样，一个阶段形成的开放空间类型，在不断变化的社会环境中其物质空间也会随之变化，物质空间、市民游憩以及管理活动之间逐渐形成一种模式，直到新需求、新形势下对现有空间的重新利用或者改变、重建而形成一种新的模式。从类型转变的角度可以认识不同的城市发展时期下开放空间的形态特征及发展时序。南京部分公园及周边的地块演变模式体现了较为规律的阶段性特征，从这些特征中可以解读开放空间的演变及其环境脉络，以下以两个地块为例来分析这种变化。

莫愁湖公园地区　在 1900 年代时，建成区沿着水西门大街和护城河分布，虽然莫愁湖为历史名胜，但可供游览的仅胜棋楼一带，陆地面积不足 1 公顷。1928 年 12 月，南京市政府将莫愁湖辟为公园，重修胜棋楼，次年开放，范围仅在莫愁湖南岸胜棋楼周边，此时公园大门位于牌坊街，周边为稀疏的民房。到 1930 年时，地块和建筑在沿着水西门大街和牌坊街逐渐向西填充时形成了新的南北向的道路，1948 年时，莫愁湖陆地面积约 2.3 公顷，在胜棋楼西南侧有零星的建筑，在 1952 ~ 1955 年间市政府组织修整了胜棋楼、郁金堂等建筑，1958 年开始浚湖，在湖中造湖心岛 2600 平方米，陆地上堆山筑路、广植林木，并对建筑和部分景区进行改造，此时公园的陆地部分仍位于南岸。到 1976 年时，现莫愁湖东侧和公园入口的东侧已经形成了大片致密的建筑肌理，公园入口也从北面牌楼街移至水西门外大街，莫愁湖西区和北区土地被征用以扩大公园规模，随后公园开辟北门。1990 年代时，水西门大街两侧布满了建筑，道路北侧为民房与工厂、机构用地。到 2000 年后，公园入口西侧的大部分建筑被拆除，新建了沿街的和平广场，原水西门大街南侧与公园入口相对的照壁也被拆除，文体路在此与水西门大街连通（见图 4-9 ~图 4-11）。

图 4-9　1930 年代的莫愁湖公园及周边

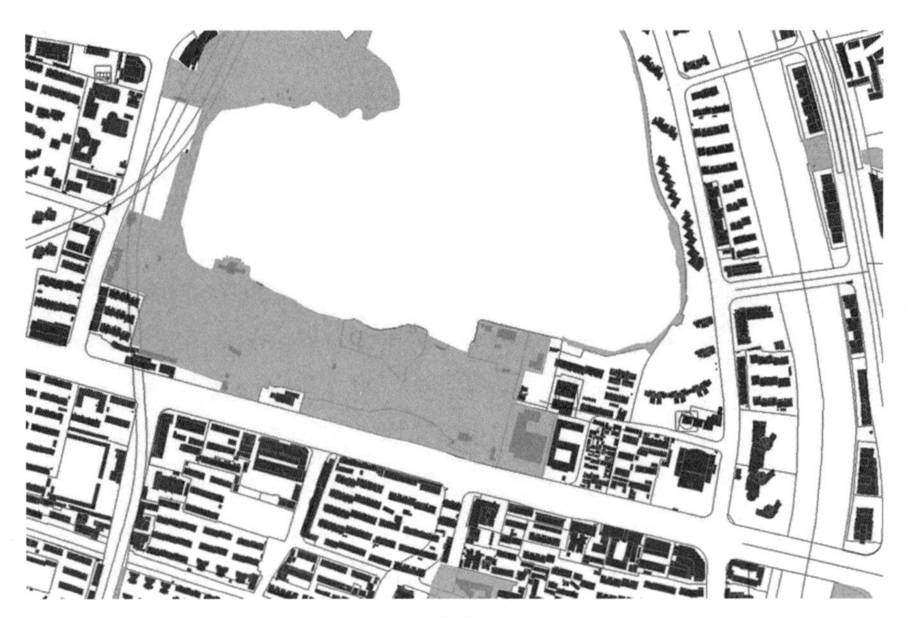

图 4-10　1990 年代莫愁湖公园及周边

图 4-11　2000 年代的莫愁湖公园及周边

夫子庙和白鹭洲公园地区　在 1900 年代时，建成地块主要沿秦淮河和石坝街分布，秦淮河是影响这个地区城市形态的主要因素。白鹭洲周边是大片的空地，东园遗址作为圮废的贵族园林仍是游人探幽赏景的去处。1929 年，白鹭洲公园建成，其时面积仅 0.2 公顷，此时公园周边的建筑类型与城市肌理基本没有变化，仅在白鹭洲与城墙边出现了政府新建的平民住宅。到 1948 年，部分建成地块沿着东西向道路往白鹭洲地区延伸，不过白鹭洲与周边的空地（如西侧的鸭子塘）相连，新中国成立后白鹭洲公园陆地面积从 0.2 公顷增加到 1.5 公顷，1961 年公园面积扩大到 10.5 公顷（包括水面）。1962 年时，学校的建设使得原鸭子塘周边完全为建筑所围合；1976 年时白鹭洲和周边空地、农田的北侧和西侧已经完全形成致密的建筑肌理。1990 年代时，白鹭洲公园面积 15.3 公顷（包括水面），白鹭洲北部的空地部分被开发为居住区，同时公园与周边的建成区形成疏密悬殊的城市空间。与 1970 年代相比，白鹭洲周边地区主要变化有：平江府路拓宽，来燕路、来燕桥、平江桥和琵琶路的新建。到 2000 年后，依托这个新的空间框架，白鹭洲公园西入口的部分居住区被拆除作为公园停车场和入口场地，公园范围再次扩大。同时平江桥到白鹭洲西出口之间也修建了滨河广场，乌衣巷、琵琶路的交叉口和琵琶路和平江府路交叉口的房屋被拆除作为街头广场（见图 4-12 ~图 4-14）。

图 4-12　1930 年代夫子庙和白鹭洲地区

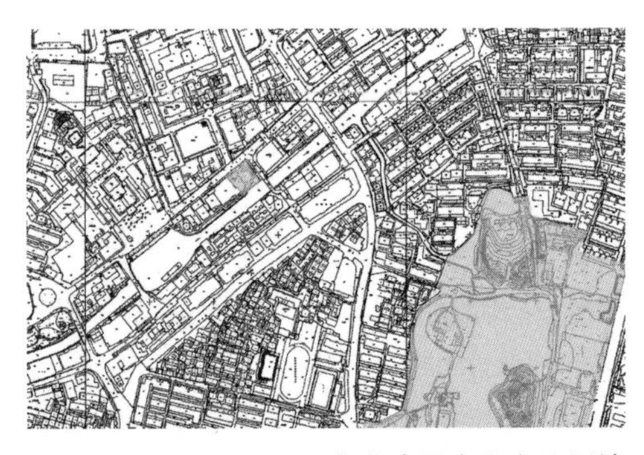

图 4-13　1990 年代夫子庙和白鹭洲地区

图 4-14　2000 年夫子庙和白鹭洲地区

通过追溯上述两个地块的变化可以了解到开放空间发展的三个阶段：第一个阶段（1900 年代），以少量建筑为点景形成的风景名胜，这个阶段周边建筑密度很低，景观疏朗；随着建筑和道路的拓展和填充过程，空地、农田、水体有所减少；第二个阶段（始于 1910 年代），公园作为一种新的城市空间类型出现，与周边环境背景的区分日益明显，往往在形式上较为封闭，如通过围墙与外界分隔。在这个 过程中，自然的开放空间如空地、水塘不断减少，周边环境中的建筑密度持续增加，以填充式发展和确定片区空间格局为特点。到 1980 年代空地已经完全填满之后，土地利用和城市肌理又开始明显地变化，如工厂、机构用地置换为居住或商业用地，整个片区向更高更密发展，城市道路增加、拓宽，开放空间与城市环境的反差更为明显；第三阶段（2000 年代后），部分沿街地块被清空作为沿街绿地、广场等（图 4-15，图 4-16），公园的面积虽然基本没有扩大，但是其周边广场、街头绿地有所增加。这些使得开放空间更为连贯，城市景观有明显的改善。

图 4-15　白鹭洲旁街头绿地

图 4-16　白鹭洲旁街头绿地

这个演变过程中，开放空间也可以归结为三种主导类型，从与城市环境相疏离的名胜，到自成一体、与周边城市肌理截然分开的公园，再到广场或以广场式入口与城市相结合的公园，反映了开放空间与聚居区的变化轨迹，这种变化模式在绣球公园（图 4-17）、玄武湖公园的形成和演变中也同样存在。

图 4-17　绣球公园北门旁广场

有些场地的转变没有明显的三个阶段，或者仅反映了上述三个类型序列的部分过程，如清凉山公园、可以看作是风景名胜转变为城市公园，而鼓楼广场、山西路广场则是公园到广场的直接转变（图 4-18 ~ 图 4-20）。

城市是一个有机体，每个特定时期和地域产生的类型都代表当时当地的社会、技术、经济和文化的要求，这种历史和人的自发意识对建筑和城市形态的发展至关重要（陈飞，2010）。开放空间类型的变化是南京城市化过程的一种体现，与社会经济阶段有明显的关系，同时这种现象的发生与场地的空间特点（如区位、地形）有着密切的关系，通过对类型变化的认识，可以与周边环境变化结合，为思考如何保持历史风貌以及适应新需要提供了参考。

图 4-18　1960 年代的鼓楼广场小游园设计图

来源:（王锡娣等，1963）

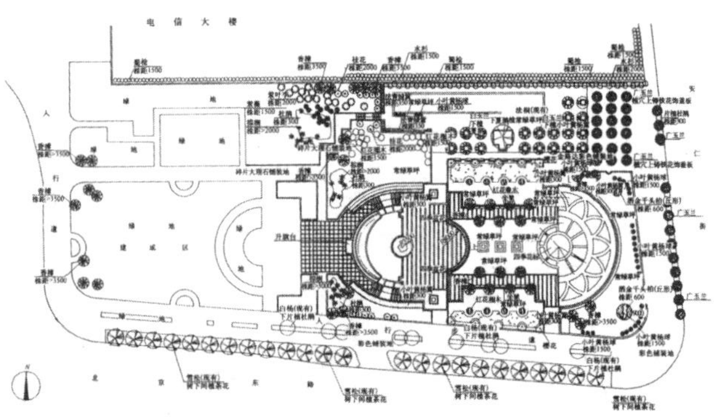

图 4-19　1998 年建成的鼓楼广场平面图

来源:（李蕾，2003：11）

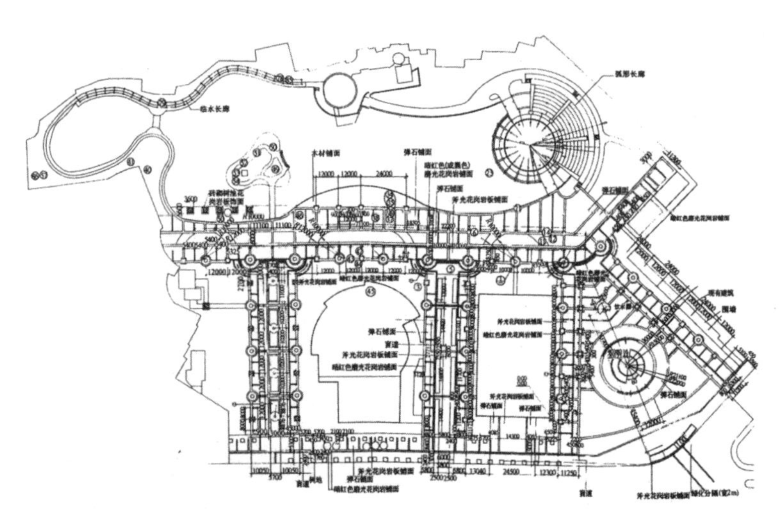

图 4-20　2000 年建成的山西路广场平面图

来源:（李蕾，2003：33）

4.2　开放空间变化成因的关联性分析

4.2.1　自然基底与物质文化遗产

自然基底对城市的选址和发展过程有着不可忽视的影响，对于历史悠久且临近长江、秦淮河和紫金山、清凉山等诸多山水要素的南京而言更是如此。明代应天府的城池范围远迈前代，其功能分区、城市形态、城防设施都体现着与更大范围山水景观的密切关系。这种山——水——城的骨架结构延续至今，仍影响着今日的南京城市形态。可以说，南京城现在的开放空间继承了明代得天独厚的山水基底上的城市格局，在其历史演变过程中也可以看出自然基底的显著影响。

南京城内广袤城池范围中诸多的山水要素最初是与聚居区呈疏离的状态，在城市化过程中，大量的农田、水塘、山林等转变为城市建设用地，这也是中外城市化过程中的普遍现象。在城市蔓延和向着更高密度发展的过程中，具有突出地形地貌特点的自然地带往往是城市开放空间的前身，在城市发展一定时期具有特定区位条件的自然基址往往是城市公园建设的首选位置。自然基底如水体、山体、农田和林地对于南京的城市开放空间形成起到了基础性作用（图 4-21，图 4-22）。

图 4-21　南京的地形图（采用 1960 年水系图，重绘等高线与水体）

图 4-22　自 1900 ~ 2000 年间南京老城及周边的公园

自然基底对于公园的形成和演变可以从两个方面来认识，一方面是直接的贡献，具有较好条件的山体、水体和滨水空间，成为历代以来的游赏胜地或者标志性景观，后来的城市建设中结合其中的自然景观以及名胜古迹而使之成为城市公园、旅游景点。另一方面是间接的作用，即自然要素限定了城市的发展，使得城市尤其是其密集区在一定时期集中在特定的地段，从而在城市周边留出相当部分的未建设用地，随着城市发展和社会需要，公园等开放空间成为城市生活的必需场所，这些未建设用地或者建筑密度较低的空间自然被看作是新公园的首选位置。可以说，南京有相当数量的公园形成过程是兼有上述两个方面的特点，自然基底起到了不可替代的基础作用。

在1900年代时，城市的建成区规模和人口规模还很小，尽管南京城内有着大片的空地，但是最初的三处公园（玄武湖、莫愁湖和绿筠公园）都位于有水且较为平坦的地带，且与城南的人口密集区有着较远的距离或者被城墙所分隔，说明最初的公园与自然基底（水体）在空间上的密切关联（图4-23 ~图4-25）。

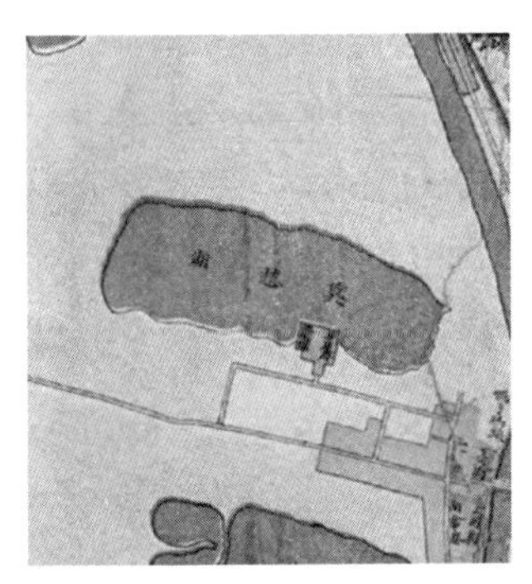

图4-23　莫愁湖公园及周边

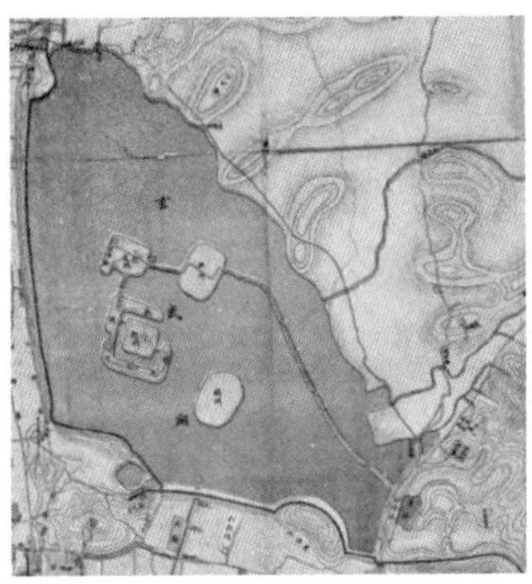

图4-24　玄武湖公园及周边

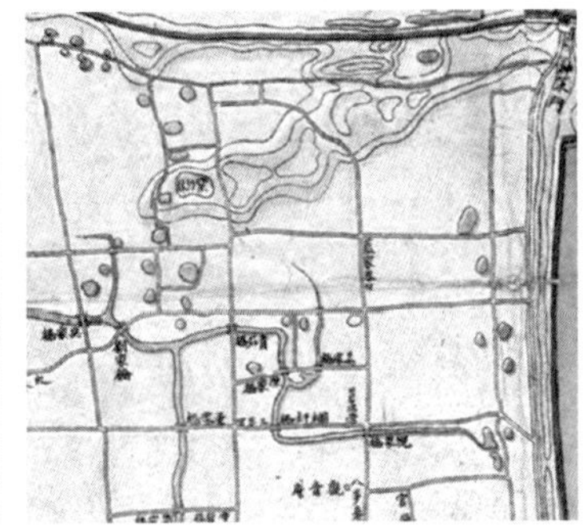

图4-25　绿筠公园及周边

在随后的城市发展中，随着道路等基础设施的修建以及人口的扩大，城市建成区规模增加，与自然要素产生了更大的交界面。自然基底尤其是山体、水体对公园布局的影响更加突出，如清凉山公园、乌龙潭公园、白鹭洲公园、红山动物园等（图4-26 ~图4-28），山体、水体使得高密度建设的成本很高，因此更适合作为建筑稀少的公园等。例如，乌龙潭原为历史名胜，公园周边有龟山、蛇山，相当长一段时间，乌龙潭及周边不适合作为建设用地，但是随着城市发展，山体被铲平作为建设用地，而公园则保留下来。

当然，公园的建设并非一定是山水皆佳的自然环境做基础，与城市中心区保持一定距离的地段也会建成公园，而这个距离可能就与自然环境如丘陵、水体或者城墙的阻挡有关，也就是上面说的第二个方面。1930年代莫愁湖公园最初范围只是

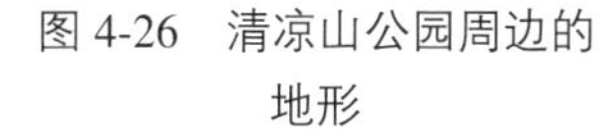

图 4-26　清凉山公园周边的地形

图 4-27　乌龙潭公园周边的地形

图 4-28　白鹭洲公园周边的地形

广袤的郊区环境中的胜棋楼周边有限的场地，为大片水塘、沼泽所包围。由于南京在相当长的时间段里，并没有突破明代都城的界限，因此这些不适合作为建设用地的水塘和沼泽使得 1970 年代后莫愁湖公园扩建成为可能，玄武湖公园的发展其实也是从玄武门和几个洲逐渐扩展到整个湖面及湖滨地带。是否适合作为建设用地首先取决于场地的自然基址和当时的技术水平。如 1990 年代后，城市建设对土地有着急迫的需求，南湖周边的诸多水塘均被填平作为建设用地，这在机械化还很不发达的 1960 年代是不可想象的。再如位于城北的西流湾与金川河水系相连，由于远离闹市、建设密度低，1930 年代时周佛海、陈公博的别墅先后在此建成，在 1980 年代后该地区成为城市中心区之一，大片的水体逐渐被填平作为建设用地。

对自然基底的依赖，不仅体现在某个时代断面上公园的空间分布特点，也体现在城市化过程中公园对基址自然程度的依赖。随着城市化进程中土地日益稀缺，那些曾经位于平坦地形或区位优越的公园出现面积缩小或者干脆消失（如绿筠公园、第一公园、西流湾公园、秦淮小公园），新建公园更多的位于地形条件较复杂的地带，并因此能相对较稳定地维持下来，如小桃园、绣球公园。

除了自然基底对建设强度和用地类型的限定作用，物质文化遗产对于开放空间的形成也起到了非常重要的作用，就南京而言，两者综合构成了城市开放空间保护和建设的基础和契机。这种风景名胜与自然地形密切结合也是我国传统城市的一个特点，我国的风景名胜素来有密切结合自然山水的传统，这些礼制建筑、风景建筑等物质文化遗产由于其突出的历史文化价值往往在城市建设中受到特别的重视，成为城市的标志建筑物或者公园、广场的主题景观。南京由于其悠久的历史和结合山水的城市建设，在这方面尤其突出，如鼓楼公园、北极阁、鸡鸣寺等均是代表。一些建筑实体即使受到损坏和拆除，在近年来的城市建设中也会得到恢复或者重建，并再度成为城市开放空间的标志性景观。

对于南京城市开放空间具有突出影响的物质文化遗产莫过于明代都城城墙，明城墙围合范围辽阔、墙体牢固、体量巨大，在国民政府的《首都计划》中对结合城墙的城市开放空间系统就有周详的考虑，后来战争、文革大跃进和城市建设导致部分城墙损坏和拆除，在1990年后的城市建设中才真正开始重视明城墙的历史文化价值，并且随后依托明城墙风光带的建设，新建了一系列的公园和广场。

如前文所述，这种物质文化遗产和自然基地往往相互关联，因此难以将某个因素的影响程度剥离出来，如果最终溯源，很多物质遗产也是由于较好的自然基址才逐渐在此建成。如鼓楼、北极阁等可以看作是现有自然山体先有一些建筑，随后再成为城市公园的，再如明城墙也是与自然要素密切结合，而那些周边地形平坦的城墙等构筑物后来多被拆除。

人类在建设城市时，会将一些特别的功能与自然基底密切关联或者并置，就南京而言，无论是休闲性的公园（也可以看作城市的空闲用地）、还是纪念性的中山陵都可以看出山水基底的重要，自然基底决定了这些地带不适合大规模建设，并有可能为人们所崇拜、珍视，从而使其可能成为具有特殊价值文化实体的承载物，有形的、无形的历代物质文化遗产在后来的建设中又得以传承和利用。从逻辑上，显然是先有自然基底，自然在社会历史中有基础地位和使用作用（Hughes，2008:9），然后再有物质文化遗产，这个过程是靠人类社会来实现，正如索尔（Carl O. Sauer）对文化景观的阐述“文化景观是自然景观中派生出来的，文化是驱动者（agent），自然区域是媒体（media），呈现出作为结果的文化景观（Wilson and Groth，2003：5）”。因此本文在此处讨论所指的成因是指关联性成因分析，而不是严格的自然科学范畴中的原因。

4.2.2 社会文化因素

城市开放空间的转型受到社会力量的持续影响，城市公园作为现代城市文明的产物之一，与市民公共生活密切相关，自其上世纪初出现时就是城市建设和管理范畴，是反映社会阶段的一个鲜明载体。南京直到1930年代才首次出现现代意义的城市广场且直到1990年前数量都很少，大部分水体与滨水地带与市民的公共生活无关且常在城市建设中被改造甚至填埋，因此如下仅探讨城市公园。

在本文第二章中整理的社会文化视角研究中，有三个角度对公园的研究，分别是公园的社会历史阶段划分，体现社会转型中生产关系、审美价值的景观演变，以及异域空间理念的传播、移植、转译及适应性变化。这三个角度同样也可以作为分析南京开放空间的切入点。南京在20世纪末至今经历了封建社会、资本主义社会和社会主义社会，进入80年代后又实行改革开放和市场经济体制，这期间土地所有制度也发生了多次的变化，地产的所有者和规划决策者其实际需要、审美价值也发生变化，因此这也是理解城市空间、景观变化的一种途径。从文化的传播和异域空间的引入来看，南京虽然未曾有殖民者直接建设的公园、广场，但是其广场和公园从开始就是受到西方文化的影响，始于清末时洋务派官员对国外城市空间建设经验的主动吸收和模仿；首都计划时借鉴了美国的开放空间规划体系，进行了大手笔的规划，新街口广场的设计模式也是借鉴西方；1949 年新中国成立后，学习苏联模式进行绿地系统规划和文化休息公园建设；1990 年后借鉴西方现代城市广场的模式等都是文化传播在城市空间演变上的具体体现。

限于资料，笔者在此仅分析社会历史阶段对公园建设的影响，以管窥社会文化视角下南京开放空间发展的轨迹。需要说明的是，这里所指的发展阶段或者说模式是一个特定社会历史阶段中主要的社会力量试图塑造公园的方向，是对左右公园建设时代背景的概括，其划分与形成时代密切相关，但并不意味着某种模式仅存在于相应的时代，其所形成的空间形式和文化意识仍会对下个时代产生一定程度的影响，因此当代公园的状况常常是不同时期模式重叠下形成的。

（1）文人审美与地方风景建设的转向（1910 年之前）

我国历来有地方官进行风景名胜建设的传统，这些封建社会的地方官饱读诗书，对于地方风景有着特殊的热爱，如白居易、苏轼对于杭州西湖的建设。除了地方官员外，寺庙道观多位于风景优美之处，僧侣道士等对于风景建设也有一定的贡献。南京作为江南地区的重要城市，系朝廷观瞻之所在，加上其优美的山水环境，风景建设自然也是地方官的职责和兴趣所在。在清末时期，作为开埠城市的南京由较开明的洋务派官员执掌，因此这个时期的风景建设既是延续了以文人士大夫审美为主题的风景名胜建设，也出现了新的趋势即近代公园的雏形。

莫愁湖、玄武湖临近老城，又无闹市的嘈杂，历来为热爱自然风景和喜欢远离市井的文人雅士所喜好，地方士绅或者官员也着力推动其风景建设。封建社会时道观、寺庙、书院等场所具有较高的社会地位，僧侣、士绅、文人的建设也使得其周边环境得以改善，常常成为朝拜、游览的胜地，如鸡鸣寺、清凉山扫叶楼、古林寺、乌龙潭都是南京老城内的风景胜地。传统的风景建设旨在画龙点睛，通过点缀性的建筑来形成大片景区的主题，这种主题又多以高远清淡的意境为上，因此这些场所与周边的田野阡陌、山林河湖的空间关系是松散的、疏朗的，没有大量游人，也没有定期的管理与维护。

清末时南京地方官端方在人烟稀少的城北建设了绿筠公园，公园基址整体平坦并有河流穿过,旁边为地形略有起伏的紫竹林。从传统园林对基址的选择而言（计成著，陈植注，1988），绿筠公园的基址与南京城内和周边山水环境相比并不突出。

随着南洋劝业会的筹办，由于其与城南间有方便的交通往来而成为南洋劝业会部分会址。公园的建设呈现了与西方近代公园非常相近的模式，有一般风景名胜所没有的围墙边界，园内不仅有奇花异草，还有动物园、雕塑和喷泉等，其奇观式的景观对于当时不啻是巨大的视觉冲击。

在南洋劝业会期间，端方的继任张人骏开通丰润门（今玄武门），并在玄武湖筑翠虹堤连通环洲，制统徐绍桢建陶公亭、湖山览胜楼，将其辟为公园绿地，作为南洋劝业会的辅助设施。为了利用玄武湖开阔的景色和文化号召力，增加其服务效能，辟建丰润门（今玄武门），来吸引普通大众的游览。应该说，这种将公园建设与城市开发结合起来的公园建设方式与之前的风景名胜经营有着明显的差异，绿筠公园和玄武湖的建设、管理也具有了近现代公园的雏形。

如果说此时南京的莫愁湖等还停留在传统风景名胜阶段，那么在玄武湖上老洲（今梁洲）上进行的建设是依托传统风景名胜向近代公园迈进的重要一步，而绿筠公园尤其是在南洋劝业会时期的绿筠公园是主动结合城市开发的典型近代公园，这三种类型的同时存在说明了 20 世纪初南京城市开放空间建设的状况——在文人审美的传统风景名胜建设模式的基础上向现代城市公园的转向。

在这个南京近代城市公园的萌芽时期，传统风景名胜的审美标准与建设模式仍居主导，同时新出现的公园在部分继承了这种审美标准和建设模式的同时，更有了与城市开发、市民生活结合的新趋势。

在管理方面，传统风景名胜主要依托自然山水风景，为历代积淀而成，维护其景观为地方官员的兴趣所在，只是这些地方管理方式粗放、建设量较小、距离人口稠密处较远而与市民生活关系不大。完全新建的绿筠公园和玄武湖老洲上的公园建设是为了配合南洋劝业会在短时间内建成，公园中凝聚了大量的财力物力，为了保证在这个空间中的社会秩序而实施专门的管理方式，同时也通过围墙、水体等边界强调其与周边的分隔，这在之前的传统名胜中是非常少见的。

（2）政治都市的建设和民族主义象征（1910 ~ 1940 年间）

作为西方工业化后人们寻求新型娱乐休闲空间形式，城市公园随着西方殖民者在租界的建设被带入中国，这个舶来品逐渐影响至华界。1868 年 8 月，英租界工部局在上海建成外滩公园，当时称“公家花园”，被认为是中国最早的公园。天津、青岛、沈阳、哈尔滨、大连等地也随着外国殖民势力侵入而修建公园，这些移植到中国本土城市的空间形式及生活方式，既让国人感到新奇和羡慕，同时，因其充斥着殖民主义和张扬着武力、种族及文明的优越感也令中国人感到耻辱与愤慨。“华人与狗不得入内”使中国人对殖民主义空间化产生了前所未有的反弹心理与深刻的民族集体记忆，孙中山等政治家、文人都曾对此感到侮辱（陈蕴茜，2005）。

这种情况下，南京作为推翻帝制和殖民侵略、担负民族复兴的国民政府首都，在建设"一定比较各国的首都有过之而无不及"之"东方最伟大都市"过程中（董佳，2012a），显然要在公园这种新颖的、代表文明与先进、同时也是重振民族尊严的城市空间上着力发挥。对南京建设产生影响最大的《首都大计划》和《首都计划》中，都规划有专门的公园区。《首都大计划》提出的指导思想是"把南京建设成'农村化'、'艺术化'、'科学化'的新型城市"，其中农村化是当时城市主管者对城市"田园化"的另一种提法（王俊雄，2002）。

《首都计划》的规划布局中，充分体现了公园对于首都建设的特殊意义。首先，作为国家首都，政治遗产的空间化非常重要，公园这一公共领域自然得担负起这个责任。公园规划中突出大尺度和景观特点，"一切都以百年大计"，其政治和民族主义体现在规划布局的大手笔和理想化的结构，不逊于欧美诸国首都。其次，首都规划中的公园规划，对场地的选址中不乏重要的城市中心节点空间，如鼓楼、新街口等，其方案中对地标性空间的设计意向图中，公园成为营造首都气魄的重要手段。再次，在充分利用原有风景名胜古迹如玄武湖、莫愁湖、朝天宫的同时却舍弃明故宫地段。《首都计划》时，欧美诸国已经不乏皇家苑囿、禁地开放或改建为市民公园的先例，《首都计划》将明故宫规划作为公用地和商业区固然有经济方面的考虑，但是若与中山路建设时横穿明故宫结合起来，或许是其故意撇开封建王宫而显示革除帝制的决心（王俊雄，2002）。

由于诸多社会经济因素，以《首都计划》为代表的规划实施程度有限，但是从这个时期公园的建设和管理中，可以看出其在首都建设中的政治意蕴和作为民族主义的象征：

a. 公园的选址情况。《首都计划》颁布后的近十年建设中，关于开放空间的实施主要都集中在彰显国都形象的重要位置上，如鼓楼公园、政治区公园、位于城南地区秦淮小公园和白鹭洲公园[1]等。广场有新街口广场、山西路广场以及颐和路广场等。这些公园、广场位于主要道路周边或者人口稠密的地方，与新建道路结合，形成了与封建时代不同的现代都市氛围；原规划的林荫大道虽然没有实现，但是在中山路等干道的行道树栽植也形成了令人耳目一新的城市景观，而这也是当局着力营造首都新风貌中非常重要的一环。

b. 公园的建设和管理。近代中国公园建设者最初的目标就是"发人兴趣，助长精神，俾养成一般强健国民，缔造种种事业，而国家因之强盛"（董修甲，

[1] 白鹭洲公园则位于城南临近城墙的沼泽中，当时面积很小，因此与周边的传统聚居区并无紧密的关系。旁边为国民政府新建的公营居住区。

1924；陈蕴茜，2005），公园成为兼具娱乐、教育与政治性质的特殊空间。民国时期隶属于国民政府社会教育部，政府并不只是将公园建设成休闲娱乐的空间，还要将其建设成为传播知识与培养民族主义精神的政治空间（陈蕴茜，2005；2008），国民党在《三民主义教育实施原则》中将公园定位为社会教育空间，以培养民众"三民主义精神"和社会公德，陶冶民众情感。这些在公园内的建设内容和管理方式上都有所体现。

首先，纪念性场地的增加。拉开南京公园建设的纪念性和政治蕴意序幕的是国民政府1912年在莫愁湖建粤军北伐阵亡将士墓。1923年，为纪念督军李纯建成秀山公园。1927年，国民革命军光复南京后，秀山公园更名为南京第一公园（南京市地方志编纂委员会，1997：289–291），随后公园中原李纯铜像被拆除取而代之的是"龙潭讨孙阵亡将士"纪念碑，李纯纪念堂改为烈士祠，并建国民革命军纪念塔（陈蕴茜，2005）。再如1928年玄武湖非洲（即翠洲）建成北伐光复南京阵亡将士纪念塔，1932年梅岭建成"一二八"淞沪抗日阵亡将士纪念塔，1937年3月，柏文蔚在环洲东北侧建喇嘛庙、诺那塔以纪念诺那大师和加强汉藏民族友谊（南京市地方志编纂委员会，1997：173–174）。

其次，公园中设施的增加。1928年后，玄武湖的一系列建设活动使得其规模逐年增加，环洲由市政府斥资增葺后，"焕然一新，公园精华，尽在于斯"（陈植，2009）；1928年，梁洲开辟为公园，并在梁、翠二洲交界处增建动物苑，此外曾公堤的加宽（1928年）、环洲至玄武门堤路加宽、鸡鸣寺后门的启封（1929年）等使得公园与城市联系更加密切（苏则民，2008：276；陈植，2009：166–167，217）。即使是面积甚小的秦淮小公园在1927年也增加设施以吸引市民，包括东北角筑有茅亭、增设儿童运动器具，和道路两旁设置石凳（南京市城镇建设综合开发志编委会，1994：409）。第一公园管理处下设事务部、园艺部、图书部、博物部、艺术部、教导部，园中有博物馆、图书馆、植物园，还设有国货陈列馆引导人们使用国货，激励民族经济的振兴（南京市地方志编纂委员会，1997：289–291；陈蕴茜，2005）。这种内容繁多的公园设施在一定程度上影响了公园的内部空间布置，提升了公园周边环境的吸引力。设施和游人的增加，使得封闭式管理成为必要，公园与周边环境形成了明确的边界和入口，这些边界或者依托人工建筑的墙体、栅栏如第一公园的围墙、秦淮小公园的岗警，抑或依托天然水体形成的障碍如玄武湖公园、白鹭洲公园。

即使是公园的命名也可以看出政治蕴意和民族主义，如玄武湖公园改为"五洲公园"，是国民政府为了让民众认识到中国在国际关系中的地位；再如秀山公园改为血花公园后又改为南京第一公园，园门两侧挂对联曰：到此遣愁怀，但愿勿忘革命；归来其奋斗，切莫留恋斯园（南京市地方志编纂委员会，1997：291）。

所以，如果说清末时南京的公园建设是在具有广泛文人审美基础上，洋务派对城市开发的一次大胆尝试的话，那么辛亥革命后南京的公园建设有着明显的政治意图和民族主义意味。

在战争导致的极端时期中，公园仍明显地体现了政治的空间载体，但是由于极端时期中对城市空间和物质文明的快速冲击，难以清晰地分析其对开放空间的持续影响，但从几个事件中完全可以看出这种影响。1936 年日军占领南京城，在进行大规模烧杀抢掠的同时，也利用公园、广场作为宣扬殖民主义的空间，如 1937 年底日军利用国民政府建设的安德门公园为侵华日军立“报忠碑”和“表忠亭”，在五台山建立神社等；1946 年 5 月国民政府还都南京后，拆除安德门公园中日军所建碑、亭，并于 1947 年 9 月 3 日将被日军杀害的九位驻菲律宾使节忠骸安葬于此，更名为忠烈公园（南京市地方志编纂委员会，1997：370–371）。

（3）行政指令下剧烈转变的政治空间（1949 ~ 1970 年间）

1949 年新中国成立，标志着中国社会经济发展从此进入一个新的历史时期，即进入了无产阶级专政的新时期，这一新的历史条件促使城市发展要素发生了根本性质的变化（张京祥，2002：228）。1950 年代，随着对资本主义工商业社会主义改造的完成，中国社会主义经济制度基本建立，从而开始了中央集权的计划经济发展模式，这种模式通过指令性计划体制、统收统支的财政体制和实物调拨分配体制，使得国民经济运转完全处于中央和各级地方政府的宏观控制之下。在这种计划经济体制下，城市发展的速度、模式取决于国家计划（周波，2005：127）。在这种背景下，城市规划建设主要取决于政府决策者的政策导向，呈现出完全自上而下、单一的模式。

尽管国家处于和平阶段，但是社会变迁巨大，在反复的政治社会经济变化中，强大的行政指令成为左右公园形态的唯一力量。在计划经济下和特殊的政治形势下，这种行政指令既可以集中力量大规模改善公园环境，迅速赋予原来已经衰落公园以多种功能，也可以撇开文化、经济的因素将公园等与城市空间的有机关系，与市民日常生活的联系加以生硬地隔离、扭曲，通过完全自上而下的方式来改变城市空间乃至公园等。公园所具有的休闲娱乐功能在这个时代仍在发展，但是权力机构更多的是让这些常规功能服从于其政治功能。

在短短 20 余年间，有着对于城市空间改天换地的美好理想以及动员全社会建设花园城市的努力；也有将园林视之为异端毒草而进行的极端毁坏，当这两个方向都以强大的行政执行力影响公园等开放空间时，就可以在跌宕起伏的变化中，看出公园作为市民游憩之外的一种社会空间工具，这也是笔者将该阶段称为“行政指令下剧烈转变的政治空间”的原因，根据其变化可以将这个阶段再细分为三个时期：

a.“一五”期间对于公园的美好愿景及全面建设。1940 年代后期到解放初，由于连年的战争，整个国家都无暇顾及城市建设。随着新中国成立后国民经济的恢复，我国于 1953 年开始实施第一个国民经济发展计划，城市园林绿化也开始有计划有步骤的建设阶段（柳尚华，1999:3）。但是整体而言，城市建设的重点是工业，如当时南京的城市性质中，工业居于首位，规划的重点是工业区的选择和工业用地布置原则的确定（南京市地方志编纂委员会，2008：141–143），城市公园在城市建设中处于不太重要的位置。

公园同时也被看作是满足无产阶级生活的重要空间，人口的增加和城市的扩张以及建设社会主义新城市的理想都使得公园建设非常必要。1950 年代，我国学习苏联的建设经验，在城市公园建设方面模仿其文化休息公园的模式，文化休息公园是把广泛的政治教育工作和劳动人民的文化休息结合起来的新型的群众机构。在公园中，可广泛开展群众宣传工作，并可组织劳动人民公共的和集体的新型的休息形式（柳尚华，1999：97）。文化休息公园的总体规划一般是在功能分区的基础上进行的，各个分区之间有一定的比例，将文化教育、娱乐、体育、儿童游戏活动场地和安静的休息环境，有机地组织在公园之中，并非常注重安排集体性、政治性的群众活动和文体娱乐活动（裘鸿菲，2009：23）。

南京和老城周边的大型公园如玄武湖、莫愁湖在解放时面积不大，但是周边环境具有成为公园的地形和区位条件，加之原有基础较好，因此得以在原面积上扩大。新中国成立后，南京市政府按照大型文化休息公园的目标建设玄武湖和莫愁湖，莫愁湖公园还于 1951 年更名为第一区人民公园。1953 年建成的绣球公园和雨花台烈士陵园，1956 年建成的和平公园和 1958 年建成的午朝门公园等都可以看出文化休息公园模式的影响。这些公园在继承传统的造园手法的同时，增加宣传、集会等场地和设施（图 4-29），公园中活动类型和设施的丰富，加之这个时期开始的具有时代特点“单位”管理模式，公园开始采用封闭式管理，售票经营。

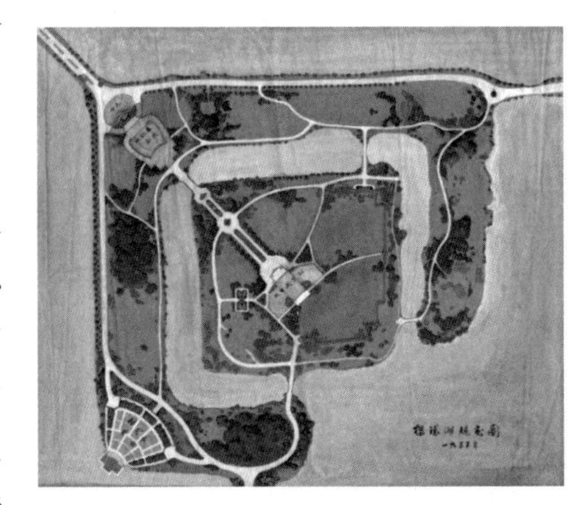

图 4-29　1955 年玄武湖樱洲环洲规划图
来源：（南京市建委，1955）

此外，苏联的城市绿地分类和绿地系统规划方法对于当时的城市建设起到指导作用。借鉴其绿地系统的思想，公园之外的单位绿化和街坊绿化也得到很大的发展，对于一些荒地进行造林绿化，这些都纳入到当时强大的计划经济中。

b.“大跃进”期间公园中绿化结合生产的模式。1957 年 10 月，《全国农业发展纲要》发表，拉开了农业“大跃进”的序幕，1958 年，在“大跃进”的形势下，中央提出大地园林化，对当时城市园林绿化的发展起到了推动作用（柳尚华，1999:4）。

1960 ~ 1965 年间的自然灾害加上经济工作上的失误，使得国民经济建设面临严重的困难。这种形势下，园林绿化的资金大大压缩，为了渡过困难，片面地、过分地强调园林结合生产和以园养园（柳尚华，1999：6）。“园林结合生产，是社会主义城市园林建设的重要方针”。它同其他社会主义新生事物一样，是在斗争中发展起来的。这些从诸多的方针和口号中可以看出，如“过去，……曾片面强调观赏效果，也一度出现压缩园林，单纯强调经济收入的倾向”，“园林绿化必须为无产阶级政治服务，为社会主义生产建设服务，为劳动人民生活服务”，“园林结合生产不是单纯的技术问题，也不是一时的权宜之计，而是社会主义园林区别于封建主义、资本主义、修正主义园林的一个根本标志，是个方向路线问题”（赵纪军，2009）。这样，就将公园的建设、管理方式上升到政治高度。

虽然 1959 年 12 月召开的第二次全国城市园林绿化会议明确指出“城市园林绿化结合生产应该在不妨碍卫生要求、文化休息和城市美化等主要功能的条件下进行，既然是结合生产，就不完全是为了生产，还要供人们观赏”，但是在 3 年自然灾害时期（1959 ~ 1961 年），“园林绿化结合生产”在“以粮为纲、全面发展”、“全党全民大办农业、大办粮食”、“以农业为基础，大办粮食”等口号下，又改头换面，不得不成为一个无奈而必需的手段，以解决粮食短缺问题（赵纪军，2010）。这种情况下公园成了彻底的农业生产用地，1962 年为度荒年，南京的公园、干道绿化带、苗圃，广种包菜、胡萝卜、山芋、南瓜，玄武湖和莫愁湖都成为副食生产基地（南京市地方志编纂委员会，1997：738）。

1965 年 6 月，建工部召开了第五次城市建设工作会议强调了：“公园绿地是群众游览休息的场所，也是进行社会主义教育的场所，必须贯彻党的阶级路线，兴无灭资，反对复古主义，要更好地为无产阶级政治服务，为生产、为广大劳动人民服务”（赵纪军，2009）。绿化结合生产以及突出政治氛围成为公园的主题，短时间内公园的位置和边界虽然没有受到直接的冲击，但是公园的传统功能在强大的政治影响下消解，并且随后开始的无序建设对于整个城市的布局产生了持续的影响。

期间，出现了“赶美超英”、“大炼钢铁”等一些不切实际的口号，群众集会在城市政治生活中愈发重要，这样的背景下修建了一些广场（周波，2005：129）。

南京1959年扩建鼓楼广场，中心岛南北长112米，东西宽60米，增建人行道宽8米，占地1.76公顷，为原来的三倍（薛冰，2008：108）。

c.“文化大革命”时期对公园的彻底否定和损坏。1966年，“文革”爆发，无政府主义泛滥，整个城市的建设工作都受到严重的冲击和破坏。城市规划停止执行，见缝插针的建设使得很多绿地被占用。“文革”期间，借口反对封资修和破除四旧，园林绿化受到了严厉的批判。许多城市园林和文物古迹被列入了四旧的范围，遭受了一场空前的浩劫，直到1976年（柳尚华，1999：8）。

1966年夏，“文化大革命”开始，南京城市建设与管理受到严重干扰，1967年，南京园林管理处撤销，园林管理工作由军管会城建局生产组负责，园林管理处大部分干部进五七干校。各种管理制度基本废弛，这种局面直到1970年代晚期才得到控制。南京全市整整五年没有开展绿化植树，全市专用绿地面积损失四分之三以上（南京市地方志编纂委员会，1997：740–742；薛冰，2008：107–113）。

这个阶段南京几乎所有的公园都受到严重损坏，如玄武湖公园压缩花草面积，种植蔬菜、围湖造田，十里长堤的3000多株观赏树木被拔除，一些纪念性建筑损坏。一些单位也趁机挤占公园绿地，公园景观受到严重破坏。1971年，玄武湖南畔建煤气柜，占绿地2公顷（南京市地方志编纂委员会，1997：174–175，742）。莫愁湖的园林景物遭到严重破坏，建筑、花木等均遭到破坏，粤军墓也被炸毁（南京市地方志编纂委员会，1997：221）。绣球公园成为造反派集会场所，花木遭到摧残，长满荷花的3公顷莲塘被填平作为会场，公园中还建起砖瓦厂。1969年，南京市革命委员会撤销清凉山公园管理处，并将公园地域划归市自来水厂进行水厂建设（南京市地方志编纂委员会，1997：740–742），园林景观不复存在。白鹭洲、郑和公园的等均受损严重。一些与园林紧密相连的名胜古迹，如古鸡鸣寺、栖霞寺、千佛岩毁之殆尽（唐兰娣，1996）。

城市公共空间的政治氛围浓烈，公园、广场不再是休闲娱乐的场所，而是进行各种政治集会和批斗的场所。1966年8月31日，市人委决定把带有“封建主义、修正主义色彩”的道路广场公园名称改为革命化的名称，玄武湖改名为人民公园，莫愁湖改名为立新公园，灵谷寺、栖霞市停止宗教活动（南京市地方志编纂委员会，1997：740–742）。

这个时期，由于国民经济处于非常困难的阶段，绿化结合生产的思想仍在延续，如1968年，公园、干道广植泡桐、毛白杨、雪松、水杉等用材树种，并且公园推行林粮间作，苗圃也改水旱田种粮食（南京市地方志编纂委员会，1997：740–742）。这个时期公园乃至城市公共空间都成了政治运动的牺牲品，对于公园的影响除了公园内部建筑、设施等受到破坏，还导致一些公园用地被占用，为后来的恢复工作增加了困难。

这个时期，除了对公园产生了直接冲击，还间接影响到公园边界面和未来的选址。无序的城市建设，使得城市功能混杂，原有沿城墙的地带被见缝插针地作为工业和居住用地，很多问题成为多年后城市建设和管理的难题。此外，城墙的拆除对南京后来的开放空间系统也产生了深刻的影响。因为南京城墙体量巨大，通过城门对交通的控制形成了城内和城外明显的密度差异，城墙周边在历次规划中都规划为公园绿地，尤其是城墙和护城河之间地带具有未来建成公园的先天基础，但是由于部分城墙被拆除，导致这些地段成为高密度的建成区，环城墙绿带的设想再也难以实现。

整体而言，这个阶段中公园受到强烈的自上而下的影响。建国之始，百废俱兴，公园的面积增加不少，随后的"大跃进"和"文化大革命"中，公园政治、生产功能被极度夸大，期间各种运动和社会动荡对于公园的损坏也非常严重，公园广场成为实现社会经济目标和政治使命的手段。

（4）适应市场经济的开放空间（1980-2000 年间）

1978 年 12 月，十一届三中全会确立了改革、开放的总体发展思路。20 世纪 90 年代，国家改革开放进入深入发展时期。从计划经济向市场经济的转变为中国社会经济带来了深刻的变化，包括公园在内的各项城市建设也进入一个新的时期，这个阶段也是南京老城产业转型的阶段。

城市的发展使得开放空间的功能被重视和发掘，市场经济激发了城市的活力，人们对文化娱乐、居住环境的要求更高，公园与城市生活的关系更加密切。影响公园变化的社会力量仍然以政府部门为主，但是也出现了多元化的趋势。市场经济推动下的政治社会文化影响了公园在城市中的作用，公园的类型也因此出现了新的变化。

a. 在 1980 年代，公园管理较上个时代有明显的盈利趋向。

如玄武湖公园增加了游艇、电动玩具、赛车场等游乐项目，1983 年接待游客 440.8 万，年收入 170 万余元。此后公园开始承包经营，经济效益逐年增加，到 1993 年，年收入已经达 1425.5 万元（南京市地方志编纂委员会，1997：177）。莫愁湖于 1980 年建成溜冰场，1987 年增加手划多条小游船、脚踏船和电瓶船等，1987 年 9 月设置电动小火车和电瓶小汽车；此后相继开发了高空观览车、狩猎园等游乐项目，1974 年公园摄影部成立，到 1984 年公园摄影部从业人员增至 15 人，1979 年后，公园实行经营体制改革，在多个景点设置工艺品卖品部，如 1985 年时大门综合营业部营业面积增至 90 多平方米，此外公园还有客房 23 间的旅社，建筑面积 330 平方米可供 220 人就餐的餐厅（南京市地方志编纂委员会，1997：

232–235）。1979年后，仅有绿地1.8公顷的鼓楼公园也通过设立茶社、食品代销店、外宾服务部、摄影部等，步入自己创收建园养园的轨道（南京市地方志编纂委员会，1997:323）。和平公园于1984年开设餐饮服务，1987年在西部建网球场，九华山公园于1989年建成千余米围墙后，开始售门票（南京市地方志编纂委员会，1997：341–343）。很多公园中都辟建了游乐设施场地，这个阶段的游乐设施场地多为个人承包，因此公园部分成为杂乱的游乐场。到1990年代这种情况更加突出，以至于其基本功能被削弱（柳尚华，1999:101，102），曾经以农业生产形式的“以园养园，园林结合生产”的模式如今通过追求经济利益最大化在公园管理中重演。这种趋势在1990年代后期有所遏制，但是在2000年后利用商业盈利仍是公园管理工作中的重要一环。如玄武湖免费开放后，对于土地的整体开发，以及园中建设的餐厅，再如白鹭洲的临水饮食街。

b.1990年代后，在整个城市规划逐渐与市场经济挂钩的形势下，开放空间的保护和建设面临挑战和机遇。

一方面，土地的有偿使用、房地产业的发展等进一步加快了老城的变化，老城内的工业企业用地大部分转化为住宅用地和其他产业用地，加上大量的道路建设，一些规划中和建成的公园绿地都受到侵占，如太平门地段、清凉山公园、清水塘、武定门绿地和西家大塘等。另一方面，公园、广场的建设与城市的开发结合也成了一种新趋势，不管是离老城较远的仙林、河西，还是在南京老城周边如月牙湖公园、南湖公园扩建工程中都出现了这种模式，尤其在新居住区的开发建设中表现更为突出。虽然这种改建的目的包括城市景观改善、为居民增加游憩空间等，但是这种模式最直接的受益者是房地产商和片区的城市开发部门，因此其推动力更多的来自城市房地产开发。

c. 这个时期，增加开放性成为公园管理的新趋势。

公园拆墙透绿，免费向市民开放，由过去自成体系的世外桃源融入城市开放的公共空间（周波，2005：262）。南京老城内城市整体密度增加，与此同时，一些城市公共空间的开放性也明显增加，如西流湾公园向山西路市民广场的转变、鼓楼绿地被改建为鼓楼市民广场。传统公园周边修建的广场增加了公园、水体等与城市的联系，如玄武湖公园新建的多个入口广场、绣球公园前广场、莫愁湖公园前和平广场、白鹭洲入口处的小广场等。

d. 市场经济的发展，让城市有更多的财力投入到开放空间建设上；反之，城市形象的改善亦推动了经济的发展。

老城内新建的公园有乌龙潭、明故宫遗址公园，到1995年，南京已建公园40个，比解放初期增加了8倍（唐兰娣，1996）。在1990年代后南京老城周边的大手笔建设中，通过标志性的城市空间节点和景观来带动旅游发展、促进经济增长也是建设的主要初衷。如明城墙风光带、狮子山公园、秦淮河风光带等都是典型的实例。当然经济利益只是驱动因素之一，这些大规模的开放空间建设中还贯穿着改善城市景观和增加游憩空间的意图，这些举措也确实取得了改善周边环境、带动周边经济进而提升城市形象、增加城市旅游吸引力的成效。整体而言，在这个市场经济发展为特点的时代，市场经济推动并引导了城市开放空间的建设，塑造了其向更开放的形态转变。

4.2.3　城市规划实施与管理

南京城自明代就有着明确功能分区的城市，也是近代以来，最早系统地进行规划的城市之一，因此其城市形态与城市规划关系密切，然而一些历史事件所造成的影响往往超出了规划体系和城市规划文件对城市发展的控制和引导，如南洋劝业会、中山陵建设以及华商大会、绿博会和青奥会的召开等都直接影响到城市建设，更不用说极端事件。鉴于几乎任何一版规划都缺乏实施的稳定环境以及相关档案的不完整，以下仅对《首都计划》(1928) 和《南京市城市总体规划》(1980) 两版规划进行分析，探讨规划及其实施对开放空间的影响。这两版规划都是在历史转折时期下较为完善的规划，规划颁布后有相对稳定的建设阶段，从而使得规划得以部分实施或在后续规划中有所延续。

(1)《首都计划》(1928 年)

规划背景　1920 年代时，南京的城市建设对于政权刚刚稳固的国民政府至关重要，首都建设也被作为民族象征和未来城市发展的方向。《首都计划》的编制者希望引进了欧美国家的规划方法和程序，将南京建成一座可以与巴黎、伦敦、华盛顿和柏林等并驾齐驱的城市，成为东方最伟大之都市，具有鲜明民族特点的首都 (王俊雄，2002：133)。

此前，南京城的人口主要集中在鼓楼以南，已经建成的公园有中山陵、玄武湖公园、第一公园，较小的有鼓楼公园和秦淮公园等；这个时期，夫子庙前的场地兼有商业集市、游览观光的广场功能，但类似西方的市民广场在南京尚未出现，这也是我国典型的传统名胜的空间模式；水体方面，仅玄武湖、莫愁湖等初具公园规模，城内及城墙周边的其他水塘和河道往往仅是雨水汇集和水运功能，并且由于缺乏水文管理，难以满足常年的运输需要。城内秦淮河由于水位不深，两侧建筑挤占河面，难以作为运输用途，只适合雨水排除和风景游憩 (国都设计技术专员办事处编，2006：97)。

与开放空间规划有关的内容　《首都计划》规划编制者，将公园、广场与道路作为建立首都新城市秩序的主要手段，对于水道的利用与建设也非常重视。

a. 公园。对于公园与城市的关系，《首都计划》认为“将来京内人口增加，且欲规划南京为一壮丽之都市，现有之公园，似尚未能敷用，宜择地增筑，并辟林荫大道，以资联络，使各公园虽分布于异处，实无异合为一大公园，以便游客之赏玩。”结合城内外已有的资源和城市现状，《首都计划》提出了详细的公园新建和扩建设想（表 4-4）。

《首都计划》中规划的大型公园　　表 4-4

所在地	园名	面积（华亩）
城内	第一公园	433.6
	鼓楼北极阁一带公园	1567.5
	清凉山及五台山公园	2758.8
	朝天宫公园	147.1
	新街口公园	444.1
	林荫大道	5214.0
	合计	10565.1
城外	雨花台	4732.3
	浦口公园	8263.2
	莫愁湖公园	3181.2
	五洲公园	9273.0
	中山陵园	55770.0
	下关公园	192.3
	合计	81411.8
城内及城外	总计	91976.9

来源：（国都设计技术专员办事处编，2006）

《首都计划》采用了欧美的现代城市规划方法，其中对于人口因素的考虑贯穿到各个专项规划，《首都计划》指出“公园之规划，不应以面积之比例为计算，而应以人口密度为标准。”按照其测算，南京城内人口宜为 724000 人，即“每英亩（0.4 公顷）71 人半”，而其他 1276000 人，都应住在城外（国都设计技术专员办事处编，2006：20）。按照规划南京城内公园占地将达到 14.4%，平均每英亩（0.4 公顷）公园服务 453 人，比伦敦、纽约、巴黎、芝加哥、柏林等城市人均公园面积都多，大南京的公园指标为每 137 人享有 1 英亩（0.4 公顷）公园。需要补充说明的是，《首都计划》中也承认，其计划推演基础的百年后人口估测，从一开始就因为过去人口资料“可靠者殊寡”，可能出现不合实际的情况。也有学者认为，《首都计划》对南京百年后的人口推测，“似乎全因为科学的都市计划本身，而非起于南京社会现实问题的认识”（王俊雄，2002：199）。

b. 道路。《首都计划》提出结合秦淮河和城内主要干道以及城墙形成林荫道系统，使各园连贯，从而便于市民到达，增加公园的利用率，规定林荫道的平均宽度为 100 米，并且可以结合周边情况适当变化。《首都计划》甚至还考虑将城墙作为可以通行机动车的环城大道，供市民驾车游玩和观赏城内外风光。在城墙内侧，修建环城之林荫大道，宽度最少 22 公尺（国都设计技术专员办事处编，2006：72）。

c. 水体及滨水空间。对于水道的改良，综合考虑了排水、运输、卫生和城市景观等方面，“水道经改良后，城外之护城河，时时皆可运输，城内之秦淮河，时时可资消遣宣泄，其所裨益于南京商业之发达，游客之招致，卫生之设施，决不在小也（国都设计技术专员办事处编，2006：99）。”秦淮河的功能应以市民游憩和雨水排除为主，为此应该拆除紧邻河道的建筑。

在《首都计划》中，“所拟之大道，多有在秦淮河两岸者”，秦淮河两岸是林荫大道选址的重要地段，以联系市内的公园和名胜。“其沿秦淮河岸之路线，宽度约自十四公尺至十七公尺，一旁筑五公尺之行人路，沿河之一边，则辟为小径，以资游览”，并且《首都计划》中还给出了具体的设计模式和典型断面（图 4-30，图 4-31）（国都设计技术专员办事处编，2006：72，98）。

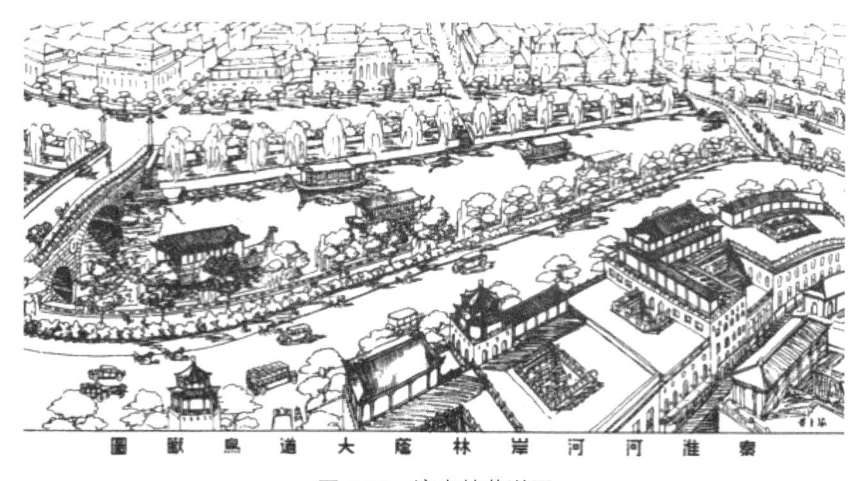

图 4-30　滨水林荫道图

来源：（国都设计技术专员办事处编，2006：100）

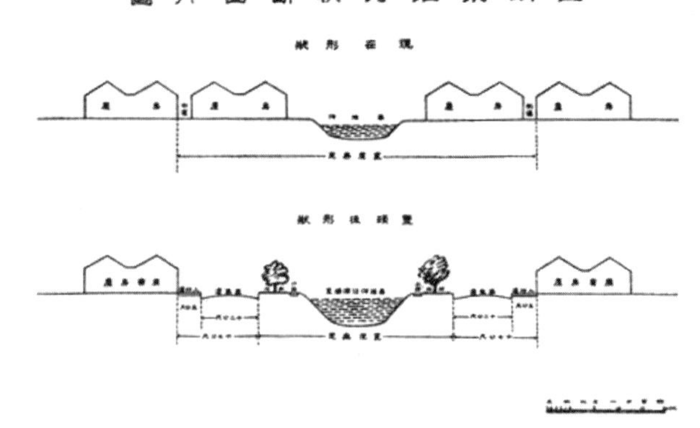

图 4-31　滨水林荫道断面

来源:（国都设计技术专员办事处编，2006: 100）

d. 广场。对于重要的节点如新街口广场，《首都计划》中提出了详细的设想（图 4-32，图 4-33），设计意匠为对称式，将道路节点、广场和公园相结合。一些重要的城市节点尤其是主要的干道交叉口，规划为广场以形成标志性景观。

图 4-32 《首都计划》中的新街口公园及广场设计

来源:（国都设计技术专员办事处编，2006: 100）

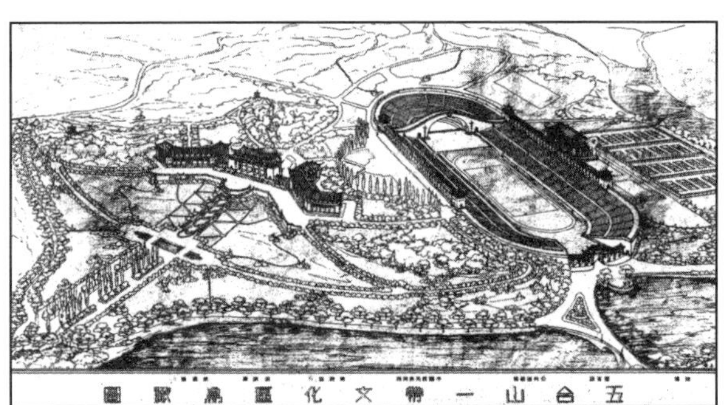

图 4-33　五台山及周边设计

来源:（国都设计技术专员办事处编，2006: 59）

e. 布局。依托大尺度要素如城墙、秦淮河等，形成了林荫路、环城公园、河道及滨河空间等开放空间与聚居区相结合的结构，当时城市的主要发展方向为沿着中山路和子午线在城内发展，城北仍有大片空地。在规划中，考虑到对城墙、部分河道的应用、对人口稀少地价低廉区域的利用、在城南部分以网络为主、在城内的周边利用山体、水体形成大尺度的集中式公园等现实情况，使其具有相当的可行性；但另一方面，该计划在新街口、内秦淮河两侧的林荫大道的设想却非常具有理想色彩，因为当时的城南部分人口和建筑密集，建设的经济成本和社会成本都很大，使其难以实现。

图 4-34 《首都计划》中公园和林荫道规划与 1928 年公园现状（底图为 1928 年南京地图）

f. 政策、法规。为了保证公园规划和林荫大道的实施，《首都计划》结合当地的土地所有情况也提出了相应的措施。如对公园和林荫道“复求其适合实际，所择之地点，非属于保留为其他项用途，即其地价廉贱，人口尚少者；而林荫大道，又多可辅助干道交通之不足者”，建议在当时南京地价较低和建筑不多的情况下，收购土地以增建公园（国都设计技术专员办事处编，2006：106）；对于 23 处小公园的经费筹措可以采用“带征房捐附加办法”或“放领征收剩余土地办法”（陈植，2009：167）。

在规划立法上，《首都计划》尝试利用《都市设计及分区授权法草案》来构建全国统一的都市计划体制，但是在随后的计划修订过程中，这项提议并未落实。1937年国民政府颁布的《都市计划法》将这项提议付诸实践，其条文内容也受到《首都计划》的深刻影响（刘园，2009：15）。

实施情况及影响因素 从1928年《首都计划》颁布后到1936年日军侵华战争前的这段时间被誉为南京建设的“黄金时期”[1]，8年中，《首都计划》中的公园区以内的城市山体和绿地虽然面积有所减少，但主体得到保留，系统的开放空间规划对城市山体绿地的保护功不可没。《首都计划》得以实施的部分主要有：

a. 道路。整体上，规划的结构性干道基本实现，主要包括中山大道（今中山北路、中山路、中山东路）、子午线大道（今中央路、中山南路）中山大道东段西延（今汉中路），以及城南部分主干道的拓宽改造，包括中正路（今白下路、建邺路）、中华路、太平南路等。比较南京今天的城市路网不难发现，约80%的城市干道和50%的城市次干道在民国时期已经形成，可以说《首都计划》的实施奠定了南京现在的城市干道网格局（刘园，2009：22）。交通的改善拓展了城市界限，城市发展重心由中心向两极扩展，人口密度发生了明显的变化，几条主干道的建设使新街口、鼓楼、山西路三个新的中心陆续形成。

1929年，中山东路、中山路分别栽植悬铃木452余株（间距10米）和刺槐622株（间距7米）（南京市地方志编纂委员会，1997：398–399），开始了南京城市道路绿化的先河。

b. 公园。在开放空间方面，公园作为现代城市中重要的公共场所，在《首都计划》的推动下受到了社会各界的广泛重视。一方面一些已经初具规模的公园继续扩建，同时也辟建了一些新公园，南京的公共空间有了前所未有的发展。在《首都计划》之前，较大的公园有第一公园、莫愁湖公园、玄武湖公园等，小型公园如白鹭洲公园、鼓楼公园和秦淮小游园，这些公园已经有一定的基础或者正在修建中。《首都计划》颁布后，除了集中建设莫愁湖和玄武湖这两个大型公园外，还新建和扩建了城内一些公园。

c. 广场。新街口广场（始建于1930年11月12日，1931年1月20日完工）是国民政府建成的第一个城市广场，它位于中山大道、子午线大道、汉中路三条城市干道交叉点。随着新街口广场崛起，中山大道沿线又相继建成山西路、鼓楼两个城市广场。这些广场凭借区位的优势迅速吸引了众多商业建筑、文化娱乐设施，成为临近交通、金融商业中心的重要公共场所（刘园，2009：20，21）。这种商业中心、交通干道以及广场结合的模式，是南京所未曾有过的城市空间类型，道路节点广

[1] http://zh.wikipedia.org/w/index.php?title=%E5%9C%8B%E6%B0%91%E6%94%BF%E5%BA%9C&oldid=26811527

场也成为首都标志性的公共空间。

但是，从《首都计划》颁布到抗日战争全面爆发这段和平时期，规划中关于开放空间的设想远没有实现：由于秦淮河两侧建筑密集，结构性的林荫大道和秦淮河改造几乎没有实施；玄武湖、莫愁湖等公园面积未能达到规划的规模；再如鼓楼公园与规划的鼓楼及北极阁一带公园规模（104.5 公顷，1567.5 亩）相去甚远，规划中的清凉山、雨花台也只进行了先期的造林工作，五台山公园、新街口公园、朝天宫公园、中央政治区公园等最终没能实施；对于城墙作为环城大道的设想固然有机动车对文物损害的不合理性，但是其作为步行游览道也未曾付诸实施；护城河水位问题和秦淮河水质以及两岸建筑过密问题一直未能解决。

影响《首都计划》实施的主要原因有以下几个方面：

a. 经济因素　按照《首都计划》所拟的实施程序，在“训政时期”的六年中，约需要建设费 5180 万元。《首都计划》中认为“此数虽巨，顾南京为国都所在之地，为全国政治之中心点，中外观瞻之所系，凡所建设，不特市民获受其益，即全国人士，亦将乐观厥成，众擎易举，款项自不难立集。”《首都计划》中对于公园和林荫大道的规划，“一方固力求美观，一方复求其适合于实际，所择之地点，非属于保留为各项用途，即其地价廉贱，人口尚少者”，并认为“京现在地价尚廉，建筑物尚形稀少，诚宜及时收用各地，逐渐增建公园也”。对于公园和游戏场的款项，“除公地外地价均应由受益产业负担，不足则由中央政府补助”，并提到“应由市民直接负担者，为街道、公园、路灯、渠道等项”，并乐观地认为，“盖不特港口、铁路、交通设备等项，利权甚巨，而改良道路、公路、公园等项，其直接获间接之收益，亦将不可胜计”（国都设计技术专员办事处编，2006：106，268–269）。

但是当时城厢西北地区多为公地，如果像《首都计划》那样由受益户按比例出资进行市政建设，政府必须承担大多数经费。首都建设委员会于 1929 年 6 月召开第一次全体会议时决议，发行公债 3000 万元和各省摊派 2000 万元，来筹措这笔庞大的建设经费，但是公债因国民政府未拨付基金而无法发行，由党内派系和地方实力军人掌控的各省，也不愿摊派经费。在《首都计划》中的标志性节点——新街口圆环广场的实施也是动用了行政力量才得以完成。1930 年 11 月市政会议决定将新街口圆环四周都划为银行区，且强制业主限于 5 个月内开工建设，如此才形成了新街口圆环的特殊景观（王俊雄，2002：230–231），这种情况下，公园的建设资金显然更难于筹措。

b. 人口激增、房屋短缺因素　南京在 1914 年时人口约 38 万，1928 年人口快速增加到近 50 万，到 1936 年人口已经突破 100 万，也就是仅仅 8 年间南京的实际人口即达到《首都计划》中规划人口一半，其中超过70万居住在城厢地区，已经达到规划中城内人口数量。人口快速增加，带来了严重的住宅短缺和房价土地飞涨问题，房荒也一直是报纸和市政府报告中不断提到的问题。1936年时，南京平均一栋瓦房中要居住2.86户，在城南地区情况更为严重（王俊雄，2002：199–200）。在住房短缺的情况下，大量拆房进行公园和林荫大道建设，抑或拆除秦淮河两侧大量的高密度住宅显然是不现实的。

c. 政治斗争因素 首都规划是各种政治势力争夺政权进而改造社会的一个公共活动场域，作为国家政治管理和权力统治的中心，是构建国家和权力整合的重要象征。对于近代中国而言，首都规划显然是一个重要的，为各强权所亟待掌握的政治符号（王俊雄，2002）这种政治斗争体现在首都规划和实施过程中的不同层面中。首先，主掌规划的政府机关变更，国民政府先后设置了“国都计划技术专员办事处”和“首都建设委员会”作为负责首都规划和建设的最高主管机关。1928年10月国民政府改组中，与蒋介石不和的孙科重新出任要职，并负责直属国民政府的国都设计技术专员办事处，从而取得南京城市规划的主导权，1929年底《首都计划》完成后，制订该规划的国都处即被裁撤。首都建设委员会随后正式确立了其在首都建设的中心地位，并由蒋介石任主席，由于其他委员均与蒋私交甚笃，这样蒋实际上是南京首都设计的最高决策者（董佳，2012b）。其次，土地利用与分配单位的变化，1927年国民政府公布《南京特别市暂行条例》就规定了南京市政府的法定职权中包括市土地分配及使用，但是首都建设委员会作为负责首都规划和建设的最高主管机关后，不仅掌管市内土地征收和建筑审批，当《首都计划》与之相冲突时，首都建设委员会有权令其放弃。再者，规划实施的不确定性。1929年国都处撤销后，国民政府先后设立的首都建设委员会和中央政治区土地规划委员会，并未按照首都计划实施，并在1930 ~ 1937年间对其内容进行了相当大的调整。经过修订后，《首都计划》在性质上，已经不是一种广及全市各方面的综合发展计划，而是流于一些零星计划的组合而已（王俊雄，2002：202，211）。无论是《首都计划》还是其修订版本的实施都遇到相当的社会阻力，如《首都计划》的后续规划《首都干道系统图》在南京城中、城南区域，进行的每条计划道路的开辟，都会遇到民众陈情要求进行不同程度的修改，甚至取消计划。政府积极推动的道路实施尚且如此，《首都计划》中大手笔的开放空间规划显然也就得更居其次了。

d. 实施了其他规划、法案因素 在首都建设委员会第一次全体会议上讨论了南京土地分区使用计划，刘纪文的《首都分区计划草案》得到认可，在该提案中，他认为“分区制度为近代城市之良法”，其中公园区以“建筑公园与美术化房屋为主”，公园区的范围主要沿着城墙绕行一周的带状公园，和北极阁、清凉山等地，包括将这些公园连成系统的秦淮河沿岸的数条林荫大道。与《首都计划》相比，除了新街口公园被取消外，整体公园面积也小了许多，林荫大道也没有《首都计划》中的完整（王俊雄，2002：243，249）。1933 年 1 月 24 日，国民政府以《首都分区计划草案》为蓝本，公布了《首都城内分区图》和《首都分区规则》（表 4-5）（王俊雄，2002：253）。由于首都分区条例草案中对公园区并未全面禁止建设，因此时隔不久，建筑就开始逐渐蚕食规划中的公园区了（刘园，2009：25）。

《首都分区规则》之分区规定表　　**表 4-5**

容许使用的项目	建筑高度限制	建筑密度
公园、农场及果园 图书馆博物院及其他同样性质之公共建筑 体育馆运动场游憩场及其他同样性质之公共建筑 各项纪念建筑 自来水之水池水井水塔等 有美术性质之不连续住宅四周留有空地者 消防使用之建筑 茶社餐馆照相馆及其他便于游人之建筑 特许之公墓	2 层或 12 米	40%

来源：（国都设计技术专员办事处编，2006）

在 1937 年后，由于日军侵入，南京城遭到严重的损坏，抗战胜利后，国民政府还都南京后虽有城市规划和少量的建设，但是随后的解放战争使城市建设再次停滞。

将《首都计划》与 1948 年航拍图（图 4-35）对比可以发现，除了玄武湖和莫愁湖公园规模有所扩大外，不仅规划的公园和林荫大道没有实现，新建以及《首都计划》前就建成的公园也存在面积减少甚至被取代的情况，如秦淮小公园、第一公园、绿筠公园。

作为南京第一部系统的城市规划，《首都计划》对以后的南京城市规划有着深刻的启示，其理论意义远大于实践意义。

（2）南京城市总体规划（1980 版）

规划背景　在国际局势逐渐缓和的大环境下，中国于 1976 年 10 月粉碎了“四人帮”、结束了“文化大革命”。1978 年 12 月中央举行了十一届三中全会，会议决定把工作重点转移到社会主义现代建设的轨道上，实行了改革开放战略。继农村经济体制改革后，1984 年进行城市体制改革（张京祥，2002：232）。

图 4-35　1948 年的公园实际情况（底图为 1948 年南京航拍图）

1952 年，南京成为江苏省会，“一五”期间的快速发展使其从消费型城市转变为生产型城市。1958 年开始的“大跃进”和随后的“文化大革命”使得城市建成区面积迅速增加，南京的城市扩张除了在老城内填平补齐外，以工业企业为主体，开始跳出老城向北部扩张，城市建设用地处于失控状态（周岚等，2004：20）。1960 年代后长江大桥通车，交通便利、工业基础以及人才优势，使得南京成为国家化工、冶金机械、建工等重工业的重点投资区。但从 1966 年到 1976 年的 10 年间，城市建设处于极度无序状态，到处见缝插针，乱拆乱建，绿地、文物古迹如明城墙等遭到严重破坏和侵占。到 1976 年“文革”结束后，社会秩序才逐渐恢复正常。

1978 年 10 月，南京规划局正式成立，1979 年南京市规划局组织编制了《南京市总体规划》，该规划于 1983 年 11 月由国务院批准，并特别强调了南京“环境优美”和“有古都特色”，这是新中国成立后南京第一部得到国家正式批准的具有法律性的城市总体规划文件。

与开放空间有关的内容　1983 年 11 月 8 日，国务院批准确定《南京市城市总体规划》中所确定的城市性质为：著名古都，江苏省的政治、经济、文化中心。不过在规划制定过程中，有关南京城市性质的表述有过多次变化，园林绿化得到重新认识和评价。如在 1979 年 7 月 30 日向省、市、军区主要负责同事汇报时，提出“绿、彩、香、洁、静的文化古城”，1980 年 10 月在玄武湖公园举办的城市规划展览会上和 1981 年 6 月《南京市城市总体规划》经市八届人大常委会第三次会议审议通过时，均提出“兼具古今文明和现代工业交通的园林化城市”。在城市布局规划中，可以看出此版规划已经从更大尺度和更多角度考虑城市与自然的关系，如规划提出在利用现有城镇基础的前提下，使大、中、小城镇和郊外广阔的“绿色海洋”有机地结合，以圈层式城镇群体的布局构架进行规划建设（南京市地方志编纂委员会，2008：152–153，499）。

作为城市总体规划的专项之一，《南京市绿地系统和风景区规划》于 1980 年编制完成，后又结合城市总体规划的修编和调整，多次编制城市绿地系统规划。规划中提出的多处风景名胜区也分别编制了总体规划和详细规划，并按规划付诸实施，主城内划定各类绿地范围控制线，并按其进行严格控制。

在“绿化系统”方面，规划编制者认识到 1978 年市区公园绿地平均面积 7.1 平方米，如包括滨河绿地和环城绿带，平均每人有公共绿地 8.13 平方米，但是绿地分布不均衡，城北绿地较多，城南人口密集但绿地少。规划提出如下设想：

a. 充实公园绿化，提高园林艺术水平；b. 结合江、河、湖、山、城、路网形成绿化系统；c. 结合街坊改造，合理分配绿化比例，提高普遍绿化；d. 整理发掘名胜古迹和风景资源，提高风景旅游层次；e. 市区内的山头可供绿化，应开放恢复为城市公共绿地，城墙与护城河之间划为文物环境保护区，只能绿化，不能安排生产、生活建筑；f. 沿城墙和河道两侧，每边应严格控制不少于 15 米作为绿化用地；g. 促使各机关院校大搞绿化，增加专用绿地总面积。

根据城市园林化的要求，规划提出以中山陵、玄武湖、雨花台、清凉山等块状绿地或名胜为基点，通过带形绿地分别组成城东（从玄武湖、鸡鸣寺、九华山、富贵山、白马动物园至紫金山），城西（经清凉山通过外秦淮河及环城绿地北接古林公园，西与莫愁湖，东与乌龙潭、五台山体育馆公园相连），城南（雨花台、菊花台结合），城北（燕子矶滨江公园，东接栖霞名胜，西经滨江绿地连接幕府山、老虎山、象山至长江大桥）四大绿化片，根据以上规划要求，每一居民占有绿地总面积可达 24.2 平方米，其中公共绿地 11.6 平方米，防护风景林 11.1 平方米，街坊绿地 1.5 平方米（南京市地方志编纂委员会，2008：160）。

该版规划中有关开放空间的内容在 1983 年的《绿地系统规划》得到进一步细化，包括公园和绿地、市郊风景区、南京地区组织风景点和实现大地园林化三个方面。具体而言，市内公共绿化规划要求充分利用山体、河道水面组织绿地，通过市区主次干道的街道绿化形成绿化网络；结合名城古迹恢复，新辟小公园，做到每个生活居住区至少有一块公园绿地，共计增加 13 个公园；在市区河道两侧及明城墙内外，各保留不少于 10 ~ 15 米宽的绿地，结合内秦淮河整治，以夫子庙为中心开展水上游览，恢复历史上的秦淮风光等。近期（1985）、远期（2000）人均公共绿地分别达到 6.18 和 9.73 平方米，城市绿化覆盖率分别达到 30%，50%（图 4-36）（南京市地方志编纂委员会，2008：508）。

图 4-36　1980 版城市规划中规划公园与当时城市公园现状（底图为 1979 年南京航拍图）

该绿地系统规划提出以中山陵、玄武湖、雨花台、清凉山等块状绿地或名胜为基点，通过带形绿地分别组成城东（从玄武湖、鸡鸣寺、九华山、富贵山、白马动物园至紫金山），城西（经清凉山通过外秦淮河及环城绿地北接古林公园，西与莫愁湖，东与乌龙潭、五台山体育馆公园相连），城南（雨花台、菊花台），城北（燕子矶滨江公园，东接栖霞名胜，西经滨江绿地连接幕府山、老虎山、象山至长江大桥）四大绿化片，开辟环城滨河绿地，整治内秦淮河、珍珠河水系，恢复古秦淮河水系林荫带（南京市地方志编纂委员会，2008：507）。

1984 年的《历史文化名城保护规划》中要求，城墙两侧，特别是城河之间要全部辟为环城绿带，城墙内侧 15 米内，外侧与护城河范围之间均为保护范围，要逐步拆除与景观无关的建筑（南京市地方志编纂委员会，2008：410）。

实施情况及影响因素　制定 1980 版规划时，南京已经形成老城与近郊、卫星城联动发展的局面，该版规划关于圈层式发展的设想对于有效控制城市规模、保障城市生态环境背景具有明显的效果。如对南京城具有重要意义的第二圈层（蔬菜、副食品基地和风景旅游区）也是市区与主要卫星城的隔断地带，到 1990 年代时该圈层在老城西南仍起到较好的控制作用。在制定规划的 1970 年代末时，南京老城内绝大部分已经为建设用地，新辟绿地有着很大的阻力，因此这 10 年间规划的实施主要还是维持原有的公园绿地，也有部分公园也得以恢复或扩大，如 1986 年清凉山公园面积扩大，1990 年筹建国防园，1987 年瞻园二期恢复工程竣工，传统文化商业中心、秦淮河风光带的核心——夫子庙得到恢复和发展。1986 年代明故宫遗址公园开始建设，太平公园也于 1970 年代末开始恢复整建，并于 1985 年更名为郑和公园并开放，此外还修建了一些小规模的街头绿地。

当然，1980 年版规划中的开放空间设想，到 1990 年对该版规划进行修订时仍有相当部分没有实现。在老城和周边地带未能实现的开放空间规划主要表现在以下几个方面：

a. 部分公园没有达到规划边界和范围，如清凉山公园（含马路对面）、西流湾、五台山、玄武湖、莫愁湖、南湖公园、北极阁、九华山、红山动物园、白鹭洲、菊花台公园等均没有达到规划预定的范围；b. 一些规划公园完全没有建成，如狮子山公园、老江口绿地、太平门附近绿地（今白马公园）、原第一公园位置、鼓楼南侧小公园等；c. 结构性连接问题，1983 年绿地系统规划中提出的在市区河道两侧及明城墙内外，各保留不少于 10 ~ 15 米宽的绿地，以及 1984 年的历史文化名城保护规划城墙两侧，特别是城河之间要全部辟为环城绿带（南京市地方志编纂委员会，2008：410）的规划都远没有实现。规划提出的以带形绿地连接主要公园和名胜，也未能实现（图 4-37）。

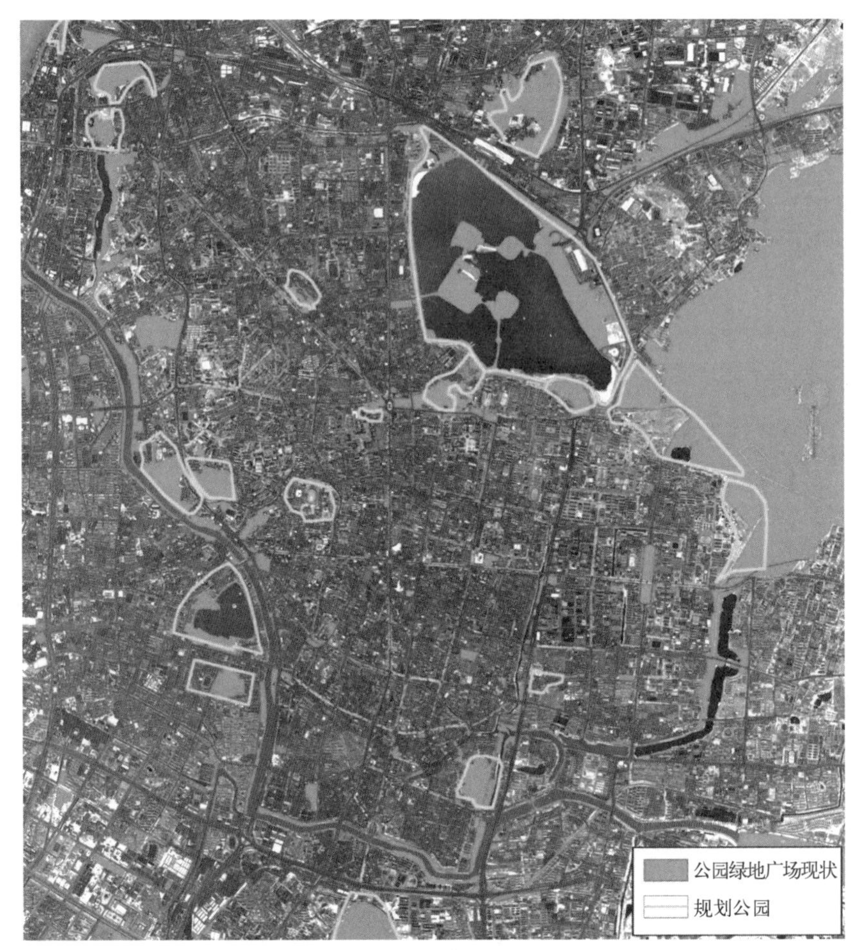

图 4-37　1980 版规划公园与 2007 年的公园实际情况（底图为 2007 年南京航拍图）

1980 版的规划于 1983 年经国务院批准执行后，对南京的各项建设起到重要的指导作用，但是随着城市快速发展，该总规某些内容已经不适应城市建设快速发展的形势。1989 年，市规划局开始新一轮的城市总体规划修订工作，规划期限为 20 年，即 1991 ～ 2010 年，并于 1995 年获得批准（南京市地方志编纂委员会，2008：165）。因此 1980 版规划中开放空间部分相当部分未能实施既有规划执行期限过短的原因，也可以归结为 1980 年代以来社会经济背景变化，以及我国规划体系缺乏法律约束力等和南京快速的城市建设等原因：

a. 社会经济背景　进入 1980 年代，城市建设"重生产、轻生活"的思路得到转变，南京城市建设开始转向重点解决市民居住问题。此时南京的城市住宅非常紧张，"文革"初期下放的 20 万知青、干部在"文革"后期大规模返城，又加剧了住房供需的失衡。市区人口在 1985 年突破 150 万人，人均居住面积 1978 年为 5.03 平方米，1979 年降至 4.7 平方米以下，无房户多达三万余户，人居 4 平方米以下的高度困难户超过 5.6 万户（薛冰，2008：118；周岚等，2004：21）。由于当时国家财政经济严重困难，不得将城市住宅建设的重点大约 80% 以上放在老城区的改造上。

在该版规划颁布实施后，自 1984 年起，依照“统一规划、合理布局、综合开发、配套建设”和“旧城改造和新区开发相结合，以旧城区改造为主”的城市建设方针，南京城区先后改造了 96 个旧城片区 1950 年代“兵营式”排列的砖木结构平房，由六七层的多层建筑所替代，住宅区规模也迅速扩大，从 1984 年到 1990 年，全市累计建设住宅 2865 万平方米（薛冰，2008：116）。由于老城内集中了大部分人口，各种基础设施条件较好，导致人口向郊区疏散较少。公园建设动力不足，住宅不足和建设资金短缺都制约了公园规模的扩大。

另一方面，随着改革开放初步激发了城市更新和扩展的动力，新的城市建设构想也被提到日程上。在 1983 年后，南京规划局组织了一系列的专项研究，主要针对城市发展，从 1993 年南京总规中提出建设国际都市和建设百座高层建筑可以看出，决策层可能在 1980 年代后期就将城市开发凌驾于古都风貌之上，开放空间的保护和建设退居其次也就不足为怪。

b. 规划缺乏前瞻性　1980 年代，国家的城市建设方针仍是立足于严格控制大城市发展，这一规划体现了强烈的计划经济色彩，通过圈层式、单一的中心——边缘结构控制城市发展；但是由于对人口增长估计不足，导致人均城市建设用地大幅度下降。市区卫生医疗、中小学教育、文化体育及娱乐等公共建筑总用地面积 517.9 万平方米、人均用地 4.55 平方米、总建筑面积 209 万平方米，三项指标与国家建委 1978 年提出的标准相比，连一半都没有达到，可见城市建设比例失调的严重程度。由于城市用地限制的影响，标准过低，到了 2000 年仍达不到 1978 年的国家标准。随着改革开放带来的城市扩张，圈层式结构的局限性逐渐暴露，由于城市沿江经济带的发展、出城交通的发展以及旧城改建的规模和速度，都超出了规划设想。规划实施过程初期，原有的规划指标就不断被打破，以致城市用地日益紧张，管理失控，尤其城郊结合部建设混乱（薛冰，2008：117-118）。第二圈层的蔬菜、副食品基地和风景名胜保护区，一部分被扩张的城市用地蚕食，一部分则与外围城镇连片发展，原规划的隔断作用丧失。

c. 规划缺乏执行力　当时我国没有完善的城市规划法律法规，城市规划的实施缺乏有效的管理和监督，在计划经济背景下，城市建设的随意性非常大。1969 年，中共中央转批中央书记处第二办公室报告中关于“一切私人占有的城市空地、街基等地产，经过适当办法一律收归国有”的精神，南京市成立土地国有化办公室，改征地租、地产税为土地使用费，对单位用地不分地段收取土地使用费，1976年5月对全民所有制企业使用公地实行免费用地。加上城市规划方面，行政法令一直比法律更有效力，使得城市规划缺乏可靠的实施途径。在这个过程中，规划公园由于单位的占用而无法实施的情况屡见不鲜，行政权力的滥用也导致老城内的绿化遭到相当程度的破坏，为了缓解城市中心区的交通压力，竟以砍伐行道树的办法拓宽道路。为了修建道路和居住区，城区内的自然地貌逐渐消失，小丘陵和河流日益减少。一些关键地段的开放空间被挤占，如1990年代太平门金陵御花园的开发，随后的月新花园和斯亚花园的建设，导致各版规划中屡次提出的紫金山和玄武湖的联系彻底成为空谈，再如位于秦淮风光带保护范围的白鹭小区也占据了部分规划公园用地（薛冰，2008：119，124）。

d. 重大基础设施的影响 1950年代开始的大规模拆除城墙活动到1980年代时才逐渐平息，具有“固结线”作用的城墙被部分拆除的后果在随后的城市形态和开放空间中很快反映出来。旧城周边部分地区的建筑和道路密度迅速增加，道路拓宽、路网加密。旧城建筑密度和人口的增加，也带来了交通上的压力，虎踞路、明故宫路、凤台路等先后开辟，龙蟠路、建宁路、和燕路、水西门大街、湖南路、平江府路、十字街等得到拓建，新街口地区也承受前所未有的交通压力，为此，1986年辟建了保护新街口的小四环路（薛冰，2008：116）。

一方面，交通设施占用或分割了规划绿地，如1981年开工辟建的虎踞路穿越清凉山，而与之相连的虎踞南路（1970年拆除城墙，1971年开辟道路，1975年道路拓宽）、凤台路（1987年3月开工，同年12月竣工）紧邻明代城墙遗址，使得规划中的明城墙保护带荡然无存，与之相对应的绿地也就无从谈起。另一方面，交通改善后老城周边土地利用竞争激烈，公园等开放空间用地完全处于劣势地位。如1981年开始建设拓宽，路幅45米，三块板的韶山路在1984年与黄家圩立交相连；在1986年建成中央门立交桥，至此中央门到岗子村全线拓建完成，并更名为龙蟠路。由于其衔接火车站、富贵山隧道（1989年12月竣工）与城东衔接（南京市政建设志，1995:47–49），迅速成为城市重要干道，两侧的建设用地迅速增加，占据了大量原规划中的玄武湖公园和其他绿地。

1990年代后，市场经济进一步确立，房地产市场对城市形态影响明显，此后的十余年间，老城的城市肌理变化非常剧烈。一方面，老城内建筑高度、密度明显增加。另一方面，老城内的公园、广场有所增加。通过比较1980版规划和2007年公园实际情况，可以看出，在这20年的建设中，伴随着老城内道路交通和建筑密度的增加，老城内广场增建较快，公园则是缓慢增加，但与规划预期均有较大的差距。

（3）《首都计划》与《南京城市总体规划》（1980 版）关于开放空间规划的对比分析

同样作为处于历史转折期节点上的规划，它们对于南京城市形态变化都产生了深远的影响。这两个规划产生的历史背景和承担使命不同。制定《首都计划》时南京城仍近一半处于荒芜状态，在很多地方的规划相当于在白纸上做文章，即使是非常宏大的构想也有可能实现，因此在制定规划时，老城内的开放空间骨架有着非常理想化的布局，对于将建设的公园、广场在指标上和空间范围上都有明确的表述。

1980 版的《南京城市总体规划》是我国政治社会秩序刚刚转入正规，改革开放刚刚提出且仍处于计划经济时代的背景下制定的，是对新中国成立后南京城市规划批判性继承的规划。在经历了社会主义工业化和“大跃进”、“文革”时期的无序发展，南京老城内已经接近饱和，南京市区功能布局混杂（南京市地方志编纂委员会，2008:153）。该版对开放空间的规划要比《首都计划》保守得多,重点在城西的山林、莫愁湖和城东的玄武湖、琵琶湖一带，城市中部地带没有大的开放空间构想。规划中注重居住街坊、专用绿地就是对现实情况的认识和妥协。此时由于城市范围远大于民国时期，该规划已经从区域尺度系统地对开放空间进行布局。

对于历经政治社会文化变迁的南京而言，对两个规划文本的分析显然远不足以揭示规划对城市中开放空间的影响，也无法理清规划主体对于开放空间的认识和设想；限于资料的缺乏和规划评价本身的复杂性和不确定性，也无法精确地辨析影响规划实施的所有因素。不过，通过总结上述两版规划的内容，其空间形态意图、指标和实施程序，有助于了解在历史转折期规划决策者对于开放空间的愿景；而通过将规划与若干年后真实的城市形态进行对比，可以了解规划实施的程度及影响建设外界因素，进一步可以分析出是由于突然的历史事件还是渐变的社会经济情况。

4.3　形态变化结果的关联性分析

城市化过程中，开放空间与密集建设区既是对立竞争的关系又相辅相成互为因果，例如开放空间会提升城市住区的地价、改变市民休闲活动和文化生活的空间布局，在追寻经济利益最大化的市场经济背景下，开放空间又常被建设区侵占。上节已经分析影响开放空间形态变化的原因是多方面的，形态变化又会产生多样化的结果，影响形态的原因和产生的结果又可能随着时间推移相互影响和转化，就是说形态变化的原因和结果并非简单的线性关系。本节将探讨开放空间形态变化的结果与城市建设和市民生活的关联性，主要从城市风貌与市民感知、生态与微气候、公园可达性与布局均衡三方面展开。

4.3.1 城市风貌与市民感知

南京城在近百年的变化中，大尺度上的城市风貌变化主要可以归结为：

a. 建成区从城南扩展到整个老城，并向更高、更密发展；b. 传统城市肌理逐渐消解；c. 水体、丘陵的减少；d. 传统地标建筑逐渐消失或者在城市中日益弱化，明城墙部分拆除。鉴于南京老城范围巨大，以下仅通过重要道路和局部地段的分析，探究与开放空间有关的意象感知变化。

（1）视域分析

视觉是人们获得信息进而形成情感、记忆等的主要手段，视域分析是通过分析视线范围的变化来认识空间布局对人感知的基本影响。

南京城面积广袤，至解放前老城北部仍有大片空地，城市道路的建设对于城市现代化起到重要的作用。城市化过程中，建筑和道路密度逐步增加，这些建筑和道路不仅形成了新的空间划分，也占用了曾经的池塘、山体或空地，造成自然要素的减少；沿着道路这个生长轴，建筑逐渐密集并向距离道路更远的地方扩散，建筑逐渐成为道路上主要视觉要素。

道路是市民感知城市空间的重要场所，沿着主要道路的视域变化一定程度上反映了实体要素和空间的组织方式，或者说城市空间的开放性（openness）。利用 GIS 的视域分析来度量沿道路行进中的视域可见范围，以及可见范围内空间类型的变化，可以在视觉感知层面上概括地比较城市开放性变化和开放空间的可见程度。为了比较不同时期沿路可见区域的变化，笔者选择了 1930 年前后建成，至今仍是南京最主要道路的中山北路、中山路、中华路、中山东路和汉中路作为视域分析的路径。这五条路在也是此后城市发展过程南北和东西方向的主要生长轴，沿途所见即是南京城市建设的典型断面。在笔者收集的资料中，精确到建筑或建筑群的有 1930 年代、1962 年和 2007 年三期地形图。以这三期地图为底图，在 ArcGIS 中重绘了沿上述道路中心线 150 米范围内的建筑，以道路中心线为路径进行了视域分析，并叠加了水体、公园、广场绿地等图层以评估它们的可见性。（图 4-38，图 4-39；表 4-6，表 4-7）

从整体变化上看，东西向路径（由中山东路、汉中路相连而成）1930 年代时在莫愁路以西、天津桥以东的道路范围之外都是完全可见区域（即无建筑遮挡的开阔地带）；到了 1960 年代明故宫一带仍为连片的可见区域；但到 2007 年后道路

图 4-38　汉中路、中山东路沿路视域分析

图 4-39　中山北路、中山路、中华路视域分析

东西向路径（汉中路、中山东路）沿线视域分析（单位：平方米）　　表 4-6

		1930 年代	1960 年代	2007 年
不可见区域		210368	363680	599856
其中	水体	5360	512	1904
	公园及绿地	（无公园）	16	2304
可见区域		1673600	1521248	1285072
其中	水体	135808	81504	55440
	公园及绿地	28592	18416	140576

南北向路径（中山北路、中山路、中华路）沿线视域分析（单位：平方米）　　表 4-7

		1930 年代	1960 年代	2007 年
不可见区域		342400	609280	1244480
其中	水体	8896	11264	2880
	公园及绿地	320	2368	27840
可见区域		3197056	2930176	2294976
其中	水体	155776	119360	66048
	公园及绿地	8640	27456	131200

范围之外几乎没有大片的可见区域。南北向路径（由中山北路、中山路和中华路相连而成）1930 年代在今虎踞路以西的道路范围之外几乎全部为可见区域，当今新模范马路周边、山西路广场周边、云南路到鼓楼均为连片的可见区域；到 1960 年代，连片的可见区域为今虎踞北路到挹江门、西流湾周边和鼓楼周边，中山东路的政治区公园在新中国成立后逐渐为建筑所占据，导致沿东西向道路可见范围的绿地减少，周围的视觉开放性也因此下降；2007 年后，视野相对开阔的地方仅为鼓楼周边和挹江门外。

两条路径的视域变化有些共同的规律：

a. 沿街建筑发展经历了从零星分布逐渐到沿街一层皮再到全面密集化的过程，这在城北和城西尤其明显。总体上，由于建筑的围合沿路可见区域呈不断减少趋势，城市空间的开放性大大降低；

b. 水体实际面积的减少以及建筑的增加导致可见范围的水域面积大大减少；

c. 公园和街头绿地实际面积整体上增加，且在可见视域和不可见视域中都呈增加趋势，公园和街头绿地中可见部分的比例越来越高。

由于没有精确的各期土地利用现状或地表覆盖图，因此无法衡量空地、农田和自然山体的详细变化情况。整体而言，在大面积近自然的场地逐渐变为建筑和街区过程中，人们的视线越来越被限制在道路范围内，可见视域不断缩小。可见视域内开放空间类型从大片的农田、空地、水面为公园绿地和小面积水体所替代。

山体可见性变化较明显的是汉中门附近的乌龟山、蛇山和挹江门附近的八字山。乌龟山和蛇山在 1930 年代时在汉中路上仍可见其山脚，随着城市建设中山体被部分铲平或被建筑占据，如今在路上已经无法感觉到它们的存在。八字山周围在 1930 年代时是进挹江门后视野最开阔处，在路上能清楚地看到山体及坡面。1960 年代后紧邻戴家巷的建筑使得山体东侧部分被遮挡。1990 年代时八字山部分山脚被铲平，其东侧与道路之间一度被简易住宅、家具城和市场占满，并完全遮挡了山体；到 2004 年家具城拆除、八字山建成公园，才可以从路上看到部分山体，但可见范围远小于 1960 年代时的情形。

（2）视觉序列分析

Cullen 和 Bosselmann 在进行视觉连续性即空间序列变化的分析中，现场踏勘对于记录、分析当时的空间序列起到了关键作用（卡伦，2009；Bosselmann，1998）。因为笔者研究的演变过程历时 100 年，基于现场踏勘的研究方式是不可能实现的，并且相应的历史图片有限，所以只能在对当代现场考察的基础上通过分析历史地图和照片，推断局部路段的景观序列的变化。

本次研究选择了两个地块共四条路径（图 4-40，图 4-41）：路径一和路径二连接夫子庙和白鹭洲，分别是夫子庙大成殿前到白鹭洲公园西北门[1]，和夫子庙大成殿前到白鹭洲公园西南门。路径三和路径四连接朝天宫和莫愁湖，分别是朝天宫南门到莫愁湖公园南入口，和石鼓路（汉西门瓮城东）到现莫愁湖公园北入口。上述四条路线都是当年都是由闹市区通往对偏僻的公园地段，路径一、二和三的道路自 1910 年代建成后一直使用至今，路经四在石城桥以西路段随着城市建设才

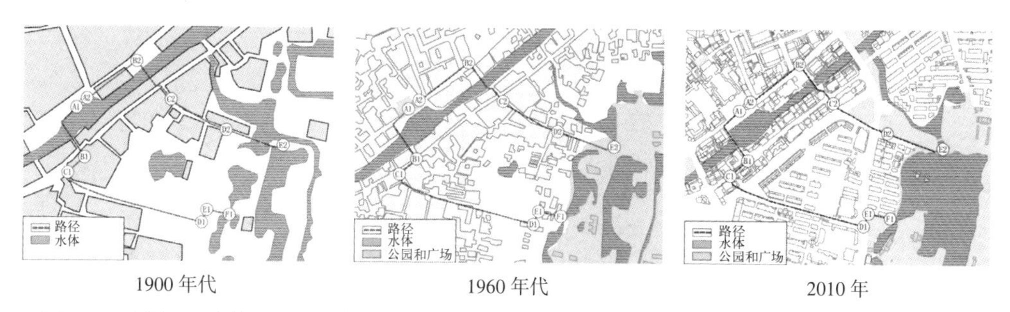

图 4-40　路径一（长 700m，夫子庙 A1——白鹭洲西北门 F1）和路径二（长 620m，夫子庙 A2——白鹭洲西南门 E2）视觉序列分析

[1] 注：路径 2 曾为主要入口之一，笔者调研时即 2010 年前后，现在被公园租给企业作为入口，由于管理限制，无法通过入口广场通达园内。

逐渐形成，莫愁湖的北门是1960年代公园扩建时新增的。

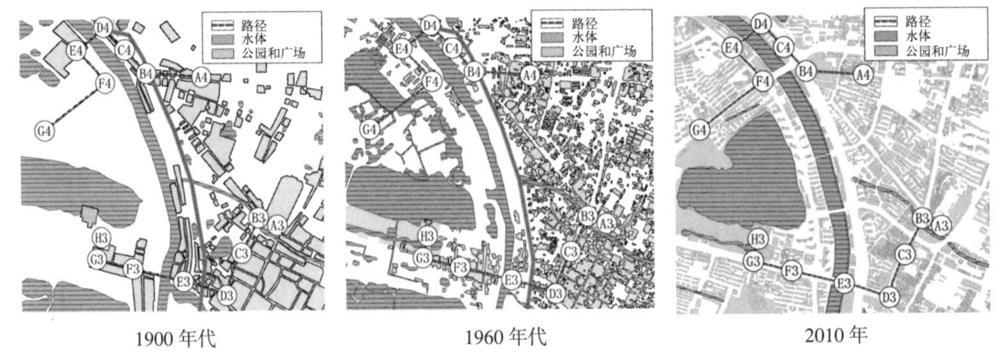

图4-41 路径三（长1580m，朝天宫南门A1——莫愁湖南门H1）和路径四（长1720m，石鼓路A2——莫愁湖北门G2）视觉序列分析

历经90年后，沿起点到终点建筑的密度和高度则是增加的。建筑体量的增加、开放空间整体减少明显影响了沿线景观序列。

路径一（表4-8）和路径二（表4-9）中，秦淮河形成的带形开阔空间是视觉序列中的一个明显的节奏变化，路径三和四的护城河也有类似效果，秦淮河和护城河影响了沿线的景观序列，沿线的水塘如路径一的鸭子塘、路径三的范家塘变小乃至消失，使得沿途景观的纵深感和视觉开敞性减少。在1940年代时，途中即有与终点处相似的景观，并且景观序列是一种开放性连续增加、旷野逐渐展开的过程。1960年代后，空地和旷野基本消失，沿途建筑的增加使得沿途再无与终点相似的景观，由于建筑高度和密度有限，临近终点处开放性有所增加。到1990年代后，建筑更高更密，使得视域被完全限制在道路范围内。

路经一（夫子庙A1——白鹭洲西北门F1）景观序列　　表4-8

年代/序列	A1（起点）- B1	B1-C1	C1-D1	D1-E1	E1-F1	F1（终点）
1910年代	文昌桥、秦淮河、民居	街巷、民居	街巷、民居、鸭子塘、厘捐局、城墙	菜地、空地、水塘、远处零星建筑	空地、桥和水体、湿地、城墙	桥和水体、湿地、城墙
1930年代	文昌桥、秦淮河、民居	街巷、民居	街巷民居、鸭子塘、地方法院、城墙、空地和水体	菜地、空地、水塘、零星建筑	空地、桥和水体、湿地、城墙	桥、水体、湿地、铁路、城墙
1960年代	文昌桥、秦淮河、民居	街巷、民居	街巷、民居、中学校舍和操场、城墙	街角建筑和沿街低层住宅、公园	短的街巷和住宅建筑	桥、水体、湿地、铁路、城墙

续表

年代 / 序列	A1（起点）- B1	B1–C1	C1–D1	D1–E1	E1–F1	F1（终点）
1990 年代	文昌桥、秦淮河、民居	街巷、新建民居	街头绿地、住宅小区、中学校舍和操场、城墙、白鹭洲临街广场	街头绿地、沿街建筑	短的街巷和住宅建筑	桥、水体、园林建筑、城墙
2010 年代	文昌桥、秦淮河、民居	街巷、新建民居	街头绿地、住宅小区、中学校舍和操场，城墙，白鹭洲临街广场	街头绿地、沿街建筑	住宅小区入口、沿路建筑	桥、公园、水体、园林建筑、城墙 ❶

路经二（夫子庙 A2——白鹭洲西南门 E2）景观序列　　表 4-9

年代 / 序列	A2（起点）- B2	B2–C2	C2–D2	D2–E2	E2（终点）
1910 年代	贡院街及沿街建筑、秦淮小公园	秦淮河、桥、民居建筑	沿街民居、街巷、空地、水塘	空地、水塘、零星建筑、鹭峰寺、城墙	鹭峰寺、铁路、城墙、空地
1930 年代	贡院街及沿街建筑、秦淮小公园	秦淮河、桥、民居建筑	沿街民居、街巷、空地、水塘	空地、水塘、零星建筑、鹭峰寺、小铁路、城墙	鹭峰寺、铁路、城墙、空地和铁路
1960 年代	贡院街及沿街建筑、永安商场	秦淮河、桥、传统建筑	沿街民居、街巷	水塘、空地、少量建筑、鹭峰寺、城墙、公园入口	鹭峰寺、空地、城墙
1990 年代	贡院街、商业建筑及部分小游园	街巷、传统式建筑	街道、多层建筑建筑	水塘、空地、多层住宅、公园入口、城墙	鹭峰寺、公园、城墙
2010 年代	贡院街、商业建筑及部分小游园	街巷、传统式建筑	街道、街头绿地、住宅小区	停车场、公园入口、城墙	鹭峰寺部分、公园、城墙

白鹭洲公园和莫愁湖公园的扩建加上周边城市道路的完善，城市中可以从多个入口到达公园，这样在城市中能感知到公园的地方增多。同时，公园的围墙和周边密集的建筑把公园封装起来，在道路上只会感知到围合区域及其入口、边界处的标签式说明，而不无法感受公园中的内容，到了公园门口或者进入其中方能感觉到另一番天地。1960 年前，公园面积不大但与周围的自然景观连成一片，看到公园入口的同时也可以看到里面的景观。公园（或者说自然景观）与周边的景观是一种“松散、透明”的关系，没有鲜明的对比和截然的边界划分（表 4-10，表 4-11）。

2000 年后沿路修建了一些广场、绿地，如白鹭洲入口广场、小石坝街头绿地、

❶ 注：因植物遮挡和地形改造也可能在桥上看不见城墙。

汉中门广场。这些在一定程度上增加了沿线的视域开阔度，在景观序列变化中提升了绿地的作用。当然更高、更密的建筑和更宽的道路，也对沿线的空间感知产生了影响，强化了其与公园等开放空间的对比。

路径三（朝天宫南门 A3——莫愁湖南门 H3）景观序列　表 4-10

年代 / 序列	A3（起点）- B3	B3-C3	C3-D3	D3-E3	E3-F3	F3-G3	G3-H3	H3（终点）
1910 年代	文津桥、河岸和街巷	河、空地、水塘、民居和街巷	水塘、民居和街巷	瓮城	民居、街巷、三山桥、护城河	民居、水塘、空地	民居、空地、胜棋楼、莫愁湖	空地、胜棋楼、莫愁湖
1930 年代	文津桥、河岸和街巷	河、水塘、民居和街巷	民居和街巷	瓮城	民居、街巷、三山桥、护城河	民居、水塘、空地	水塘、空地、公园大门、胜棋楼、莫愁湖	胜棋楼、公园、莫愁湖
1960 年代	文津桥、河岸和街巷	河、民居工厂和街巷、	民居和街巷	部分瓮城	民居、街巷、三山桥、护城河	民居、水塘、空地	水塘、空地、公园大门、胜棋楼、莫愁湖	胜棋楼、公园、莫愁湖
1990 年代	文津桥、河岸和街道	河、居住建筑、沿街建筑和街巷街道、	沿街建筑和街巷	沿路建筑、道路、三山桥、护城河	居住建筑、街巷道路、三山桥、护城河	沿街建筑	莫愁湖公园大门、公园水体、假山、胜棋楼	胜棋楼、公园
2010 年代	文津桥、河岸和街道	河、居住建筑、沿街建筑和街巷街道、	沿街建筑和街道	水西门广场、沿街建筑、道路、三山桥、护城河	沿街多层和高层建筑、道路、三山桥、护城河	沿街建筑，部分为高层	沿街广场、莫愁湖公园大门、公园水体、假山、胜棋楼	胜棋楼、公园

路径四（石鼓路 A4——莫愁湖北门 G4）景观序列　表 4-11

年代 / 序列	A4（起点）-B4	B4-C4	C4-D4	D4-E4	E4-F4	F4-G4	G4（终点）
1910 年代	沿街建筑、民居、街巷、瓮城	护城河、城墙、民居	护城河、城墙、民居	民居、石城桥、护城河	民居、农田、护城河	农田、水塘（本段在当时没路）	水塘、农田、莫愁湖面
1930 年代	沿街建筑、民居、街巷、瓮城	护城河、城墙、民居、汉中门	护城河、城墙、民居	民居、石城桥、护城河	民居、农田、护城河	农田、水塘（本段在当时没路）	水塘、农田、莫愁湖面
1960 年代	沿街建筑、民居、街巷、部分瓮城	护城河、部分城墙、民居	护城河、民居及其他建筑	民居、石城桥、护城河	民居、空地、护城河	居住建筑、水塘（本段在当时没路）	水塘、农田、莫愁湖面

续表

年代 / 序列	A4（起点）-B4	B4-C4	C4-D4	D4-E4	E4-F4	F4-G4	G4（终点）
1990 年代	沿街建筑、民居、街巷、部分瓮城	护城河、道路、汉中门桥、沿路建筑	沿路建筑	沿路建筑、石城桥、护城河	沿路建筑、空地	沿路建筑	莫愁湖北大门
2010 年代	沿街建筑、街道、汉中门广场	护城河（因建筑遮挡可能看不到）、道路、汉中门桥	沿路高层和多层建筑	沿路建筑、石城桥（现名凤凰桥）、护城河	沿路高层和多层建筑	沿路建筑	莫愁湖北大门

以上景观序列变化表中主要根据道路的转折（对于较长的路段，中途有明显的景象变化时会增加序列节点）进行序列阶段的划分，这种分析只是根据历史地图、照片来推断开放空间与建筑空间的关系、开放空间类型的变化（水体、空地以及后来的公园、广场）。如果考虑到建筑和街巷空间的具体形态，各个路段的景观应该更为复杂、丰富，今昔差异也会更加显著。

过去的详细情况虽然无法精确地再现，但是整体的变化情况和特点依然可循，开放空间对于景观序列的结构性作用也可以从中发现。以往的街区、开放空间格局既不可能也不需要完整地保留下来，如何在不影响当代人生活的情况下使下一代人继承尽可能多的物质空间遗产？上述基于对空间序列和市民感知理解的基础上，再现或推测不同时期沿线风貌，并发现变化的程度和时间，发现场地的重要特质尤其是序列体验从而作为开放空间保护或恢复的参考。

（3）城市意象

城市转变过程中，决策者和市民对于环境的感知意象会影响到其对物质空间的改造和利用，探究城市意象变化的过程有助于理解主体和客体间的认识和实践关系。由于对过去的市民意象进行调研无法进行，笔者以历史地图和记载的物质空间形态为依据，辅以多次现场踏勘，来推断城市意象的演变及其与开放空间的关系。这种推测虽然粗略，但是在较长的时间段上大致可以反映出阶段性变化。

本次分析的两个地块东西向约 2 公里，南北向约 3 公里，共选择 1910 年代、1930 年代、1970 年代、2010 年四个时间点，采用林奇的区域、路径、节点、地标、边缘五种意象要素进行分析。

鼓楼地区　在 1910 年代时丘陵起伏，建筑仅零星分布。北极阁山体较高大且有植被覆盖，鸡鸣寺等标志性建筑强化了其区域特征，这个时期主要的边界除了城墙最为明显外，建成区与大片空地之间形成的边界也很醒目，次要的边界位于建筑之间的空地、丘陵旁。到1930年代时，建筑的增加和与建筑对旧区域的分隔，使得区域的数量增加，不同的建成区之间逐渐形成一些边界（图4-42 ~ 图4-45）。到1960年代时，小铁路拆除、建筑增加，建筑主导的区域间边界减少，明显的边界为明城墙和北极阁山脚位置，西家大塘旁原本为旷野，由于建筑的增加，也形成了人工——自然环境的边界。到2010年后，空地再度减少，建筑区域进一步扩大；鼓楼广场、北极阁广场成为与周边建筑密集区不同的区域，北极阁山体减少加之建筑遮挡，使得这个区域与周边的边界都减少，西家大塘成为居住区内部的一个小水面，市民已经很难感觉到其存在，曾经存在的人工——自然边界面也消失了。鼓楼始终为重要的标志物，不过在2010年后周边的多栋高层建筑也成为更醒目的标志物，这些都使得鼓楼和鼓楼交通环岛成为重要的节点（图4-46）。

图4-42　鼓楼

来源：（Morrison，1946）

图4-43　北极阁

来源：（朱偰，2006b：114）

图4-44　台城

来源：（朱偰，2006b：7）

图4-45　鸡鸣寺远眺

来源：（朱偰，2006b：130）

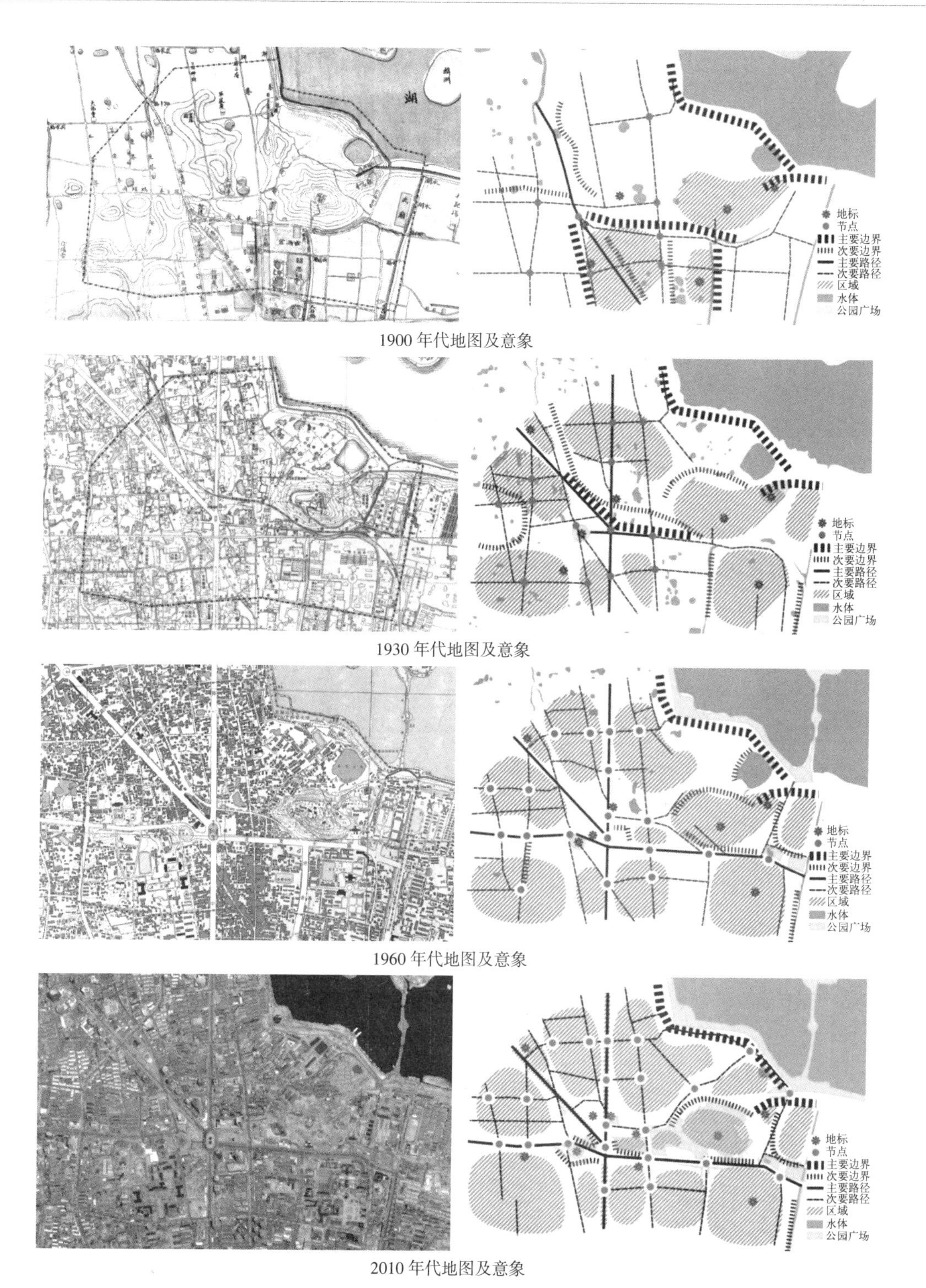

1900 年代地图及意象

1930 年代地图及意象

1960 年代地图及意象

2010 年代地图及意象

图 4-46　鼓楼地区城市意象分析

明故宫地区 1900年代时，明故宫周边很开阔，西安门、毗卢寺、朝阳门、午门为突出的标志物，节点为路径相交处如天津桥、外五龙桥头等；建筑群组成了大大小小的区域，突出的边界有明城墙和青溪，这个范围有明故宫城墙围合的皇家禁区，形成与市井地区完全不同的风貌；次要的边界位于建筑群与空地之间。到1930年代，中山东路建成，明故宫城墙及西南侧和东南侧建筑群拆除，分别为飞机场和空地，这使得意象区域范围扩大；中山南路建成政治区公园，也形成一个较为完整的与周边有明显差异的区域，在整体较为空阔的情况下，西安门和新建的励志社、中央医院、古物保存所等作为地标更为醒目，这个时期也是意象结构最简单、清晰的时期（图4-47 ~图4-50）。1960年代，不少空地为建筑群占

图4-47　1940年代中山门外

来源：（Morrison，1946）

图4-48　1930年代 玄津桥

来源：（朱偰，2006b）

图4-49　1940年代 琵琶湖和城墙

来源：（Morrison，1946）

图4-50　1930年代 中央医院

来源：http：//www.xici.net/b950270/a_%C0%CF%CD%BC%C6%AC.1.htm?sort=date

据，使得区域数量增多、规模变小，此时政治区公园已经拆除，在天津桥东南侧形成倒 L 型的建筑区域，明故宫范围内及周边建筑增加使得御河作为边界凸显出来。到 2010 年，几乎所有的地段都为建筑群占据 ，这些建筑群形成的区域与路径形成较规则的结构，两侧密集的建筑使得青溪不再是区分区域的边缘，明故宫遗址公园成为较为明显的区域，在其周围形成了较多的节点；广场强化了西安门的标志性作用，它们使得龙蟠路和中山东路交汇的节点更为突出（图 4-51）。

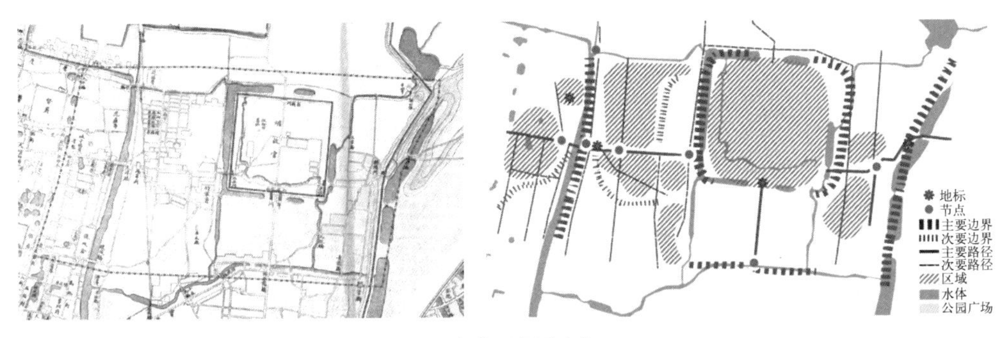

1900 年代 地图及意象

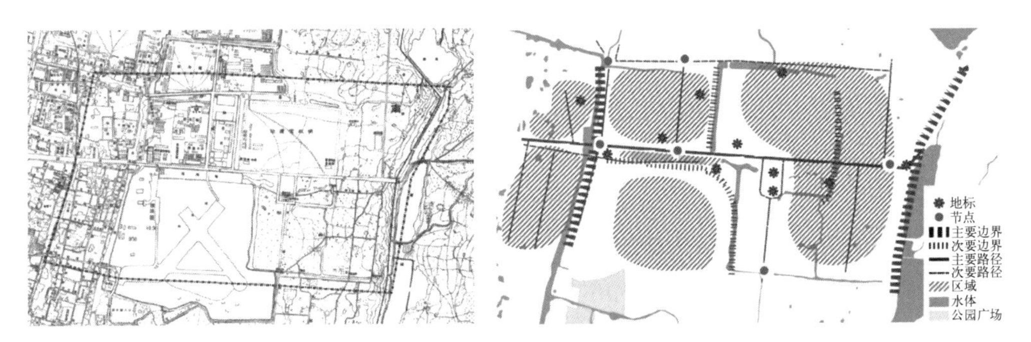

1930 年代 地图及意象

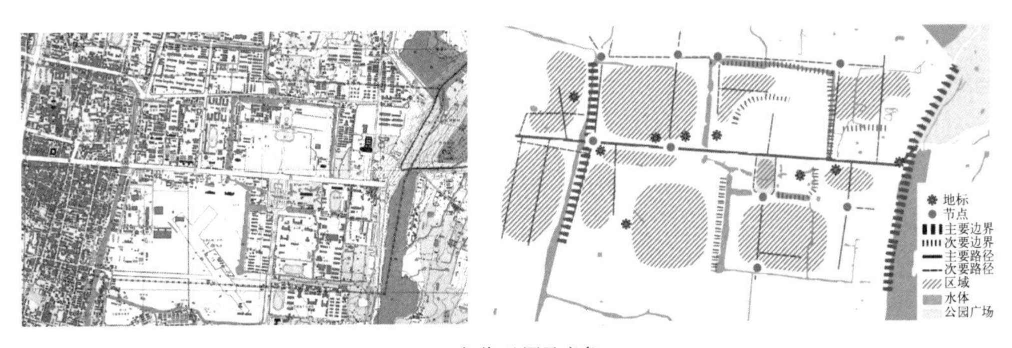

1960 年代 地图及意象

图 4-51　明故宫地区城市意象分析（一）

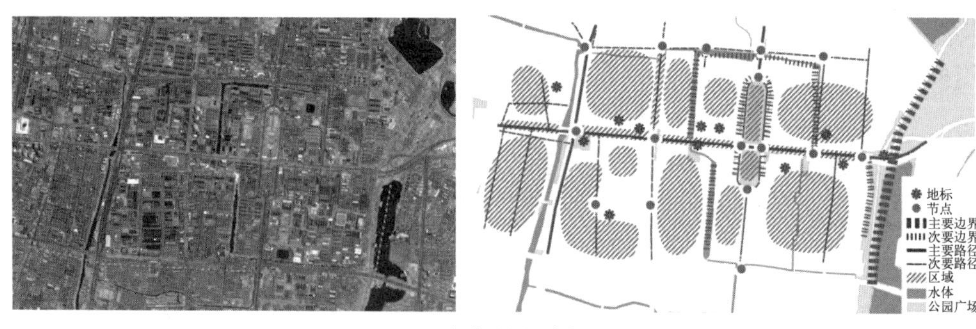

2010 年代地图及意象

图 4-51　明故宫地区城市意象分析（二）

以上两个区域的共同点是，城市稠密后，意象要素更多，结构也变得更为复杂。城墙是持续的边界，而水体、山体周围最初与周边的空地荒野融为一体，随着城市建设，它们成为与城市肌理不同的区域，周边也形成了明显的边界，当建筑群更高、更密甚至占据了部分山体和水体后，水体、山体所形成的区域和边界效果逐渐削弱。到 2010 年，公园成为意象中最突出的区域，公园、广场的建成也使得周边的节点更密，形成意象结构中最突出的部分。

由于时间跨度很大，作者能收集到的地图、航拍影像资料也很有限，以上只是通过空间要素来分析可能的城市意象，较为主观但通过演变过程仍可以看出数量和类型变化后的开放空间对城市意向结构的潜在影响。

4.3.2　生态与环境影响

（1）栖地与地表覆盖变化

南京建成区扩张过程中，地表覆盖的变化是非常显著的。为了修建道路和房屋，相当数量的丘陵山体被推平或削低，如城北的紫竹林、城西的清凉山，如今不仅视觉上难以察觉其原初面貌，其潜在的生态栖地功能也损失严重。鉴于水体在各期地图上有明显的边界均易于识别，在此笔者仅以水体为例分析其变化对栖地可能的影响。

南京老城内有秦淮河、金川河、白鹭洲等水体，周边较大的水面有玄武湖、莫愁湖和护城河。水岸带有着特殊的生态特征和重要的生态功能，在 1900 年代及更早，水体周边建筑稀少，周边生态环境受水体影响明显；如今随着城中水面的减少，以及水体周边建筑密集化，水体本身生态功能受到破坏的同时对城市生态环境的影响越来越小，水岸带及近水栖地也明显减少。为了推演水体减少的影响，笔者对 20 世纪 30 年代、60 年代和 2007 年（这三个时期的地图较为精确）水体进行了邻近分析（Proximity），分析范围为明城墙内及城外 500 米范围内（图 4-52）。可以看出 30 年代时南京城内大部分土地周边 500 米范围内都有水体，而到了 2000 年后大部分土地都距离水体 500 米之外。70 年间，护城河周边、城北、城东和城南部分地带与水体距离没有明显改变，但与水体的互动关系发生了显著的变化。

笔者对上述范围内水体进行 50 米和 100 米缓冲分析（表 4-12）。可以看出随着水体面积减少和形状简单化，缓冲带面积急剧减少，这种变化对栖地的影响显然是巨大的。

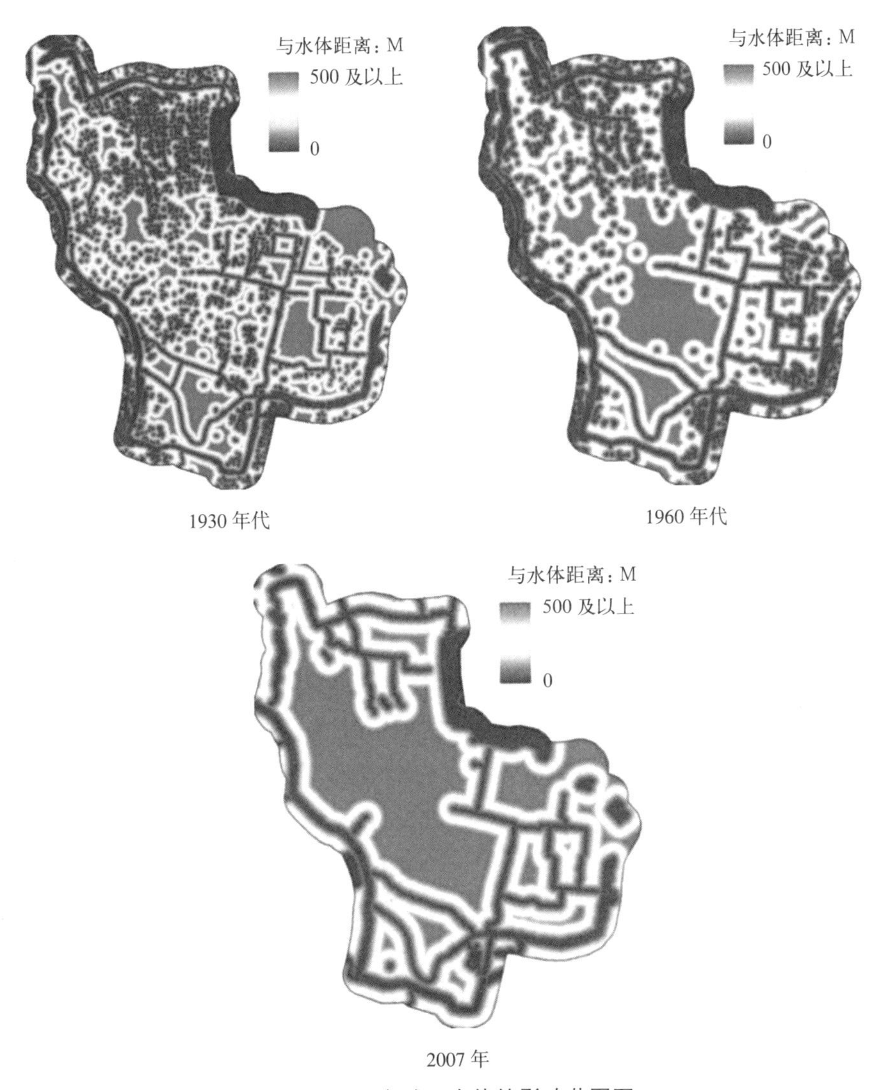

图 4-52　老城区水体的影响范围图

南京老城内水体缓冲区分析（单位：平方米） 表 4-12

指标	1930 年代	1960 年代	2007 年
水体面积	7543009	6852261	4863293
50 米缓冲带	22666054	17141903	7191546
100 米缓冲带	14891250	13174434	6660633
最小临近距离	349	514	553

在城市化过程中，点状的水塘消失在所难免，但是连续的河流或大型水体的变化将会对栖地环境产生巨大的影响，关键生态节点的剧烈变化将影响到城市生态系统的完整性。在南京近百年的变化中，这类关键节点的变化多发生在 1990 年后，如太平门地段、河西地段和挹江门地段、清水塘、老江口到惠民河及护城河一带自然水体不断被填埋，并且高密度的人工环境使得水体和滨水地带的生态功能大幅度减弱。

在城市密集化过程中，一方面是水体、山体等开放空间的减少，另一方面是建筑和道路的大面积增加。从第 2 章第 2 节中各个时期的图示可以看出南京老城及周边建成区蔓延的趋势。为了追溯南京老城地表覆盖的变化，笔者根据历史地图重绘了老城范围内 1900 年代的街区平面和 1962 年和 2007 年的建筑基底平面，并进行比较（图 4-53），可以看出 100 年间建筑底面积增加了约 3 倍，根据历史文献和档案可以推断 1900 年代时大部分建筑物的层数应该低于 2 层，1962 年多层建筑有所增加，但是整体而言多层建筑仍占很小比例，平均层数不到 1.8[1]。到 2000 年后，多层建筑居于主导地位，高层建筑也大幅增加，环境的人工化程度呈几何级数增长，其对栖地、径流以及微气候的影响也是显而易见的。

（2）微气候分析

从近百年来建筑、水体和空地的变化趋势，可以推断出南京老城中微气候必然有明显的变化，鼓楼及以北地带、乌龙潭和五台山周边、明故宫周边以及白鹭洲地区的变化应该最为明显。

鉴于对城市微气候的演变进行较为全面的模拟是非常困难的，需要大量的城市建设数据和气候数据，并且对于软件和硬件的支撑要求非常高。笔者在此仅对清水塘周边的气流情况进行模拟，因为在诸多气候因素中，风环境对人体舒适度影响较大，与城市城市规划和建造的关系密切。光热辐射与建筑材料和建造技术

[1] 根据 南京市城建档案馆 南京市 1963 年房屋资料年报，市区房屋建筑面积为 1317.9 万平方米，根据 1962 年精确地图测得老城内建筑基底面积为 7196843 平方米，城区的建筑基底面积应更大，故推断平均层数低于 1.8。

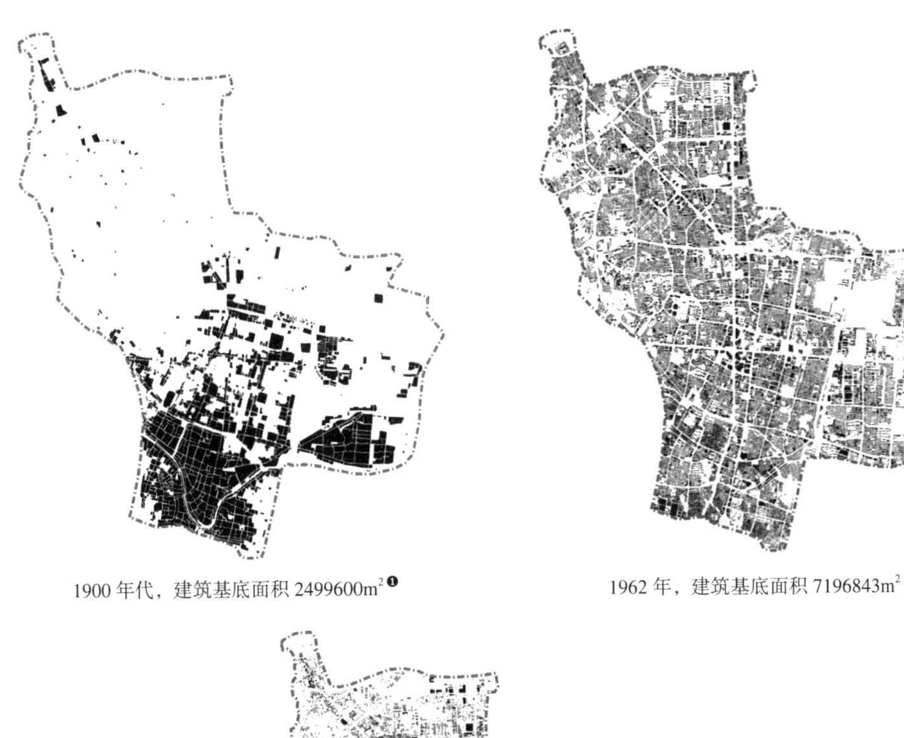

1900 年代，建筑基底面积 2499600m^2 [1]

1962 年，建筑基底面积 7196843m^2

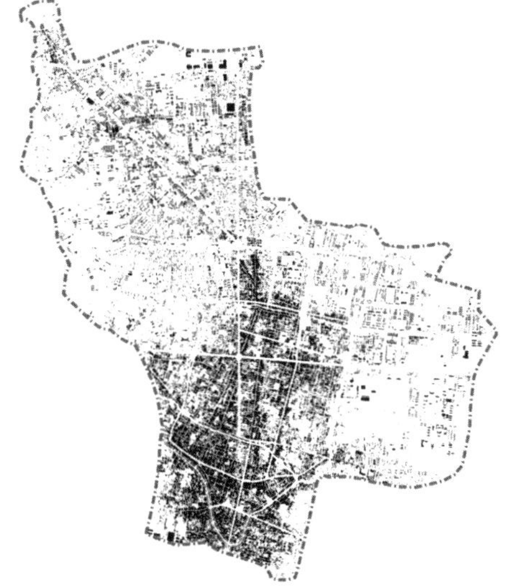

2007 年，建筑基底平面建筑基底面积 8544420m^2

图 4-53　南京明城墙范围内建筑基底面积变化

关系密切，但这些不是短时间内可以改变的。与风密切相关的建筑形体、布局却是城市规划与设计方面容易调控和实现的。并且对风环境的模拟对数据需要相对

[1] 1900 年代的陆师学堂新测金陵省城地图中没有精确到建筑或建筑群，街区面积 7498822m^2，笔者估计当时建筑面积至多为地块总面积的三分之一，故采用上述估算值。

较少，即使缺乏各个时期建筑材料的情况，历时性模拟的可行性相对较高，至少就瞬时气流而言其模拟相对简单、可信。

鉴于南京的气温整体而言比较适中，在现场的调研中也发现气候因素中对使用者影响较大且与场地形态关系密切的为气流的强度和方向。气流速度因此是度量街区尺度的场地微气候的主要方式。季节盛行风是城市中气流的主要成因，也是本次研究唯一考虑的因素。

就分析范围而言，尽管气流发生与大尺度的城市乃至区域气候有关，但是就水体和周边空间的瞬时气流（本文取季节平均风速）却主要受其周边一定范围内（本文选取 500 米）气流情况的直接影响。分析的风向选择冬季和夏季风频最高的风向；对南京居民舒适度而言，夏季盛行风的导入是有利的，而冬季盛行风的遮挡是有利的，因此夏季模拟风速选择平均风速，冬季则选择平均最大风速。此外，在城市中的植被分布不具有历时连续性，空间上也很零散，与建筑、城墙等大体量人工构筑物相比，对气流影响较小；其历史档案缺乏，且建模复杂耗时。在本次分析中，忽略植被的影响。以上简化和假设既是对非常复杂的气流模拟的简化，也是应对各时期数据精度不同的变通策略。

场地的地形和建筑情况按照当时的军用地图或地形图进行建模。对 2000 年代时场地的建模基于包括单体平面和高度的地形图进行建模，而对 1930 年代和 1960 年代的情况则根据军用地图进行重绘建筑底平面，按照 2 ~ 3 层高度建模。气流模拟采用 FlowDesigner 软件，核心区 XY 平面以 2 米为单位（小场地为 1 米网格），边缘地带以 5 米为单位，Z 轴上 1 ~ 10 米每 1 米划分一次，10 以上到 20 米每 2 米划分一次，30 ~ 70 米高度为每 4 米划分一次，80 以上到 100 米为 10 米划分一次（图 4-54）。气候数据采用加州大学洛杉矶分校能源设计工具研究组 Robin Liggett 和 Murray Milne 开发的软件 Climate Consultant 6 中的南京数据，数据采样点为 CSWD 582380 号 WMO 观测站。根据该软件数据，采用一月份数据作为冬季情况代表，70° 盛行风向（北偏东 ENE），最大平均风速 4 米，地面温度 8℃。夏季采用七月份数据，160° 风向（南偏东 SSE）最大平均风速 5 米，地面温度 22℃。此外，鉴于在夏季时对南京地区的开放空间不利的高气温和低风速的影响，对夏季采用 7 月的平均平均风速 2m/ 秒进行了分析。

冬季情况 1930 年代时，场地建筑很少，基本分布在清水塘西侧，因此对清水塘水体及周边的气流没有影响，气流大体在 3 米 / 秒以上，从东向西呈较为均匀的梯度分布；1960 年代时，清水塘西北和西南侧建筑明显增加，周边形成了连片的微风和静风区域，清水塘上方的风速仍较为均匀，大体在 5 米 / 秒左右；2000 年，场地上建筑密度和高度显著增加，不仅导致大片区域为静风和微风区域，也

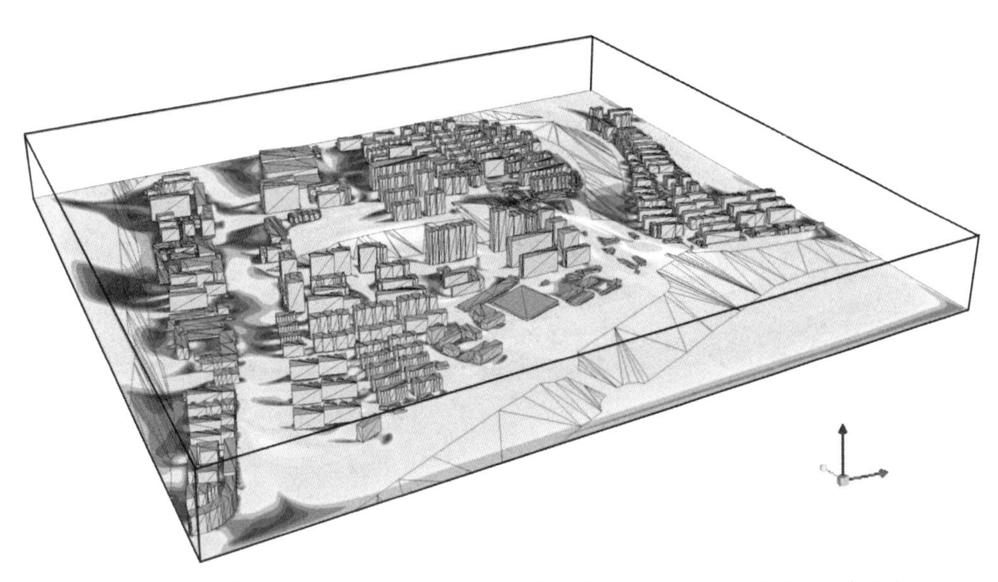

图 4.54　场地气流模拟空间（红轴为 X 方向，绿轴为 Y 方向，蓝轴为 Z 方向）

对场地的气流速度分布形成明显的区分，清水塘等水体上方为通风顺畅区域（4 米 / 秒以上），形成场地上明显的气流通道。

夏季情况　1930 年代，场地建筑数量很少，分布在清水塘西北，场地气流较为均匀，由于没有障碍物阻碍盛行风，气流速度基本都在 4 米 / 秒之上；1960 年代之前，建筑密度增加，但是仍然是分布在清水塘西北和西南为主，未在上风向形成障碍，除了导致建筑群周边的气流降低，对整个场地的气流影响不大；2000 年时，建筑密度和高度大幅增加，场地气流形成了明显的分异。由于建筑体量的差异化和密度差别，清水塘南侧和北侧居住区的气流速度差异明显，清水塘上方和侧面出现了高风速地带，护城河等河流方面也首次出现了微风区域。

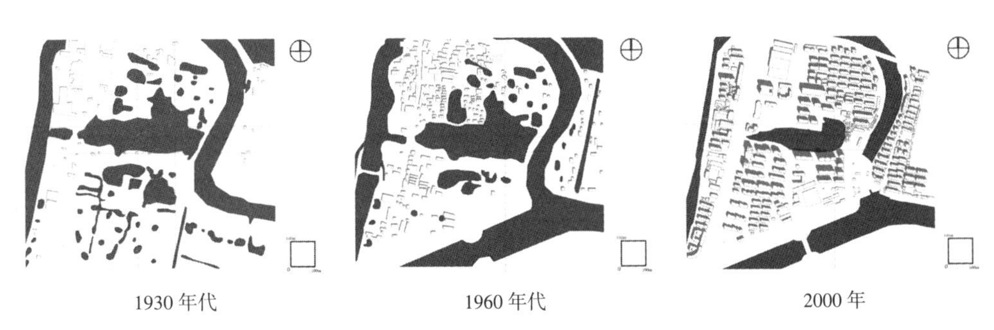

图 4-55　各时期清水塘及周边水体与建筑（S）

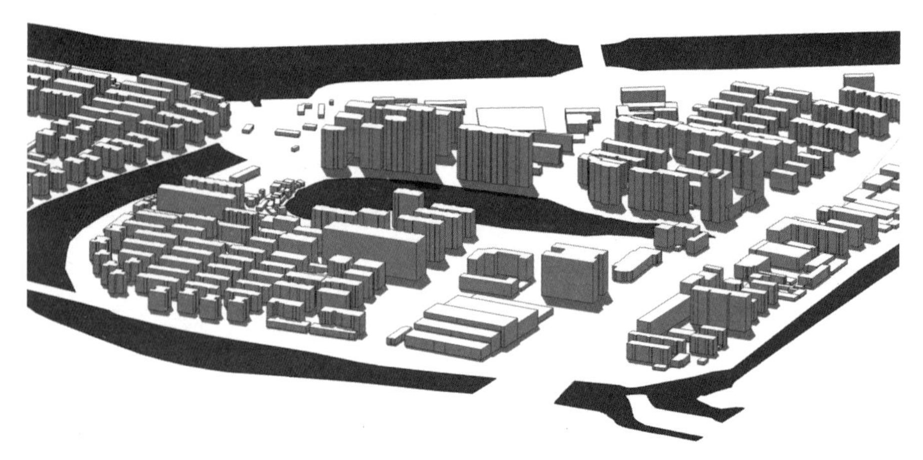

图 4-56　清水塘及周边鸟瞰（2000 年）

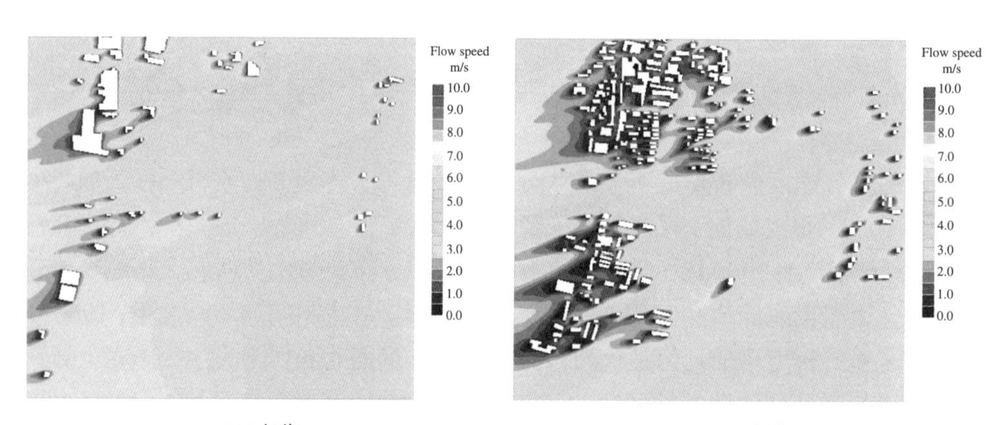

1930 年代　　1960 年代

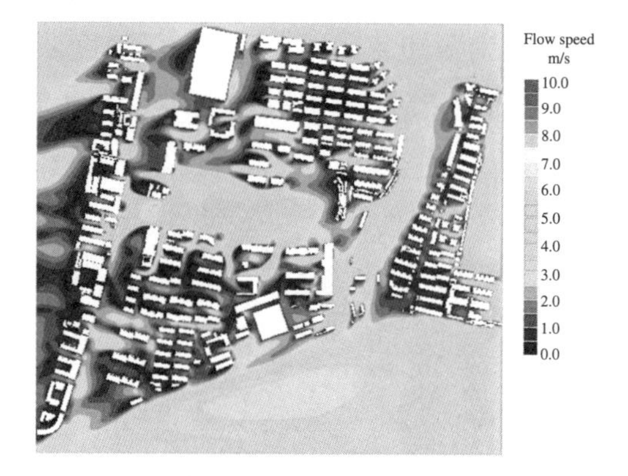

2000 年

图 4-57　各时期清水塘及周边场地气流分析（一月份）

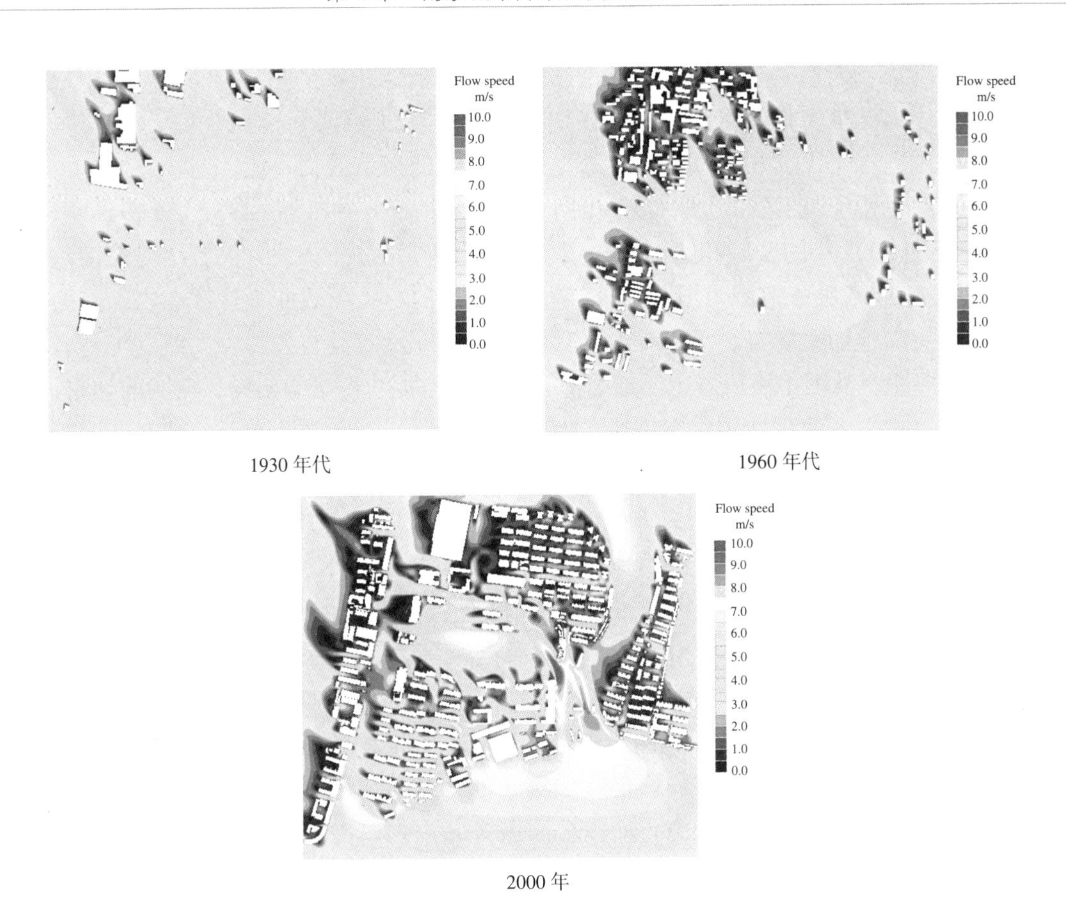

图 4-58　各时期清水塘及周边场地气流分析（七月份）

整体而言，建筑的密集化使得整个场地的通风阻力更大。在变化的过程中可以发现护城河、清水塘对于通风廊道的形成至关重要。在低密度建筑时期，这些开放空间对于降低整体的气流阻力值，形成均衡的微气候区非常重要；在建筑高度、密度很高的今天，整个区域的气流阻力值增大，开放空间尤其是水面减少导致平衡区域温度的空气库减少、破碎，对于盛行风廊道的影响是明显的。概略地回溯开放空间和建筑群历史变化对于盛行风的潜在影响，可以为理解开放空间形态变化的结果提供一个切入点，未来的开放空间规划中借助气流分析技术可以在改善微气候和促进环境公平方面有更好的举措。

4.3.3　公园可达性与布局合理性

公园、广场作为城市开放空间的主要类型，是现代城市管理机构提供的重要公共服务。建设公园是城市政府改善城市环境的重要手段之一。随着城市中建筑越来越密集，人们接触自然和公共空间的需求越来越强烈，建设公园和广场也成为城市用地选址工作的重要部分。在空间分析技术的支撑下，对城市公园与广场的有效服务水平（面积和人口）及其空间公平性的衡量成为可能。

笔者根据历史档案和地图，重绘出南京老城1910年、1928年、1937年、1949年、1978年和2007年的公园和路网，利用ArcGIS的网络分析模块计算各个时期南京公园的1000米服务范围（图4-59）。分析中小型的街头绿地并未计算在内，因为关于街头绿地的历史资料不连续，且其吸引力和环境效益与公园、大型广场仍有很大的差距。从图中可以看出，如今随着公园的增加、桥梁的架设、路网的加密，人们可以更方便地到达公园和广场，但是新街口地区、老城西南角、城北地区距离公园或大型广场仍旧比较远。

国民政府在1928年和1947年对南京进行了人口调查并制作成空间密度图，本次研究将这两期人口数据进行矢量化，比较这两个时期公园服务人口占城内人口的比例，可以看出1947年较1928年人口有大幅度的增长同时空间上更为分散；在道路交通上，1947年比1928年路网更为发达。从网络分析的结果可以看出，公园一公里服务区范围内的人口总量明显增加，与1928年相比，1947年时南京老城内在公园1公里服务范围内的人口（565400人，占老城总人口16%）是1928年时（72400人，占老城总人口21%）的7倍多。由于新增的人口更多地居住在城北距离公园较远的地方，所以公园服务区内人口占老城总人口的比例略有下降（图4-60）。

新中国成立后，南京虽然也有若干次人口调查，但是据笔者所知未见公开的空间化制图成果。一般而言，建筑密度较大的地方人口也较稠密，这里以建筑密度近似替代人口密度来度量公园布局的均衡性。笔者将1962年的精确地图采用图像解译方法提取建筑底面，估计建筑层数后在ArcGIS中插值计算建筑密度。对2007年DWG格式的建筑平面图，在ArcGIS中计算基底面积和总面积,然后以建筑总面积进行插值计算。从分析结果可以看出1962年老城西南、新街口和鼓楼东南等建筑密度最高的地区公园和广场较少，2007年时新街口建筑密度最高且缺乏公园、广场。1962年在公园、广场1000米服务范围内的建筑基底面积3474494平方米，占老城建筑基底面积的49%（由于缺乏1962年建筑总面积的数据，无法计算公园服务范围内的建筑总面积）；2007年在公园、广场1000米服务范围内的建筑基底面积7933371平方米，占老城建筑基底面积的70%，服务范围内建筑总面积36,333,869平方米，占老城内建筑总面积的67%（图4-61）。

南京人口一直以来以汉族为主（南京市统计局，2012），因此衡量公园、广场

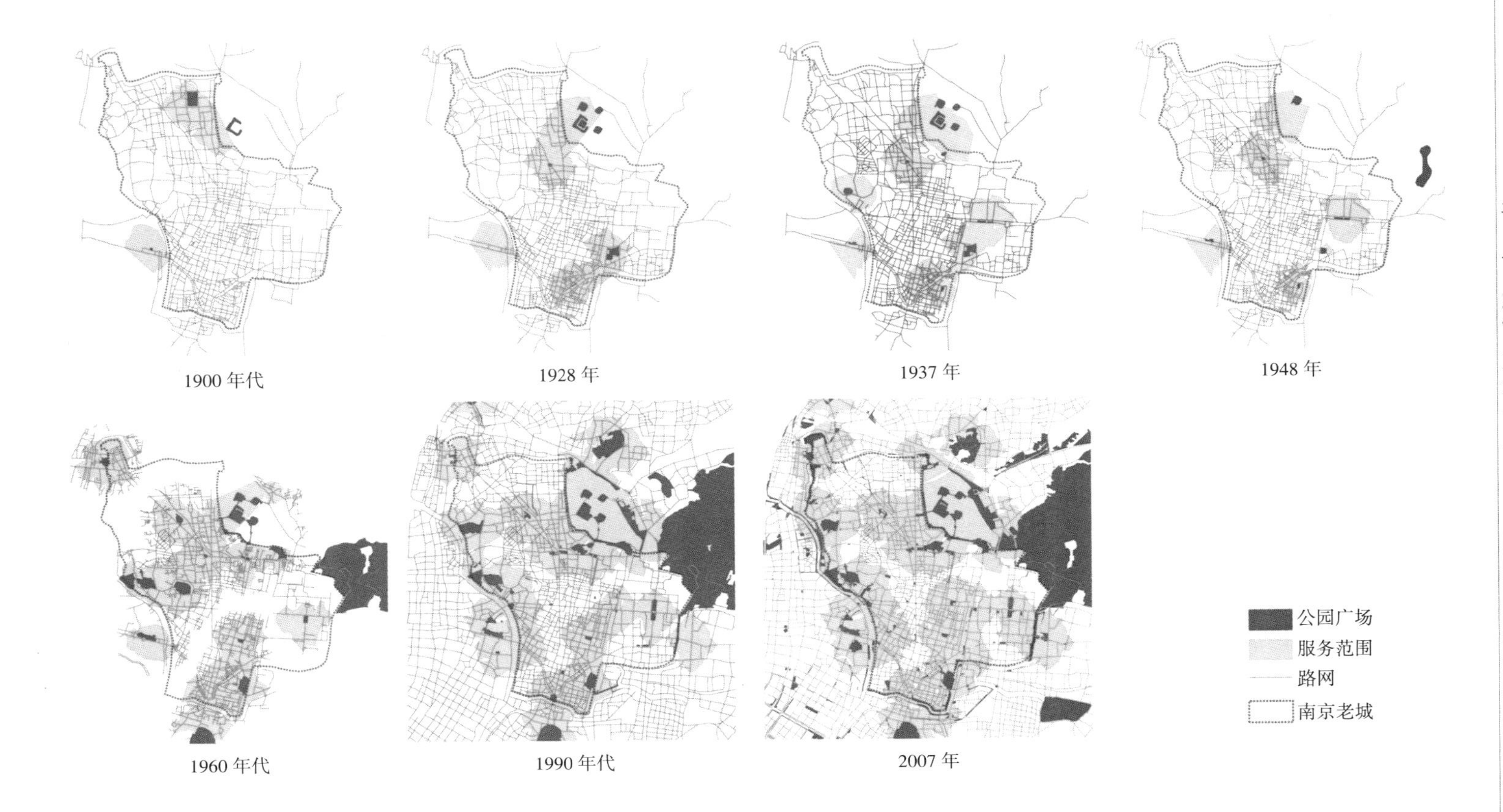

图 4-59　基于步行网络的公园和大型广场服务范围（按单程 1000 米计算）

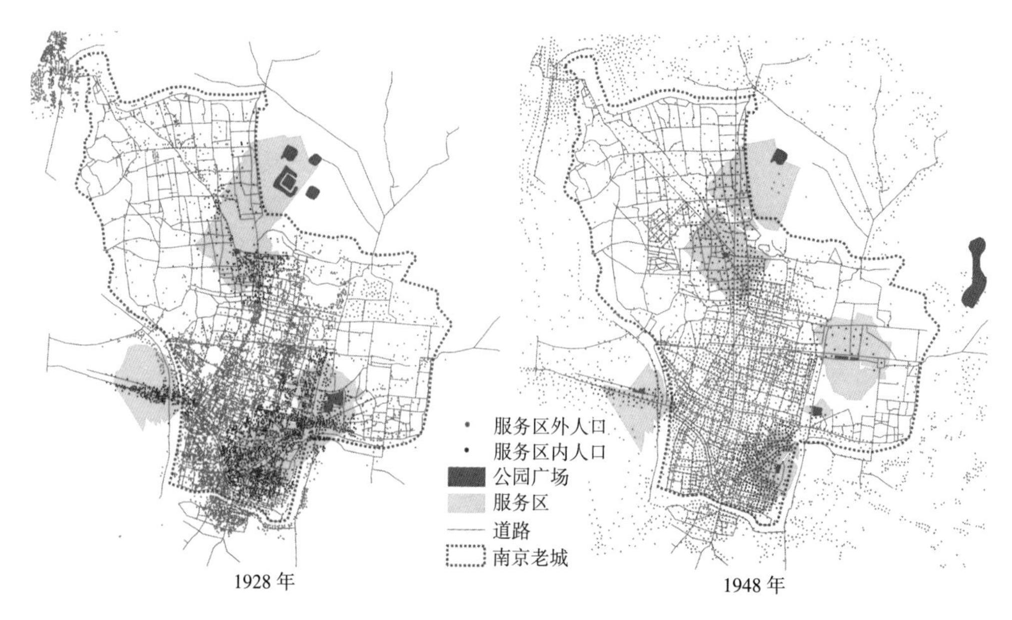

图 4-60　1928 年、1948 年的公园服务区与人口分布

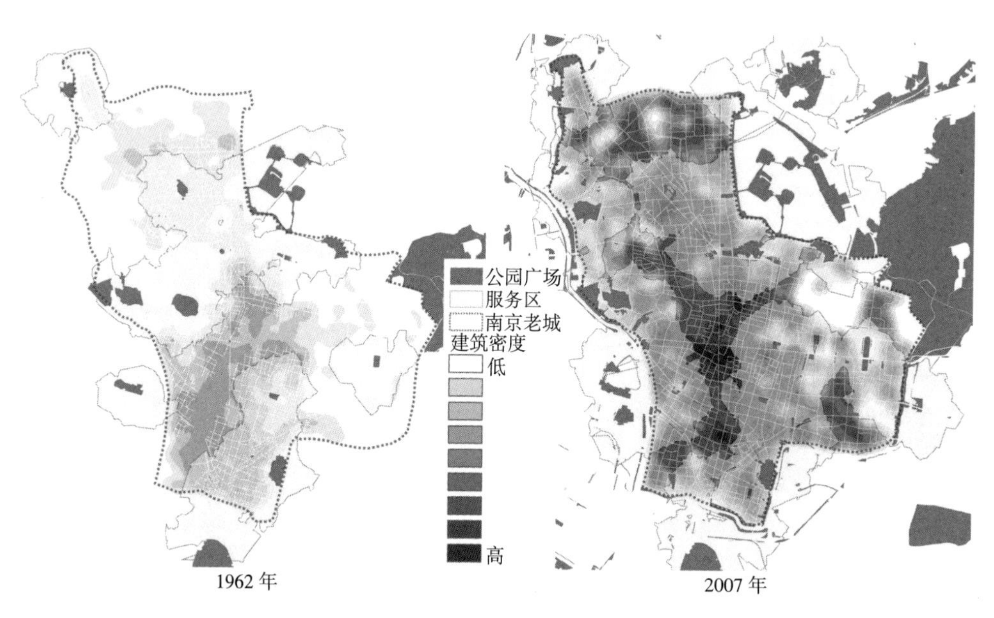

图 4-61　1962 年、2007 年南京老城建筑密度与公园服务范围

的空间公平性问题主要应针对不同收入阶层的空间可达性的差异。民国时，南京就曾有较详细的社会调查，规划档案中也有一些地价分布图，但是住户收入情况的空间分布数据却一直缺乏，目前可能获得的地价基准数据为 1928 年、1947 年、

1998 年、2007 年，由于这种地价数据时间分隔上极不均匀，且与住户收入情况的空间分布也并非简单的线性关系，因此更为精确的基于收入水平的开放空间空间公平性分析只能留待未来有更好的数据再开展。

4.4 对于多维视角研究方法和南京开放空间的思考

借鉴西方学术成果的基础上对于追溯我国传统城市开放空间演变、理解开放空间的意义提供新鲜的视野，将为中西方横向比较提供基础和共同的语境，使未来实践中对国外理念、方法的借鉴建立在知己知彼的基础上。当然，这种在西方研究成果基础上所设想的研究框架在分析我国本土城市时也可能存在适应性问题，在南京这样一个情况复杂的中国城市进行这种研究更是应在反复尝试中改进，这也正是框架建构与实证研究之间相互裨益的契机。

4.4.1 多维视角研究

首先，多维视角的研究为立体地认识开放空间提供了途径。城市化过程中，开放空间对于城市生活有着多种意义，其变化也反映了多重因素的相互制约。认识其本身的多重属性及其复杂变化需要从不同的角度进行分析。在本文中，城市形态学中形态分析方法和规律总结对于开放空间形态研究也同样适用，形态过程描述、原因分析、结果演绎也启发了作者以简洁的逻辑方式来建构多维视角下开放空间研究框架。社会文化视角揭开了社会背景和文化结构下人们定义、改变、移植开放空间理念的实践及其阶段性的变化。生态和环境视角再现了作为自然的开放空间在日益人工化环境中的演变历程，为评估其对于生态系统和人类社会的影响提供了基本概念和工具。认识主体对城市环境的感知体会是理解其相互关系的第一步，感知和意象的研究为推测、再现这种主观体验提供了途径。规划分析与评价从影响因素、政策合理性等方面指明了影响开放空间的机制、政策评价和改进途径。

这五个方面较好地构成了分析形态过程、解读形态变化原因和演绎形态变化结果这样一个连贯的逻辑链，使得理解开放空间有了一个综合的框架。当然，框架内部不同视角的关联性有待进一步加强，这既需要逻辑的理论建构，也需要在实证研究中得以修正和发展。

其次，在追溯形态变化过程中发现场所特质和演进过程。对变化过程的复杂性和重要性的描述和解释显然是理解过去也是面向未来所需要的基本知识。从空间关系上，开放空间与城市其他类型用地既有构成城市有机体的共生关系，也有相互竞争的对立关系。政治、政策、经济等上层建筑会直接或间接地影响开放空间的演变，开放空间和周边环境的变化所引起生态环境、感知与体验变化也会影响规划决策和最终形态。因此，理解复杂的形态演变还需要从历史过程来解读这些交织的、层叠的因素。

无论从城市尺度还是地块尺度认识开放空间都需要兼顾空间和时间因素，即场地特质和演进过程。如果研究的时间不够长或者忽略过程和动态性，就容易忽略形成某种模式或形态的非空间因素，如历史进程和社会力量。如果研究的空间尺度单一或者忽略场地特质造成的差异如场地的自然条件和区位因素，容易认为某类变化将在任何场所都不可避免地进行（I. Gregory，2007：121）。作者采用从局部到整体、注重过程的形态研究思路追溯百年变化，发现了南京开放空间变化的一些特征和规律，如边缘带规律、形态类型阶段等。对水体演变的分析再现了滨水地带的景观模式和过程。

对于场地特质和演进过程研究中发现的规律和模式既是认识开放空间形态、历史地理环境和社会发展契合程度的参照，也为规划设计提供了依据。由于本次研究的精力和资料有限，对于形态的追溯和再现有待修正、细化，更多的场所特质及其演进规律有待发掘。

再者，本次研究诠释了规划实践和理论研究密切结合的意义、可能性。规划实践和学术研究对于知识和行动有着不同的指向（表 4-13）（Moudon，1992），长期以来规划和实践的分离一直存在，原因之一就是两者之间虽然有逻辑上的认识论关系，但是由于规划实践长期仅仅面对的是物质空间形态，而理论研究往往在停滞于对概念、体系等的建立，对于改变环境的缺乏有效的知识和策略。

知识 / 行动对应的议题 **表 4-13**

理解城市（understanding cities）	设计城市（designing cities）
过去（past）/ 现在（present）	现在（present）/ 未来（future）
过去的情况（what was）/ 现在的情况（what is）	应该如何（what should be）
描述性（descriptive）	处方性的（prescriptive）
现实的（substantive）	规范性的（normative）
研究，反思和知识（research, reflection, knowledge）	行动和设想（action，projection）
城市科学（urban science, urbanism）	城市设计（urban design）

来源：（Moudon，1992）

在理论框架的指引下，本研究对南京开放空间的变化进行追溯、再现，力图通过形态分析、原因归纳、结果演绎等方式构建起开放空间演变的解说体系，无论是方法途径还是演变规律都可以为规划实践提供方法框架和具体知识。

本研究发现，规划设计中对于环境改变的探究和整合思维促进了观察和分析。规划设计中对形态变化结果的预设和分析，在此延伸为对过去的推断和演绎，本文从生态环境和感知意象角度认识开放空间和其变化过程、为反思规划设计提供了新鲜的素材。

从理解城市到设计城市之间尚有距离，本研究重在理解开放空间的演变。如何在此基础上形成一些可供城市规划与设计的方法，仍需要要更多的探索。

4.4.2　信息平台与分析手段

对历史地图、历史照片和城建档案的整理和分析是对南京开放空间研究的基础工作。地理信息系统为本次研究中提供强大的技术平台，其主要作用表现在以下三个方面：

（1）地图校正、叠加。本研究以大量的历史地图为基础数据，利用地理信息系统的地图校正功能将这些不同比例和投影的历史地图标准化，从而可以比较不同时期的城市形态。不同地图中地点、道路名称可能不同，叠加后的多层地图为利用历史文献和照片提供了准确的空间参照信息，使再现开放空间演变的细节和宏观背景成为可能。

（2）空间统计和分析。在 GIS 平台中，重绘或者矢量化了一系列数据如公园和广场边界、水体边界、道路网络、人口分布等，并在此基础上首次精确地统计了南京老城的水体变化情况；利用缓冲区分析、网络分析、视域分析、成本距离分析等功能对公园布局的合理性和均衡性、沿路视线、微气候等的历时演变进行了研究，这些使得对南京开放空间变化过程的关联分析以前所未有的可视化和量化方式呈现出来。

（3）信息库。以地理信息系统为平台使得本次研究所积累的数据易于存储和共享。

由于历史数据精度和完整性所限，本次研究只是利用了地理信息系统的一些基本功能，在未来还可以利用下面的功能深化、完善相关研究：

（1）针对不同研究尺度采用不同的方式描述地块的时空变化。对地块变化的描述是进行形态分析的基础，一般而言有三种方式描述场地变化中面积的增减（图 4-62）：时间断面法（Time-slice snapshots）、底图层叠法（Base map with overlays）和时空要素法（Space-time composite）（Langran and Chrisman，1988）。时间断面法记录特定时间点的状况，由于每一层都是独立建立，层与层之间没有形成时间拓扑关系（temporal topology），在分析大尺度范围内复杂变化时，难以回答诸如某时间点后的土地利用如何变化、变化的频率如何等问题，没有发生变化的土地类型也需要在每个时间点都有记录，因此数据冗余情况较严重。底图层叠法是在底图基础上在发生变化的时间上专门记录发生变化的地块，这种方式数据结构清楚、查错容易且冗余很少。时空要素法通过变化频次来记录和区别不同的地块，这种方式可以从空间模式分析变化过程，也可以从时间规律分析变化过程。但是，后两种方法中建立数据库的工作量非常浩大。

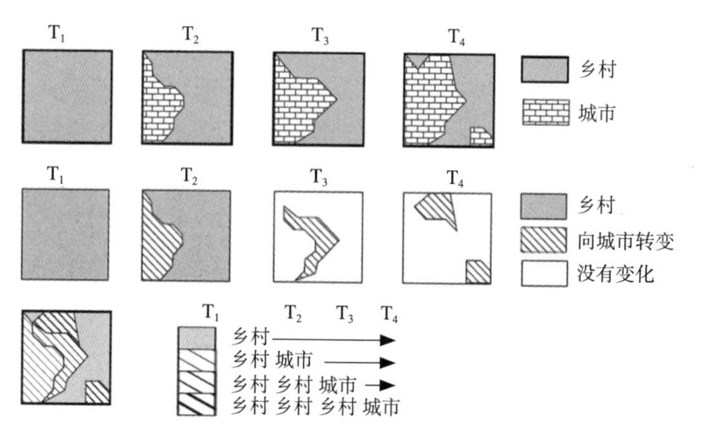

图 4-62　描述场地变化的三种方式

（从上到下依次为时间断面法，底图层叠法和时空要素法，T 代表时间）

来源：根据（Langran and Chrisman，1988）整理

本次研究的范围巨大，且历史地图的精度差异很大，笔者难以精确地确定所有开放空间的边界，也无法确定并矢量化所有开放空间周边的用地类型，因此采用了时间断面法来描述开放空间演变的整体轮廓。这种方法的优点是节约时间，可以直接利用现有地理信息软件进行，适合于数据基础一般的大尺度分析。未来在用地边界数据齐备的前提下，对于中小尺度的开放空间形态研究采用后两种数据方式，可以更为清晰地梳理开放空间与周边地块的动态关系，对于过程、阶段这类以往研究中容易忽略的时间维度问题可以更为清楚的判断，从而为发现开放空间——聚居区的形态规律提供基础。

（2）拓展数据来源，拓展关联性分析。开放空间涉及因素众多，无论是直接或间接的关联都会对其形态、演变成因和结果造成影响。本次研究受数据限制，对一些很有意义的议题只能浅尝辄止。如本文虽然分析了公园的服务范围并结合了人口和建筑密度分析其均衡性，却由于缺乏收入数据无法对公园布局的空间公平性进行分析；详细追溯了水体及其缓冲带的变化，却由于缺乏地表覆盖记录尤其是植被数据无法对栖地和微气候进行精确地分析，由于缺乏地籍记录无法对开放空间边界变化进行追溯。数据的多寡不仅影响研究的严谨性和深度，也会限制不同研究之间的关联，而综合的、关联的研究方式正是认识、解决城市问题的重要途径。例如，在对公园的有效服务范围分析中，如果能结合交通方式进行研究可以更贴近实际情况从而能提出结合公共交通的开放空间可达性改善措施；再如，结合收入和健康的开放空间布局研究能为社会公平和社区健康提供科学依据，将看似不同领域的问题相互关联研究，发挥交叉研究的作用为决策制定和规划实践提供基本依据和有益启发。

进行数据挖掘是深入研究的第一步，也是我国城市研究的主要瓶颈。在诸多类型的数据中，笔者认为人口数据应该首先受到重视，在笔者查阅的南京大部分规划文本中，人口因素被抽象为“总人口”、“人均”、“职业比例”这样一系列与空间分布无关的概括值，与同时期发达国家规划中对人口分布的具体分析有很大的差距。对开放空间而言，其布局应该考虑到其周边的社会脉络，这是对其城市社会功能的尊重。要做到这点，公园、人口和土地利用的空间关系至关重要（Talen，2010：474）。缺乏人口数据使得分析只能围绕着物质空间，而脱离了其使用主体、脱离了影响其边界变化与选址的实践主体。

4.4.3 南京开放空间规划和管理

第一，综合的形态评价体系对于开放空间的规划和管理非常必要。在我国的城市规划体系中，开放空间始终处于边缘化地位，往往被简单地认为是绿化、装饰。快速城市化过程中，诸多城市环境问题的凸显，开放空间的重要性逐渐被认识，一些新概念如生态基础设施等也一定程度上增加了其受关注的程度。然而落实到具体的规划过程中，当前的规划方法和措施与以往相比并无太大改进。由于综合的开放空间形态评价体系的缺乏，开放空间的价值和作用无法清晰呈现，其在规划体系中无法与更多的规划议题相关联，只能作为附属的专项规划存在。

前文中的感知与意象分析、微气候分析、栖地变化、可达性与均衡性分析，为综合描述开放空间形态变化提供了理论依据，也为评价开放空间与其他类型空间的关系提供了科学参考。只有在一个综合的框架下，才有可能发现专项分析间潜在的联系，才有可能更深入地揭示了物质空间如何变化、变化的结果以及实践主体如何感知环境。只有当规划和管理建立在对开放空间形态的深刻理解的基础上，合理可行的法规、政策和规划设计方案才可能形成并付诸实施。

综合的评价体系需要多元的数据支持，因此，建议统计、规划、园林等部门能够向公众提供相关数据。

第二，细化开放空间形态控制的规范与导则，使其更好地与城市肌理和社区生活相结合。南京老城和周边目前已经是高密度建设地带，大规模建设新的公园、广场非常困难。这种情况下，结合老城更新增加中、小尺度开放空间、改善现有开放空间边界面是务实的举措。南京老城内公园、广场大多临近城市干道，1980年代后建设的居住区绿地虽然深入城市肌理的内部，但多为半公共性质开放空间。大量的小型开放空间对于城市肌理的改善比少量的大型开放空间有着更好的效果，而且在目前的城市更新过程中也更可能实现小型开放空间的建设。为此，结合城市形态分析来确定小型开放空间的选址、形态控制规范与导则对于南京老城这样一个人口稠密、用地情况复杂的地区是非常必要的。

从南京开放空间演变过程可以看出，公园边界面变化幅度和频率都很大，近年来的老城更新更加速了这种趋势，并且一些曾经乏人问津的水体周边也成为建设的热点地区。开放空间周边城市肌理的改变会产生诸多影响，如通风、可达性、视觉景观等。如果能根据一个综合的评价体系来划定开放空间环境影响区，在环境影响区内采用详细的形态控制和引导措施来保证边界面的变化是向着促进开放空间功能的方向发展，这将会在城市尺度上逐渐改进开放空间与城市肌理、社区生活的关系。

目前南京一些大型建设项目中，开发商会在规划部门的政策激励下出资建设公共空间如鼓楼绿地广场、绣球公园北门等，这种开发模式在不增加城市财政负担的情况下有效地增加了城市开放空间。但实施过程中出现了公共空间私有化的现象，即局部地段容积率大幅增高后所形成的开放空间实际上是半公共性的甚至私有的。另外，近年来公园边界和内部的个别建设活动削弱了其公共性，如白鹭洲的水街实际是将公园用地转变为商业用地，其西入口由于企业办公占用也成为摆设；再如玄武湖公园中商业餐饮建筑面积的增加等。以上这些问题的解决都需要详尽的形态控制规范和设计导则。

第三，充分利用潜在的开放空间，恢复、重建重点地段开放空间。自1990年代以来，明城墙风光带建设和秦淮河整治工程是老城内最突出的两个开放空间项目，政府和规划部门期望通过这两个地带形成大尺度的开放空间和文化遗产廊道，不过其实施情况与规划设想仍有很大的差距。从城市肌理的角度来观察南京城，可以发现城内开放度较高的地段有山体（北极阁、清凉山）、高等学校（东南大学、南京大学、南京师范大学等）和一些机关单位。这些城市肌理疏朗的地段正是曾经的城市边缘带遗留的部分。尽管南京近代历史波折频仍，加之近年来的快速发展又使得边缘带受到较大冲击，但是老城及周边尚存的边缘带仍有很高的开放性。如果能增强大学校园、机关单位等的公共性，无疑能在城市中形成大尺度的开放空间廊道，并且可以弥补城内很多地方距离秦淮河、明城墙风光带等开放空间距离较远的不足。在老城发展接近饱和、人口疏散难以奏效的形势下，如何充分利用边缘带中潜在的开放空间使之发挥大尺度廊道的作用是规划和管理中一个非常现实的问题。

由于资料有限，本次对南京的开放空间研究中只能局限于公园、广场和水体，这种分类未能反映城市开放空间的全部。在调研过程中，还发现一些非正式的开放空间很受居民欢迎，如城西明城墙周边的荒地常常比旁边的公园使用率更高。因此，在综合评价的基础上，认识这些非正式的开放空间的游憩、景观和生态价值，并将其纳入开放空间系统也非常必要的举措。

对于古城风貌、生态环境具有重要作用的开放空间应该予以重点保护、恢复。鸡鸣寺、北极阁、九华山、玄武湖、莫愁湖等不仅是反映南京历史的露天博物馆，也是市民休闲游憩的重要场所、是集体记忆和城市文化的重要载体，这类开放空间的管理应该本着保护为主的策略。目前，随着近年来产业转型和老城更新，政府有财力进行一些以往难以实施的项目。因此，应抓住机遇对一些具有重要生态学意义、历史意义的场所恢复、改造为开放空间。如西家大塘在历次规划中均为重要的公园，但是现在只是一个机关居住区内的小型绿地；清水塘是具有千年历史的水塘，目前被居住区所围合，由于填塘造房面积急剧缩小，加上还有规划道路穿越，生态功能丧失殆尽；具有悠久历史的进香河和惠民河见证了南京老城和下关地区的发展，由于当时单一的规划政策导向而忽略了生态环境、历史风貌需求，已分别于 1960 年代和 1990 年代被覆盖。恢复这些开放空间对于市民游憩、生态环境、微气候调节以及城市风貌均大有裨益。再如太平门与新庄立交之间的道路完全可以部分采用隧道或者高架路形式，从而使玄武湖、白马公园与紫金山再次融为一体，这将形成南京城重要的生态廊道。

当然，从经济成本和社会成本看，这些关键地段的恢复和重建或许因成本过高而不可行，但是从城市整体可持续发展的角度看，却是非常必要的。当前生态环境、文化遗产和休闲游憩已经成为老城建设的新导向，从劈山开路建城西干道到将其改造为隧道不过 20 年的时间，这让我们有理由相信南京开放空间建设将面临前所未有的机遇。

本章小结

本章借鉴第 2 章文献综述中提到的多维视角研究理论，在第 3 章对南京开放空间演变的梳理的基础上，对南京城市开放空间按照形态规律、形态成因、形态结果的逻辑关系进行多角度的分析。

在百年历程中，城市开放空间及周边环境组成的形态复合体呈现了明显人工化、边界面日益密集的特征。政治变迁和社会经济周期所形成的边缘带尽管近年来不断被填充，但仍然与很多公园密切相关，是潜在的开放空间廊道。在城市现代化过程中，公园的形态体现了明显的阶段特征，其发展轨迹是从与城市环境相疏离的自然名胜，到自成一体、与周边城市肌理截然不同，再到通过广场、开放边界与城市相结合。

开放空间形成、转型的成因可以归结为三个方面：自然基底与物质文化遗产具有基础地位和使动作用；社会文化因素形成了影响开放空间的力量主体，就公园而言，社会文化的影响可以分为四个阶段，每个阶段都在其形态演变中留下明显的印记；在现代城市规划语境下，城市规划实施与管理是影响开放空间的直接途径，通过对《首都计划》和1980版南京总体规划的分析，认识了其实施情况及影响因素。

对开放空间变化可能产生的结果需要从城市风貌与市民感知、生态与环境影响、公园可达性与布局合理性三个方面认识。城市风貌和市民感知方面，沿主要道路的视域分析表明城市开放性逐渐减少，公园、广场可见度逐渐增加；视觉序列分析发现由于开放空间数量和类型的变化，穿越城市所体验到的空间序列今非昔比，开放空间破碎化并为明确边界所封装；意象分析中发现了城市结构日益复杂，公园成为意象中的突出区域。在生态和环境影响方面，建成区面积迅速增加，以水体和滨水地带为代表的栖地不断被蚕食甚至大面积消失；城市密集化过程中，微气候改变显著，尚存的公园、水体是重要的通风廊道。公园可达性与布局合理性方面，城市公园、广场和道路的持续增加，使得开放空间服务范围扩大，服务人口比例也越来越多，人口密度大的地段如新街口、城南等开放空间缺乏，老城内开放空间分布不均的情况始终存在。

本章最后在实证研究基础上，总结研究框架、技术平台的价值和改进方向，对南京开放空间的规划和管理提出建议和对策。

第 5 章　结　语

5.1　主要研究结论

5.1.1　南京开放空间演变历程

百年来南京老城内逐渐填充并不断蔓延的过程中，新形式的城市开放空间——公园和广场经历了从无到有、整体不断增加的过程，并随着历史变迁而波动。城市中的自然元素和近自然场地如水体和滨水地带明显减少。

南京的城市公园始于清末南洋劝业会时期的绿筠公园和玄武湖，此时公园建设既有对传统风景名胜的传承，也包含着城市开发的尝试。在 1920 ~ 1930 年代国民政府进行首都建设时公园初具体系，广场作为新的开放空间类型首次出现，当时在城内尚有大片空地和农田，水体的连通性和数量远胜于今天。1937 ~ 1948 年间，南京城市开放空间发展缓慢。1950 年代后，公园数量明显增加，与此同时大量水体被填埋作为建设用地，“大跃进”和“文革”时城市的无序扩张使得老城迅速填充，公园建设也受到冲击。1980 年代后老城向更高更密发展，公园数量有所增加，水体大规模减少。1990 年代后城市广场数量迅速增加，水体规模和面积仍在继续减少。

5.1.2　南京开放空间形态规律

（1）开放空间形态复合体的演变。城市扩张导致空地与建成区之间的格局关系发生了变化，由于道路、建筑增加使得开放空间的连续性降低、碎片化，开放空间的类型分异明显，人工性开放空间与自然性开放空间有完全不同的变化趋势。从平面布局、风貌特征、使用功能、环境背景四个方面可以发现公园布局和内容的转变，其与聚居区从一种疏离的关系转变为紧凑、混杂的关系。

（2）大规模的公园等开放空间主要分布在城市边缘带中。南京的内边缘带在 1960 年代时仍保持较高的开放性，如今内边缘带中遗留下来的开放空间有白鹭洲、愚园、北极阁等；中边缘带即明城墙内外侧如今也是南京公园分布最为密集的区域。无论是内边缘带还是中边缘带，都具有形成城市大尺度开放空间廊道的潜力。

（3）以公园为代表的开放空间演变有三个类型阶段：a. 与城市环境相疏离的名胜；b. 自成一体、与周边城市肌理截然分开的公园；c. 广场或以广场式入口与城市相结合的公园。这种类型阶段与场地的空间特点（如区位、地形）有着密切的关系，同时也体现了不同社会经济阶段对城市空间的影响。

5.1.3　南京开放空间形态成因

（1）自然基底和物质文化遗产。山水环境对于南京的开放空间系统起到了至关重要的作用，自然基底和物质文化遗产对老城及周边公园的延续和新增提供了基础和依托。近代以来，虽然大规模的城市建设对南京城市形态产生了显著且持续的影响，但是南京的山水环境和明城墙仍是开放空间系统的骨架。

（2）社会文化因素。开放空间的转型受到社会力量的持续影响并有明显的阶段性。以公园为例，可以分为四个阶段：文人审美与地方风景建设的转向（1910 年及之前）、政治都市的建设和民族主义象征（1910 ~ 1940 年）、行政指令下剧烈转变的政治空间（1949 ~ 1970 年）、适应市场经济的开放空间（1980 ~ 2000 年），这些都在公园内部及其与城市的关系中有所体现。

（3）城市规划管理与实施。城市规划管理与实施对开放空间产生了直接的影响，也起到了相当的积极作用，但是政治变迁、规划制度不完善造成了规划的不连续性和较低的实施程度使得城市开放空间形态与历次规划理想都相差甚远。影响首都计划实施的主要因素有经济因素、人口激增和房屋短缺因素、政治斗争和规划立法因素等；影响 1980 年版规划实施主要有社会经济、规划本身的执行力和前瞻性、重大基础设施建设等因素。

5.1.4　南京城市开放空间形态结果

（1）城市风貌与市民感知。自然的开放空间逐渐减少，建筑、公园广场逐渐增多，这对于道路上的视觉开放度和空间序列产生了显著的影响。作为城市空间中异质性突出的要素，开放空间往往成为城市意象中重要的区域、边界和节点，开放空间与建筑街区的转变使得城市意象结构也发生了明显的变化。

（2）生态与环境影响。建成区的扩大和自然要素的减少，导致城市地表覆盖变得更为硬质化，水体、山体的减少使得栖地结构改变和质量受损，开放空间作为重要的通风廊道，周边建筑的无序扩张可能导致局部的微气候变差。

（3）公园可达性与布局合理性。城市公园和道路的不断建设，使公园服务范围持续扩大，可以方便到达公园的人口占总数比例越来越多，不过老城内长期存在公园分布不均的情况，人口密度大的地段如新街口、城南等公园仍非常缺乏。

5.1.5 对南京规划管理的建议

在对南京百年演变和现实情况进行详细考察的基础上，提出了改善老城及周边开放空间的规划管理建议：

首先，建立综合的形态评价体系，只有当规划和管理建立在对开放空间形态的深刻理解的基础上，合理可行的法规、政策和规划设计方案才可能形成、实施。

其次，细化形态控制的规范与导则，使开放空间更好地与城市肌理和社区生活结合。

再次，充分利用潜在的开放空间，增强内边缘带和中边缘带的大学校园、机关单位等的公共性，以形成大尺度的开放空间廊道。

最后，在重点地段保护、恢复、重建具有露天博物馆和生态廊道作用的开放空间。

5.2 创新点

（1）历史资料收集、整理、制图，使南京开放空间基础数据信息化。在地理信息系统平台上校正、叠加了南京自1900～2000年间的多期历史地图、规划图，在整理了大量历史文献的基础上对以公园、广场和水体为代表的开放空间进行了精确制图和统计，结合对时代背景、城市建设情况的追溯，清晰地再现了南京百年开放空间演变的历程。这项工作填补了南京城市历史研究的空白，所形成的数据信息为未来的研究提供了坚实的基础。

（2）多维视角的研究方法。从城市形态学、社会文化、生态环境、视觉感知、规划政策及实施五个视角梳理了与开放空间相关的研究成果，借鉴形态学从局部到整体、突出过程的研究思路，提出多维视角的开放空间形态研究途径。

（3）认识了南京开放空间形态变化的规律、成因和结果。按照“形态——原因——结果”的逻辑思路，先后分析了南京开放空间的演变规律和特征、影响因素和形成的结果，为立体地认识开放空间提供了途径，为城市的规划与管理提供基础性的参考信息。这种对演变过程的多层面探索也丰富和拓展了我国城市开放空间历史研究体系。

（4）以历史地理信息系统作为数据储存和分析平台，量化地分析了开放空间形态变化。本文中采用缓冲区分析、视域分析、网络分析、成本距离分析等方法对不同阶段南京开放空间的生态环境、可见性、可达性、布局合理性以及微气候进行了量化分析，是一种全新的尝试，对于理论研究和规划实践都具有重要的参考价值。

5.3 研究展望

（1）数据挖掘和分析。尽管本文已经整理了大量的历史资料，但是对于再现和分析一个城市的开放空间而言，现有数据还只能呈现出一个轮廓。今后研究中，还需要通过不同途径来完善数据，为更加细致的分析提供基础支撑。如城市形态方面，可以收集地籍资料将开放空间形态演变建立在地块级别上，形成与城市形态研究更好的关联性；社会文化和感知、意象方面，通过访谈、文献等，调查市民对开放空间及其景观的感知、集体记忆及其文化内涵，理解它们与形态变化的关系等。

（2）改善技术手段、形成网络数据平台。在未来的研究中，可以探索不同的时间编码方法如底图层叠法和时空要素法，使得对过程的描述更加多样。在网络时代，以 WebGIS 和移动设备定位技术可以发布研究成果和收集市民的反馈信息，其潜在的研究机遇和促进公众参与规划的可能都值得去把握，这将促使单纯的学术研究向研究者、决策者和公众互动的研究模式迈进。

（3）扩大研究时空范围。本次研究主要聚焦于南京老城及周边地区，这一区域仅是今天南京主城的一部分。老城之外的主城地区和仙林、江宁、浦口在 1990 年后快速发展，并逐渐形成与老城密切关联的整体，这些都应逐渐纳入研究范围，对南京全市开放空间进行更全面的认识。在时间范围上，本次研究时段限定在 1900 ~ 2000 年之间，现有的研究数据和结论既可以作为未来研究的基础，也可以作为追溯更早时期开放空间形态的桥梁。

参考文献

[1] A. B. Jacobs, *Great Streets* [M]. The MIT Press, 1995.

[2] A. Hillier, "Invitation to Mapping: How GIS can facilitate new discoveries in urban and planning history" [J].*Journal of Planning History*, vol. 9, no. 2, pp. 122–134, May. 2010.

[3] A. R. Cuthbert, *The form of cities: political economy and urban design* [M]. Malden, MA ; Oxford: Blackwell Pub, 2006.

[4] A. Sakai, "The hybridization of ideas on public parks: introduction of Western thought and practice into nineteenth-century Japan" [J].*Planning Perspectives*, vol. 26, no. 3, pp. 347–371, 2011.

[5] A. Sutcliffe, *Towards the planned city: Germany, Britain, the United States, and France, 1780-1914*[M]. Oxford: Blackwell, 1981.

[6] A. V. Moudon, "A Catholic approach to organizing what urban designers should know" [J]. *Journal of Planning Literature*, vol. 6, no. 4, pp. 331–349, May 1992.

[7] A. V. Moudon, "Urban morphology as an emerging interdisciplinary field" [J].*Urban orphology*, vol. 2, no. 3, pp. 95–99, 1999.

[8] B. Hillier, *Space is the machine: a configurational theory of architecture* [M]. Cambridge: Cambridge University Press, 1998.

[9] B. Tang and S. Wong, "A longitudinal study of open space zoning and development in Hong Kong" [J].*Landscape and Urban Planning*, vol. 87, no. 4, pp. 258–268, Sep. 2008.

[10] C. Jim and S. S. Chen, "Comprehensive greenspace planning based on landscape ecology principles in compact Nanjing city, China" [J].*Landscape and Urban Planning*, vol. 65, no. 3, pp. 95–116, Oct. 2003.

[11] D. A. DeBats and I. N. Gregory, "Introduction to historical GIS and the study of urban history" [J].*Social Science History*, vol. 35, no. 4, pp. 455–463, Dec. 2011.

[12] D. E. Cosgrove, *Social formation and symbolic landscape* [M]. Madison: University of Wisconsin Press, 1998.

[13] D. Harvey, *Social Justice and the City* [M]. Athens: University of Georgia Press, 2009.

[14] D. Lai, "Searching for a Modern Chinese Monument: The Design of the Sun Yat-sen Mausoleum in Nanjing" [J].*Journal of the Society of Architectural Historians*, vol. 64, no. 1, pp. 22–55,

Mar. 2005.

[15] D. Lu, “Travelling urban form: the neighborhood unit in China” [J].*Planning Perspectives*, vol. 21, no. 4, pp. 369–392, Oct. 2006.

[16] D. M. McAllister, “Equity and efficiency in public facility location” [J].*Geographical Analysis*, vol. 8, no. 1, pp. 47–63, 1976.

[17] D. R. Foster and G. Motzkin, “Interpreting and conserving the open land habitats of coastal New England: insights from landscape history”[J].*Forest Ecology and Management*, vol. 185, no. 1–2, pp. 127–150, Nov. 2003.

[18] E. H. Zube, *Advances in environment, behavior, and design* [J].*Vol. 1* New York, Plenum Press, 1987.

[19] E. Talen, “The spatial logic of parks” [J].*Journal of Urban Design*, vol. 15, no. 4, pp. 473–491, Nov. 2010.

[20] F. Chen, “Interpreting urban micromorphology in China: case studies from Suzhou” [J].*Urban Morphology*, vol. 16, no. 2, pp. 133–148, 2012.

[21] *From garden city to green city: the legacy of Ebenezer Howard* [M]. Baltimore: Johns Hopkins University Press, 2002.

[22] G. Caniggia, *Architectural composition and building typology: interpreting basic building* [M]. Firenze: Alinea, 2001.

[23] G. Cranz and M. Boland, “Defining the sustainable park: a fifth model for urban parks” [J]. *Landscape Journal.*, vol. 23, no. 2, pp. 102–120, Jan. 2004.

[24] G. Cranz, *The politics of park design: a history of urban parks in America* [M]. Cambridge, Mass: MIT Press, 1982.

[25] G. de la Fuente de Val, J. A. Atauri, and J. V. de Lucio, “Relationship between landscape visual attributes and spatial pattern indices: A test study in Mediterranean-climate landscapes” [J]. *Landscape and Urban Planning*, vol. 77, no. 4, pp. 393–407, 2006.

[26] G. Domon and A. Bouchard, “The landscape history of Godmanchester (Quebec, Canada) : two centuries of shifting relationships between anthropic and biophysical factors” [J].*Landscape Ecology*, vol. 22, no. 8, pp. 1201–1214, May 2007.

[27] G. Eckbo, *Landscape for living* [M]. Santa Monica: Hennessey & Ingalls, 2002.

[28] G. Langran and N. R. Chrisman, “A framework for temporal geographic information” [J]. *Cartographica: The International Journal for Geographic Information and Geovisualization*, vol. 25, no. 3, pp. 1–14, Oct. 1988.

[29] G. Langran, *Time in geographic information systems* [M]. London:Taylor& Francis, 1993.

[30] H. H. Morrison, *Hedda Hammer Morrison Photographs of China: 1933-1946*. 1946.

[31] H. Lefebvre, *The production of space* [M]. Cambridge: Blackwell, 2011.

[32] H. Park, “Environmentally friendly land use planning, property rights, and public participation in South Korea: acase study of Greenbelt Policy Reform” [D]. Master of Arts, Virginia Polytechnic Institute, Blacksburg, 2001.

[33] H. W. Lawrence, “The greening of the squares of London: transformation of urban landscapes and ideals” [J].*Annals of the Association of American Geographers*, vol. 83, no. 1, pp. 90–118, Mar. 1993.

[34] I. Gregory, *Historical GIS: technologies, methodologies, and scholarship* [M]. Cambridge; New York: Cambridge University Press, 2007.

[35] I. N. Gregory and R. G. Healey, “Historical GIS: structuring, mapping and analysing geographies of the past” [J].*Progress of Human Geography*, vol. 31, no. 5, pp. 638–653, Oct. 2007.

[36] J. A. Schmid, *Urban vegetation: a review and Chicago case study* [M]. Chicago: Dept. of Geography, University of Chicago, 1975.

[37] J. M. Rhemtulla and D. J. Mladenoff, “Why history matters in landscape ecology” [J]. *LandscapeEcol*, vol. 22, no. 1, pp. 1–3, Dec. 2007.

[38] J. W. R.Whitehand and N. Morton, “Urban morphology and planning: the case of fringe belts” [J]. *Cities*, vol. 21, no. 4, pp. 275–289, Aug. 2004.

[39] J. W. R. Whitehand and K. Gu, “Research on Chinese urban form: retrospect and prospect” [J]. *Progress in Human Geography*, vol. 30, no. 3, pp. 337–355, Jun. 2006.

[40] J. W. R. Whitehand and K. Gu, “Urban conservation in China: Historical development, current practice and morphological approach” [J].*Town Planning Review*, vol. 78, no. 5, pp. 643–670, Sep. 2007.

[41] J. W. R. Whitehand, “Development cycles and urban landscapes” [J].*Geography*, vol. 79, no. 1, pp. 3–17, Jan. 1994.

[42] J. W. R. Whitehand, “Urban fringe belts: Development of an idea” [J].*Planning Perspectives*, vol. 3, no. 1, pp. 47–58, Jan. 1988.

[43] J. W. R. Whitehand, K. Gu, and S. M. Whitehand, “Fringe belts and socioeconomic change in China” [J].*Environment and Planning B: Planning and Design*, vol. 38, no. 1, pp. 41–60, 2011.

[44] J. Wolch, J. P. Wilson, and J. Fehrenbach, “Parks and park funding in Los Angeles: an equity-mapping analysis” [J].*Urban Geography*, vol. 26, no. 1, pp. 4–35, 2005.

[45] J. Yang and Z. Jinxing, “The failure and success of greenbelt program in Beijing” [J].*Urban Forestry & Urban Greening*, vol. 6, no. 4, pp. 287–296, Nov. 2007.

[46] J. Yang, L. Zhao, J. Mcbride, and P. Gong, "Can you see green? Assessing the visibility of urban forests in cities" [J].*Landscape and Urban Planning*, vol. 91, no. 2, pp. 97–104, 2009.

[47] J. Zeisel, *Inquiry by design: environment/behavior/neuroscience in architecture, interiors, landscape, and planning*, Rev. ed[M]. New York: W.W. Norton & Company, 2006.

[48] J. C. Foltête and A. Piombini, "Urban layout, landscape features and pedestrian usage" [J]. *Landscape and Urban Planning*, vol. 81, no. 3, pp. 225–234, Jun. 2007.

[49] James A. LaGro Jr., "Research capacity : a matter of semantics?" [J].*Landscape Journal*, vol. 18, no. 2, pp. 179–186, 1999.

[50] K. Lynch, *City sense and city design: writings and projects of Kevin Lynch*[C]. Cambridge, Mass.: MIT Press, 1995.

[51] K. Oh and S. Jeong, "Assessing the spatial distribution of urban parks using GIS" [J].*Landscape and Urban Planning*, vol. 82, no. 1–2, pp. 25–32, Aug. 2007.

[52] K. Tzoulas, K. Korpela, S. Venn, V. Yli-Pelkonen, A. Kaźmierczak, J. Niemela, and P. James, "Promoting ecosystem and human health in urban areas using Green Infrastructure: A literature review" [J].*Landscape and Urban Planning*, vol. 81, no. 3, pp. 167–178, Jun. 2007.

[53] Kuhn M., "Greenbelt and Green Heart: separating and integrating landscapes in European city regions" [J].*Landscape and Urban Planning*, vol. 64, no. 1, pp. 19–27, 2003.

[54] L. Laurian, J. Crawford, M. Day, P. Kouwenhoven, G. Mason, N. Ericksen, and L. Beattie, "Evaluating the outcomes of plans: theory, practice, and methodology" [J].*Environment and Planning B: Planning and Design*, vol. 37, no. 4, pp. 740 – 757, 2010.

[55] L. Tyrvainen, K. Makinen, and J. Schipperijn, "Tools for mapping social values of urban woodlands and other green areas" [J].*Landscape and Urban Planning*, vol. 79, no. 1, pp. 5–19, 2007.

[56] L. A. S. Milburn, R. D. Brown, S. J. Mulley, and S. G. Hilts, "Assessing academic contributions in landscape architecture" [J].*Landscape and Urban Planning*, vol. 64, no. 3, pp. 119–129, Jul. 2003.

[57] M. Barke, *Approaches in urban morphology: proceedings of the new researchers forum, ISUF Symposium, University of Northumbria, August 2004*[C].Northumbria: Northumbria University, 2005.

[58] M. Benzerzour, V. Masson, D. Groleau, and A. Lemonsu, "Simulation of the urban climate variations in connection with the transformations of the city of Nantes since the 17th century" [J].*Building and Environment*, vol. 46, no. 8, pp. 1545–1557, Aug. 2011.

[59] M. Bürgi and U. Gimmi, "Three objectives of historical ecology: the case of litter collecting in Central European forests" [J].*Landscape Ecology*, vol. 22, no. S1, pp. 77–87, Jul. 2007.

[60] M. Bürgi, A. Straub, U. Gimmi, and D. Salzmann, "The recent landscape history of Limpach valley, Switzerland: considering three empirical hypotheses on driving forces of landscape

change" [J].*LandscapeEcol*, vol. 25, no. 2, pp. 287–297, Feb. 2010.

[61] M. Carmona and S. Tiesdell, *Urban Design Reader* [M]. Architectural Press, 2007.

[62] M. Carmona, "Contemporary Public Space, Part Two: Classification" [J].*Journal of Urban Design*, vol. 15, no. 2, pp. 157–173, 2010.

[63] M. Hough, *Cities and natural process: a basis for sustainability*, 2nd ed[M]. London ; New York: Routledge, 2004.

[64] M. L. Sturani, "urban morphology in the Italian tradition of geographical studies" [J].*Urban Morphology*, vol. 7, no. 1, pp. 40–42, 2003.

[65] M. P. Conzen, "How cities internalize their former urban fringes" [J].*Urban Morphology*, vol. 13, no. 1, pp. 29–54, 2009.

[66] M. R. G. Conzen, *Alnwick, Northumberland: a study in town-plan analysis* [M]. London: George Philip, 1960.

[67] M. R. G. Conzen, *Thinking about urban form: papers on urban morphology, 1932-1998*[C]. Oxford ; New York: Peter Lang, 2004.

[68] M.J. Alcoforado, H. Andrade, A. Lopes, and J. Vasconcelos, "Application of climatic guidelines to urban planning" [J].*Landscape and Urban Planning*, vol. 90, no. 1–2, pp. 56–65, Mar. 2009.

[69] N. Gallent and K. S. Kim, "Land zoning and local discretion in the Korean planning system" [J]. *Land Use Policy*, vol. 18, no. 3, pp. 233–243, Jul. 2001.

[70] N. L. Christensen, "Landscape history and ecological change" [J].*Journal of Forest History*, vol. 33, no. 3, pp. 116–125, Jul. 1989.

[71] N. Levin, E. Elron, and A. Gasith, "Decline of wetland ecosystems in the coastal plain of Israel during the 20th century: Implications for wetland conservation and management" [J].*Landscape and Urban Planning*, vol. 92, no. 3–4, pp. 220–232, Sep. 2009.

[72] O. Bender, H. J. Boehmer, D. Jens, and K. P. Schumacher, "Analysis of land-use change in a sector of Upper Franconia (Bavaria, Germany) since 1850 using land register records" [J]. *Landscape Ecology*, vol. 20, no. 2, pp. 149–163, Feb. 2005.

[73] P. Bosselmann, *Representation of Places* [M]. Berkeley: University of California Press, 1998.

[74] P. J. Larkham, *Conservation and the city*[M]. London: Routledge, 1996.

[75] P. James, K. Tzoulas, M. D. Adams, A. Barber, J. Box, J. Breuste, T. Elmqvist, M. Frith, C. Gordon, K. L. Greening, J. Handley, S. Haworth, A. E. Kazmierczak, M. Johnston, K. Korpela, M. Moretti, J. Niemelä, S. Pauleit, M. H. Roe, J. P. Sadler, and C. Ward Thompson, "Towards an integrated understanding of green space in the European built environment" [J].*Urban Forestry & Urban Greening*, vol. 8, no. 2, pp. 65–75, Jan. 2009.

[76] P. L. Machemer, "Policy Analysis of Transferable Development Rights Programming Using Geographic Information Systems Modeling" [J].*Landscape Journal*, vol. 25, no. 2, pp. 228–244, Jan. 2006.

[77] R. J. Wasson, "Living with the past: Uses of history for understanding landscape change and degradation" [J].*Land Degradation and Development*, vol. 5, no. 2, pp. 79–87, Jul. 1994.

[78] R. M. Grossinger, C. J. Striplen, R. A. Askevold, E. Brewster, and E. E. Beller, "Historical landscape ecology of an urbanized California valley: wetlands and woodlands in the Santa Clara Valley" [J].*Landscape Ecology*, vol. 22, no. S1, pp. 103–120, Jul. 2007.

[79] S. Duempelmann, "Creating order with nature: transatlantic transfer of ideas in park system planning in twentieth-century Washington D.C., Chicago, Berlin and Rome" [J].*Planning Perspectives*, vol. 24, no. 2, pp. 143–173, 2009.

[80] S. J. Schmidt, "The evolving relationship between open space preservation and local planning practice" [J].*Journal of Planning History*, vol. 7, no. 2, pp. 91–112, Jan. 2008.

[81] S. Wrede and W. H. Adams, *Denatured visions: landscape and culture in the twentieth century* [M]. New York: Museum of Modern Art, 1991.

[82] S.W. Lee, C. Ellis, B.-S. Kweon, and S.-K. Hong, "Relationship between landscape structure and neighborhood satisfaction in urbanized areas" [J].*Landscape and Urban Planning*, vol. In Press, Corrected Proof.

[83] T. M. Ahn, H. S. Choi, I. H. Kim, and H. J. Cho, "A study on the method of measuring accessibility to urban open spaces" [J].*Korean Instit. Landscape Architect*, vol. 18, no. 4, pp. 17–28, 1991.

[84] T. Maruani and I. Amit-Cohen, "Open space planning models: A review of approaches and methods" [J].*Landscape and Urban Planning*, vol. 81, no. 1–2, pp. 1–13, May 2007.

[85] T. Turner, "Greenways, blueways, skyways and other ways to a better London" [J].*Landscape and Urban Planning*, vol. 33, no. 1–3, pp. 269–282, Oct. 1995.

[86] Peter Clark (ed) , *The European city and green space: London, Stockholm, Helsinki and St. Petersburg, 1850-2000*[C]. Burlington, VT: Ashgate, 2006.

[87] Donald Watson, Alan Plattus, Robert G. Shibley (ed) *Time-saver standards for urban design* [M]. New York: McGraw-Hill, 2003.

[88] Town and Country Planning Association, "Commentary on the draft report of the committee on RDZ policy reform. Commentary on RDZ policy reform in Korea" [R].Ministry of construction and transportation, Seoul, 1999.

[89] R.Freestone, *Urban planning in a changing world: The twentieth century experience* [M].

London ; New York: E & FN Spon, 2000.

[90] W. H. Whyte and Project for Public Spaces, *The social life of small urban spaces* [M]. New York: Project for Public Spaces, 2001.

[91] Wilson.Chris, Groth Paul Erling, *Everyday America: cultural landscape studies after J.B. Jackson*[C]. Berkeley: University of California Press, 2003.

[92] Gordon Cullen（卡伦），王珏译，简明城镇景观设计 [M]. 北京：中国建筑工业出版社，2009.

[93] Ian. L. Mcharg（麦克哈格），芮经纬译，设计结合自然 [M]. 北京：中国建筑工业出版社，1992.

[94] J. D. Hughes，梅雪芹译，什么是环境史 [M]. 北京：北京大学出版社，2008.

[95] Jane Jacobs（简·雅各布斯），金衡山译，美国大城市的死与生 [M]. 南京：译林出版社，2005.

[96] J. W. R. Whitehand，"城市形态区域化与城镇历史景观" [J]. 中国园林，no. 9，pp. 53–58，2010.

[97] Kevin Lynch（凯文·林奇），方益萍、何晓军译，城市意象 [M]. 北京：华夏出版社，2001.

[98] Matthew Carmona（卡莫纳），城市设计的维度 [M]. 南京：江苏科学技术出版社，2005.

[99] M.R.G. Conzne（康泽恩）著，宋峰等译，城镇平面格局分析 [M]. 中国建筑工业出版社，2011.

[100] S. Salat，城市与形态 [M]. 北京：中国建筑工业出版社，2012.

[101] 杉江房造，金陵胜观 [M]. 上海虹口：日本堂书店，1910.

[102] 佐藤定胜，中国大观 [M]. 东京：诚文堂新光社，1937.

[103] "国民政府，" 维基百科，自由的百科全书 . 14-May-2013

[104] "南洋劝业会，" 维基百科，自由的百科全书 . 14-May-2013.

[105] 毕恒达，教授为什么没告诉我 [M]. 北京：法律出版社，2007.

[106] 陈飞，"一个新的研究框架：城市形态类型学在中国的应用" [J]. 建筑学报，no. 4，pp. 85–90，2010.

[107] 陈飞，谷凯，"西方建筑类型学和城市形态学：整合与应用" [J]. 建筑师，no. 4，pp. 53–58，2009.

[108] 陈桥驿，中国七大古都 [M]. 北京：中国青年出版社，2005.

[109] 陈嵘，造林学特论 [M]. 南京：中国图书发行总公司南京分公司，1952.

[110] 陈蕴茜，"城市空间重构与现代知识体系的生产——以清末民国南京城为中心的考察" [J]. 学术月刊，no. 12，2008.

[111] 陈蕴茜，"日常生活中殖民主义与民族主义的冲突——以中国近代公园为中心的考察" [J]. *南京大学学报（哲学·人文科学·社会科学）*，vol. 42，no. 5，pp. 82–95，2005.

[112] 陈占祥，建筑师不是描图机器 [M]. 沈阳：辽宁教育出版社，2005.

[113] 陈植，造园学概论 [M]. 北京：中国建筑工业出版社，2009.

[114] 程楚斌，"南京城市水系的历史沿革与保护开发" [D]. 硕士论文，东南大学，南京，2000.

[115] 丁成日，城市规划与空间结构 [M]. 北京：中国建筑工业出版社，2005.

[116] 董佳，“缔造新都：民国首都南京的城市设计与规划政治——以 1928-1929 年的首都规划为中心”[J]. 南京社会科学，no. 5，pp. 141–148，2012.

[117] 董佳，“国民政府时期的南京《首都计划》”[J]. 城市规划，vol. 36，no. 8，pp. 14–19，2012.

[118] 董修甲，市政新论 [M]. 北京：商务印书馆，1924.

[119] 段进，城市空间发展论 [M]. 南京：江苏科学技术出版社，1999.

[120] 段进，邱国潮，国外城市形态学概论 [M]. 南京：东南大学出版社，2009.

[121] 谷凯，“城市形态的理论与方法——探索全面与理性的研究框架”[J] 城市规划，vol. 25，no. 12，pp. 36–42，2001.

[122] 顾洁，“大城市绿化隔离带规划与建设研究——以南京主城南部绿化隔离带为例”[D]. 硕士论文，东南大学，南京，2007.

[123] 顾丽华，“南京市城市气候效应的研究”[D]. 硕士论文，南京信息工程大学，南京，2008.

[124] 国都设计技术专员办事处编，首都计划 [R]. 南京：南京出版社，2006.

[125] 胡勇，赵媛，“南京城市绿地景观格局之初步分析”[J]. 中国园林，no. 1，2004.

[126] 计成著，陈植注，园冶注释（第二版）[M]. 北京：中国建筑工业出版社，1988.

[127] 江苏省地方志编纂委员会，江苏省志：风景园林志 [M]. 南京：江苏古籍出版社，2000.

[128] 经盛鸿，南京沦陷八年史（上、下册）[M]. 北京：社会科学文献出版社，2005.

[129] 李怀敏，“从‘威尼斯步行’到‘一平方英里地图’——对城市公共空间网络可步行性的探讨”[J]. 规划师，vol. 23，no. 4，pp. 21–26，2007.

[130] 李金蔓，“南京中山东路街景改造工程引发的思考”[J]. 建筑与文化，no. 12，pp. 92–93，2009.

[131] 李蕾，张成，“南京城市绿地系统规划和特色简述”[J]. 中国园林，no. 2，1996.

[132] 李蕾，南京新园林 [M]. 北京：中国建筑工业出版社，2003.

[133] 李明诗，孙力，常瑞雪，“基于 Landsat 图像的南京城市绿地时空动态分析”[J]. 东北林业大学学报，no. 6，2013.

[134] 梁雯雯，“近代南京岁时节日民俗变迁研究”[D]. 硕士论文，南京师范大学，南京，2011.

[135] 林珲、赖进贵、周成虎，空间综合人文学与社会科学研究 [M]. 北京：科学出版社，2010.

[136] 刘娟，“城市地价空间结构研究——以南京市为例”[D]. 硕士论文，东南大学，南京，2009.

[137] 刘溪，“城市商业中心公共空间结构形态演变特征研究——以南京老城区商业中心公共空间为例”[D]. 硕士论文，东南大学，南京，2009.

[138] 刘燕，“《传统与个人才能》在 20 世纪中国的‘旅行’”[J]. 外国文学评论，no. 3，2006.

[139] 刘英姿，宗跃光，“基于空间句法视角的南京城市广场空间探讨”[J]. 规划师，no. 2，2010.

[140] 刘园，“国民政府《首都计划》及其对南京的影响”[D]. 硕士论文，东南大学，南京，2009.

[141] 刘志丹，张纯，宋彦，“促进城市的可持续发展：多维度、多尺度的城市形态研究——中美城市形态研究的综述及启示”[J]. 国际城市规划，no. 2，pp. 47–53，2012.

[142] 柳尚华，中国风景园林当代五十年 [M]. 北京：中国建筑工业出版社，1999.

[143] 罗凤琦，“城市生态系统健康评价——以南京市为例” [D]. 硕士论文，河海大学，南京，2006.

[144] 南京市地方志编纂委员会 , 南京建置志 [M]. 深圳：海天出版社，1994.

[145] 南京市城镇建设综合开发志编委会，南京市城镇建设综合开发志 [M]. 深圳：海天出版社，1994.

[146] 南京市地方志办公室，南京民俗志 [M]. 北京：方志出版社，2003.

[147] 南京市地方志编纂委员会，南京城市规划志 [M]. 南京：江苏人民出版社，2008.

[148] 南京市地方志编纂委员会，南京园林志 [M]. 北京：方志出版社，1997.

[149] 南京市建委，“玄武湖樱洲环洲规划图” [R]. 南京市建委，1955.

[150] 南京市统计局，*南京统计年鉴（2012）*[Z]. 北京：中国统计出版社，2012.

[151] 南京市园林管理处，“城市绿化初步方案” [R] 31-Dec-1955.

[152] 南京市地方志编纂委员会 , 南京市政建设志 [M]. 深圳：海天出版社，1995.

[153] 南京卫生志编委会，南京卫生志（上，下）[M]. 北京：方志出版社，1996.

[154] 秦风，*民国南京，1927-1949*[M]. 上海：文汇出版社，2005.

[155] 邱国潮，“国外城市形态学研究——学派、发展与启示” [D]. 博士论文，东南大学，南京，2009.

[156] 裘鸿菲，“中国综合公园的改造和更新研究” [D]. 博士论文，北京林业大学，2009.

[157] 曲志华，“南京明城墙保护性利用与景观再生” [D]. 硕士论文，东南大学，南京，2007.

[158] 权伟，“明初南京山水形势与城市建设互动关系研究” [D]. 硕士论文，陕西师范大学，2007.

[159] 宋伟轩 , 徐昀 , 王丽晔 , 朱喜钢，“近代南京城市社会空间结构——基于 1936 年南京城市人口调查数据的分析” [J]. 地理学报，vol. 66，no. 6，pp. 772–784，2011.

[160] 苏则民，南京城市规划史稿 [M]. 北京：中国建筑工业出版社，2008.

[161] 唐兰娣，“南京园林四十六年” [J]. 中国园林 vol. 12，no. 2，pp. 5–7，1996.

[162] 天津社会科学出版社，千里江城 [M]. 天津：天津社会科学出版社，1999.

[163] 田银生等，“城市形态研究与城市历史保护规划” [J]. 城市规划，vol. 2010，no. 4，pp. 21–26，2010.

[164] 王浩，徐雁南，“南京城市绿地系统结构浅见” [J]. 中国园林，no. 10，pp. 52–54，2003.

[165] 王佳成，“高密度城区点状绿地研究——以南京老城为例” [J]. 现代城市研究，no. 4，2008.

[166] 王俊雄，“国民政府时期南京首都计划之研究” [D]. 博士论文，“国立成功大学建筑研究所”，2002.

[167] 王锡娣等，“鼓楼广场小游园设计图” [R] 南京市玄武区城建科，南京，1963.

[168] 王向荣，林箐，“自然的含义” [J] 中国园林，vol. 23，no. 1，pp. 6–17，2007.

[169] 王晓俊，“基于生态环境机制的城市开放空间形态与布局研究” [D]. 博士论文，东南大学，南京，2007.

[170] 文烨，“清代南京城市发展历程探析：1644-1911” [D]. 硕士论文，四川大学，成都，2007.

[171] 吴福林，莫愁湖史话 [M]. 南京：南京出版社，2009.

[172] 吴兴明，"'理论旅行'与'变异学'——对一个研究领域的立场或视角的考察" [J]. 江汉论坛，no. 7，2006.

[173] 西村幸夫、历史街区研究会，张松、蔡敦达译，城市风景规划 [M]. 上海：上海科学技术出版社，2005.

[174] 薛冰，南京城市史 [M]. 南京：南京出版社，2008.

[175] 杨达源，徐永辉，和艳，"南京主城区水系变迁研究" [J]. 人民长江，no. 11，2007.

[176] 杨新华，朱偰与南京 [M]. 南京：南京出版社，2007.

[177] 姚亦锋，"南京城市水系变迁以及现代景观研究" [J]. 城市规划，no. 11，p. 2009.

[178] 姚亦锋，南京城市地理变迁及现代景观 [M]. 南京：南京大学出版社，2006.

[179] 叶祥法，俞宝书，王芷湘，"南洋劝业会的回忆" [J]. 南京史志，no. 5，1984.

[180] 张泉，"明初南京城的规划与建设" [D]. 硕士论文，东南大学，南京，1984.

[181] 赵纪军，"对'大地园林化'的历史考察" [J]. 中国园林，no. 10，pp. 56–60，2010.

[182] 赵纪军，"新中国园林政策与建设 60 年回眸（四）园林革命" [J]. 风景园林，no. 5，2009.

[183] 周波，"城市公共空间的历史演变" [D]. 博士论文，四川大学，成都，2005.

[184] 周俭、张恺，在城市上建造城市：法国城市历史遗产保护实践 [M]. 北京：中国建筑工业出版社，2003.

[185] 周岚，童本勤，苏则民，程茂吉，快速现代化进程中的南京老城保护与更新 [M]. 南京：东南大学出版社，2004.

[186] 朱偰，金陵古迹名胜影集 [M]. 北京：中华书局，2006.

[187] 朱偰，金陵古迹图考 [M]. 北京：中华书局，2006.

[188] 朱卓峰，"城市景观中的山水格局及其延续与发展初探——以南京为例" [D]. 硕士论文，东南大学，南京，2005.

[189] 庄林德、张京祥，中国城市发展与建设史 [M]. 南京：东南大学出版社，2002.

致　谢

在南京生活了十年，深深喜爱着这座大气磅礴、山水秀美的城市。越是熟悉她越无法漠视古都曾经的繁华与历经的沧桑，于是，我开始带着浓厚的兴趣从专业角度重新深入地认识她，希望尽自己绵薄之力为南京城做些什么。

真正开始了南京开放空间形态的研究工作之后，我越发觉得自己做了一个非常正确的选题，也越发觉得自己所做的工作责任重大，这些鞭策着我在这条路上坚定地前行。但在研究中面临的诸多问题并非全凭我的一腔热血和执着努力所能解决，幸运的是我得到很多人的支持和帮助，在此向他们表示深深的谢意！

首先，感谢我的导师杜顺宝先生，先生的言传身教，让我终身受益。先生开阔的学术视野、严谨的治学精神，豁达无私的心胸，心系民生的情怀，以及屹立大地之上的诸多作品都让我无比钦佩，先生不仅在学业上不厌其烦地给予我最需要的指导和帮助，先生还以高尚的人格魅力激励着我不仅要做好学问，还要做个好人。

在博士论文开题阶段，吴明伟教授、段进教授、董卫教授、阳建强教授等对选题提出了宝贵的意见，在论文答辩时蒙答辩委员徐大陆教授、张青萍教授、阳建强教授、成玉宁教授、王晓俊教授不吝赐教，和答辩秘书周聪惠博士的帮助，在此深表感谢。

我在短短的时间内收集到本书所需的丰富资料，没有以下诸位的帮助是很难实现的，他们是南京大学萧红颜老师、新西兰奥克兰大学谷凯老师、南京城垣博物馆杨国庆馆长、南京城建档案馆周建民馆长，谢谢你们的帮助！

在本书写作过程中，得到了新西兰奥克兰大学的谷凯、英国伯明翰大学的JWR Whitehand、加州伯克利大学的Galen Cranz等教授的鼓励和指导，在此深表感谢！

本书的出版得益于国家自然科学基金委、国家留学基金委和南京林业大学风景园林学院的支持，在此对王浩副校长和王良桂院长等表示感谢！还要感谢许继清、魏羽力、殷铭、张小军、钱静、李岚、施钧桅、邢佳林、曲志华、张哲、郭苏明、方程、陈洁萍、胡国长、杨漱诗、孙贝妮、王康、彭佳净、周婷、周瑜、蔡文烨等对我的热心帮助！

感谢中国建筑工业出版社的程素荣编辑为本书的出版做了大量的编辑和校对工作，贺伟编辑亦对封面、版式等提出宝贵建议。南京工业大学赵和生教授对论文的出版提出的建议让作者受教良多，但限于精力我未能完全采纳，在此一并感谢！

最后，感谢我的家人，他们是我坚实的后盾，是我前进的动力，是我精神的港湾！尤其要感谢我的岳父岳母，是他们帮助我照顾家庭和孩子，让我可以安心的工作和学习！感谢我的父母对我的养育之恩和殷切期望！感谢我的妻子对我的鼎力支持，对家庭的无私奉献，在人生路上陪着我幸福地前行！感谢我的儿子，用他的天真和懂事让我体验着生活的美好，让我更积极地面对人生！